职业教育电子类专业“新课标”规划教材

数字电子技术应用

Application of Digital Electronic Technology

主　编　周自立

副主编　肖义军　罗洪杰

参　编　胡贵树　吕　志　曾祥红

　　　　黄英豪　符　敏

主　审　谭立新

图书在版编目(CIP)数据

数字电子技术应用/周自立主编．—长沙:中南大学出版社,2014. 5
ISBN 978－7－5487－1054－7

Ⅰ.数…　Ⅱ.周…　Ⅲ.数字电路－电子技术－职业教育－教材
Ⅳ.TN79

中国版本图书馆 CIP 数据核字(2014)第 053674 号

数字电子技术应用

周自立　主编

□责任编辑　胡小锋
□责任印制　易建国
□出版发行　中南大学出版社
社址:长沙市麓山南路　邮编:410083
发行科电话:0731-88876770　传真:0731-88710482
□印　　装　长沙印通印刷有限公司

□开　　本　787×1092　1/16　□印张 12.5　□字数 323 千字　□插页 2
□版　　次　2014 年 7 月第 1 版　□2014 年 7 月第 1 次印刷
□书　　号　**ISBN 978－7－5487－1054－7**
□定　　价　**26.00 元**

职业教育电子类专业“新课标”规划教材编委会

出版说明

根据《国务院关于大力发展职业教育的决定》、国务院印发的《关于加快发展现代职业教育的决定》等文件提出的教材建设要求，和《中等职业学校专业教学标准(试行)》(2014)要求职业教育科学化、标准化、规范化等要求，以及习近平总书记专门对职业教育工作作出的重要指示，中南大学出版社组织全国近30余所学校的骨干教师及行业(企业)专家编写了这套“职业教育电子类专业‘新课标’规划教材”。

本套教材的编写紧紧围绕目标，以项目模块重新构建知识体系结构，书中内容都以典型产品为载体设计活动来进行的，围绕工作任务、工作现场来组织教学内容，在任务的引领下学习理论，实现理论教学与实践教学融通合一、能力培养与工作岗位对接合一、实习实训与顶岗工作学做合一。

本套教材力求以任务项目为引领，以就业为导向，以标准为尺度，以技能为核心，达到使学校教师、学生在使用本套教材时，感到实用、够用、好用。归纳起来，本套教材具有以下特色：

(1)以任务为驱动，对接真实工作场景性强，教学目的性强，实用性强，教、学、做合一体性。

(2)各项目及内容按照循序渐进、由易到难，所选案例、任务、项目贴近学生，注重知识的趣味性、实用性和可操作性。

(3)把培养学生学习能力贯穿于整个教材中，尽量避免各套教材的实训项目内容重复，注意主辅协调、合理搭配，提高教学效果。

(4)考虑到各个学校实训条件，教材中许多项目还设计了仿真教学，兼顾各中等职业学校的实际教学要求，让学生能轻松学习知识和技能。

(5)注重立体化教材建设。通过主教材、电子教案、实训指导、习题及解答等教学资源的有机结合，提高教学服务水平，为高素质技能型人才的培养创造良好的条件。

由于职业教育改革和发展的速度很快，加之我们的水平和经验有限，因此在教材的编写和出版过程中难免出现问题和错误。我们恳请使用这套教材的师生及时向我们反馈质量信息，以利于我们今后不断提高教材的出版质量，为广大师生提供更多、更实用的教材。意见反馈及教学资源联系方式：451899305@ qq. com

编委会主任　李正祥

2014 年 6 月

前　言

本书是基于“知行合一”理念的中等职业学校电子类专业创新教材，编写时遵循基于工作过程系统化的职业教育课程开发模式。教材紧紧围绕课程目标重构其知识体系结构，项目内容按照项目描述、学习目标、知识准备、任务实现、考核评价、拓展提高这六个环节来组织编写的。编写中坚持以工作为本位、以职业实践能力培养为主线、以项目为载体的总体要求。每个项目的学习都以典型电子产品为载体设计的活动来进行的，打破传统的学科体系，紧紧围绕工作任务来选择和组织课程内容，在任务的引领下学习理论知识，让学生在实践活动中掌握理论知识，实现理论与实践的一体化，提高岗位的职业能力。

本书的特点是：

1. 教材中各项目及项目内容按照循序渐进、由易到难、先感性再抽象的递进关系安排，所选案例、任务、项目既贴近学生学情，又注重了知识的趣味性、实用性和可操作性，遵循了中职学生的认知规律。

2. 教学内容浅显易懂，理论内容以“够用、实用”为原则，增强了实践性教学内容。实践性教学内容占总课时的50%左右，使学生既有一定的理论知识，又有更多的实践机会。

3. 全书共安排了六个项目任务，重点关注如何综合运用所获得的操作知识、理论知识来完成工作任务。通过“完整性活动”，学生可获得有工作意义的“产品”或者“作品”，这样，不仅可以增强学生对教学内容的直观感，而且有利于增强学生的工作热情和学习兴趣，达到让学生通过完成具体项目来构建相关理论知识，并发展职业能力的目的。

4. 教材中引进了电子仿真软件 Multisim 10，对数字电子技术的实验内容进行演示和仿真教学，加深学生对数字电子技术相应知识的理解与应用，进一步提高学生学习的兴趣。

建议本课程的教学课时数为120课时，各项目参考学时见下表。

内　容	课时
项目1　声光控延时开关的制作	30
项目2　数显逻辑笔的制作	18
项目3　简易抢答器的制作	18
项目4　声控式防盗报警器	18
项目5　简易数字秒表	18
项目6　AD 转换与显示电路	16
机　动	2
合　计	120

本书由长沙市电子工业学校周自立担任主编，同时编写了项目4，宁乡县职业中专肖义军和桃源县职业中专罗洪杰担任副主编，分别编写了项目5、项目1，此外，参与编写的还有长沙市电子工业学校胡贵树，编写了项目2，江华瑶族自治县职业中专吕志，编写了项目3，武冈市职业中专曾祥红、黄英豪，编写了项目6，常德技师学院符敏提供了不少编写建议。

本书由湖南信息职业技术学院谭立新教授担任主审，主审对编写工作提供了宝贵的意见。湖南盛逸特有限公司张武明为本书的编写提供了宝贵的现场资料和建议。本书在编写过程中，得到了相关学校的领导、老师的大力支持。此外，编者还参考了有关文献。在此一并表示感谢。

为了方便教学，本书配有电子教学参考资料包，包括电子教案、习题答案、仿真软件 Multisim 10 和仿真电路实例，选用本书作为教材的学校可以通过 QQ 1103016345 联系索取。此外，本书所有项目的电子产品均可提供套件，如有需要，请与湖南盛逸特有限公司张武明联系购买。联系电话：0731－84154911。

由于时间仓促、编者水平有限以及编写体例仍属尝试，书中难免会出现疏漏与差错，我们恳请广大读者批评指正、提出宝贵的意见与建议，以便进一步完善教材。

编 者

2014 年 6 月

目　录

项目 1　声光控延时开关的制作

1.1　项目描述

本项目介绍的声光控延时开关，是利用声音(脚步声和物体的振动声、撞击声等)和光线作为控制信号的开关，在夜晚无光照并有声音的条件下，灯泡点亮，延时后会自动熄灭；在白天有光照时，即使有声音信号，灯泡也不亮。本开关可用于公共场所的照明控制，达到节约用电的目的。通过本项目的学习与实践，可以让读者获得如下知识和技能：

图 1-1　声光控延时开关

1. 了解数字电路的特点及分类，数制与编码的概念；
2. 掌握逻辑代数的基本运算法则、基本公式、基本定理和化简方法；
3. 能够熟练地运用真值表、逻辑表达式、波形图和逻辑图表示逻辑函数；
4. 了解门电路的使用常识，掌握常见集成逻辑门的逻辑功能；
5. 能够根据资料或网络查阅集成门电路的引脚功能，并能正确选用；
6. 学会利用仿真软件 Multisim 10 测试集成逻辑门及逻辑电路的逻辑功能；
7. 学会制作、调试声光控延时开关。

1.2 知识准备

要完成以上要求的声光控延时开关的制作，需要具备以下一些相关的知识和技能，下面进行阐述。

1.2.1 数字电路的特点及分类

用数字信号完成对数字量进行算术运算和逻辑运算的电路称为数字电路，或数字系统。数字电路处理的信号都是数字量，在采用二进制的数字电路中，信号只有0和1两种状态，这两种状态可利用半导体器件二极管、三极管、场效应管的导通和截止两种工作状态来表示。由于数字电路具有逻辑运算和逻辑处理功能，所以又称数字逻辑电路。

1.2.1.1 数字信号与模拟信号

电子电路的工作信号可分为两种类型：模拟信号和数字信号。处理模拟信号的电路称为模拟电路，处理数字信号的电路称为数字电路。

模拟信号是指在时间上和数值上都是连续变化的电信号，如生产过程中由传感器检测到的由某种物理量(声音、温度或压力等)转化成的电信号，模拟电视的图像和伴音信号等。

数字信号是指在时间上和数值上都是断续变化的离散信号，如电子表的秒信号、自动生产线上记录产品或零件数量的信号等。

图1-2(a)、(b)所示分别为模拟电压信号和数字电压信号。

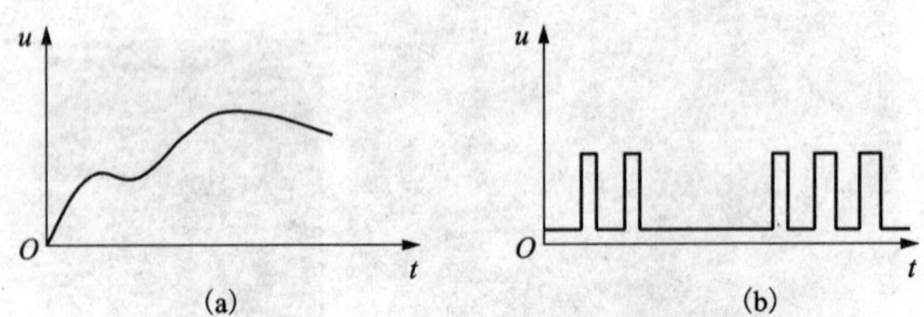

图1-2 模拟电压信号和数字电压信号

(a)模拟电压信号；(b)数字电压信号

1.2.1.2 数字电路的特点

数字电路的基本工作信号是二进制的数字信号，而二进制数只有“0”和“1”两个基本数字，对应在电路上只需要两种不同的工作状态，即低电平和高电平(或称低电位和高电位)。所以电路简单，易于集成化，数字电路通常多采用集成电路。

1.2.1.3 数字逻辑电路的分类

(1)数字电路按组成结构不同可分为分立元件电路和集成电路两大类，其中集成电路按集成度(在一块硅片上包含组件数量的多少)可分为小规模、中规模、大规模和超大规模集成电路。

(2)按电路所使用的器件不同可分为双极型电路(如DTL、TTL等)和单极型电路(如NMOS、PMOS、CMOS等)。

(3)按电路的逻辑功能不同可分为组合逻辑电路和时序逻辑电路两大类。组合逻辑电路是由最基本的逻辑门电路组合而成的，特点是输出值唯一地由当时的输入值决定，电路没有记忆功能。时序逻辑电路则是由最基本的逻辑门电路加上反馈逻辑回路（输出到输入）或器件组合而成的电路，与组合逻辑电路最本质的区别在于时序逻辑电路具有记忆功能，特点是输出不仅取决于当时的输入值，而且还与电路过去的状态有关。

1.2.2　数制与码制

1.2.2.1　数制

数制，就是数的进位制。按照进位方法的不同，就有不同的计数体制。例如，有“逢十进一”的十进制计数，有“逢八进一”的八进制计数，还有“逢十六进一”的十六进制计数和“逢二进一”的二进制计数等。

1. 十进制计数

十进制数（Decimal number）是人们在日常生活中最常用的一种数制，它采用0、1、2、3、4、5、6、7、8、9十个基本数码，计数规则是“逢十进一”或“借一当十”，即$9+1=10$。

在十进制数里，同一数码在不同位置上所表示的数值是不同的。例如，“888”虽然三个数码都是“8”，但左边的是百位数，它表示800，即8×10^2；中间的一位是十位数，它表示80，即8×10^1；右边的一位是个位数，它表示8，即8×10^0，用数学式可表示为

$$888=8\times10^2+8\times10^1+8\times10^0$$

对于十进制数的任一n位数正整数M，可以写成以10为底的幂求和的展开形式，即

$$M=a_{n-1}\times10^{n-1}+a_{n-2}\times10^{n-2}+\cdots+a_1\times10^1+a_0\times10^0$$

式中，n是十进制数的位数（$n=1$、2、3、4、…），10^{n-1}、10^{n-2}、…、10^1、10^0是各位数的“位权”，a_{n-1}、a_{n-2}、…、a_1、a_0是各位数的数码，由具体数字来决定。

由上可见，十进制数是由数码的值和位权来表示的。需要指出的是，十进制数及运算是大家熟悉的，但在数字电路中，采用十进制计数很不方便。因为在数字电路中，是通过电路的不同状态来表示数码的，而要使电路具有十个严格区分的状态来表示0、1、2、…、9十个数码，这在技术上是困难的。在电路中，最容易实现的是两种状态。如电路的“通”与“断”、电平的“高”与“低”、脉冲的“有”与“无”，在这种条件下采用只有两个数码0和1的二进制将是很方便的，因此，在数字电路中，广泛采用二进制数。

2. 二进制计数

（1）二进制数的特点

二进制数（Binary number）只有0、1两个数码，基数为2，计数规则是“逢二进一”或借“一当二”，即$(1+1)_2=(10)_2$。

任何一个二进制数P，转换成十进制，可以写成

$$P=a_{n-1}\times2^{n-1}+a_{n-2}\times2^{n-2}+\cdots+a_1\times2^1+a_0\times2^0$$

式中，n是二进制数的位数，2^{n-1}、2^{n-2}、…、2^1、2^0是各位数的“位权”，a_{n-1}、a_{n-2}、…、a_1、a_0是各位数的数码。例如，二进制数$(11010)_2$的展开式可写成

$$\begin{aligned}P&=a_4\times2^4+a_3\times2^3+a_2\times2^2+a_1\times2^1+a_0\times2^0\\&=1\times2^4+1\times2^3+0\times2^2+1\times2^1+0\times2^0\end{aligned}$$

（2）二进制数的四则运算

①加法运算

运算法则："逢二进一"。

例 1-1 求$(10101)_2+(1101)_2=?$

解

$$\begin{array}{r} 10101 \\ +\ \ 1101 \\ \hline 100010 \end{array} \qquad (10101)_2+(1101)_2=(100010)_2$$

②减法运算

减法是加法的逆运算，运算法则："借一当二"。

例 1-2 求$(1101)_2-(110)_2=?$

解

$$\begin{array}{r} 1101 \\ +\ \ 110 \\ \hline 111 \end{array} \qquad (1101)_2-(110)_2=(111)_2$$

③乘法运算

运算法则：各数相乘再作加法运算。

例 1-3 求$(1011)_2\times(101)_2=?$

解

$$\begin{array}{r} 1011 \\ +\ \ 101 \\ 1011 \\ 0000 \\ \hline 1011\ \ \ \\ \hline 110111 \end{array} \qquad (1011)_2\times(101)_2=(110111)_2$$

④除法运算

运算法则：各数相除后，再作减法运算。

例 1-4 求$(11001)_2\div(101)_2=?$

解

$$\begin{array}{r} 101 \\ 101\overline{)\,11001} \\ 101\ \ \ \\ \hline 101 \\ 101 \\ \hline 0 \end{array} \qquad (11001)_2\div(101)_2=(101)_2$$

3. 二进制数和十进制数的相互转化

(1)二进制数化为十进制数

把二进制数按权展开，然后把所有各项的数值按十进制相加即可得到等值的十进制数，即"乘权相加法"。

例 1-5 将二进制数$(1010)_2$化为十进制数。

解
$$\begin{aligned}(1010)_2&=(1\times2^3+0\times2^2+1\times2^1+0\times2^0)_{10}\\&=(2^3+0+2^1+0)_{10}\\&=(10)_{10}\end{aligned}$$

(2)十进制数化为二进制数

方法是把十进制数逐次地用2除，并依次记下余数，一直除到商数为零。然后把全部余数，按相反的次序排列起来，就是等值的二进制数。即“除2取余倒记法”。

例1-6　将十进制数$(14)_{10}$化为二进制数。

解

$$
\begin{array}{r|l}
2 & 14 \quad \cdots\cdots \text{余 } 0 \rightarrow a_0 \\
\hline
2 & 7 \quad \cdots\cdots \text{余 } 1 \rightarrow a_1 \\
\hline
2 & 3 \quad \cdots\cdots \text{余 } 1 \rightarrow a_2 \\
\hline
 & 1 \quad \cdots\cdots \text{余 } 1 \rightarrow a_3
\end{array}
$$

$(14)_{10}=(1110)_2$

1.2.2.2　**码制**

在数字系统中，由0和1组成的二进制数码不仅可以表示数值的大小，而且还可以表示数值的信息。这种具有特定含义的数码称为二进制代码。编码是给二进制数组定义特定含义的过程，例如用二进制数来描述电梯动作，可以用二进制数$D=D_1D_0$来表示，$D=00$表示停止，$D=01$表示上升，$D=10$表示下降。这些关系的定义可以有多种方法，一旦定义后，D的不同值就代表了不同的含义。在日常生活中编码的种类很多，如运动员的编号、学生的学号、住房门牌号等。

由于十进制数码(0~9)不能在数字电路中运行，所以需要转换为二进制数。常用4位二进制数进行编码来表示1位十进制数。这种用二进制代码表示十进制数的方法称为二-十进制编码，简称BCD码(Binary Coded Decimal system)。

由于4位二进制代码可以有16种不同的组合形式，用来表示0~9十个数字，只用到其中10种组合，因而编码的方式很多。其中8421码属于有权码，每一位的权是固定的，和二进制数各位的权一样，从高到低依次为8、4、2、1，每个代码的各位数值之和就是它所表示的十进制数，由于其便于记忆，因而应用较广。其他编码如5421码、2421码、余3码、格雷码等，限于篇幅，不再介绍。常用的BCD编码见表1-1。

表1-1　常用的BCD编码

BCD码 十进制数码	8421码	5421码	2421码	余3码 (无权码)	格雷码 (无权码)
0	0	0	0	11	0
1	0001	1	1	100	1
2	10	10	10	101	11
3	11	11	11	110	10
4	100	100	100	111	110
5	101	1000	1011	1000	111
6	110	1001	1100	1001	101
7	111	1010	1101	1010	100
8	1000	1011	1110	1011	1100
9	1001	1100	1111	1100	1000

1.2.3 逻辑函数及其表示方法

1.2.3.1 逻辑代数

逻辑是指事物的因果关系，或者说条件和结果的关系。在数字电路中，利用输入信号反映条件，用输出信号反映结果，这些因果关系可以用逻辑运算来表示，也就是用逻辑代数来描述。

逻辑代数又称布尔代数，是研究逻辑电路的数学工具。逻辑代数的变量称为逻辑变量，用大写字母表示，取值只有两个：1 和 0。这里的 1 和 0 不表示数量的大小，而是表示两种对立的逻辑状态。

逻辑代数有两种逻辑体制：若规定以高电平表示逻辑 1，低电平表示逻辑 0，这种规定称正逻辑。反之，若规定用低电平来表示逻辑 1，高电平表示逻辑 0，这种规定称负逻辑。对于同一电路，可以采用正逻辑，也可以采用负逻辑，但应事先规定。即使同一电路，由于选择的体制不同，功能也不相同。若无特殊说明，一般采用正逻辑。

1.2.3.2 基本逻辑运算

用逻辑变量表示输入，逻辑函数表示输出，结果与条件之间的关系称为逻辑关系。基本的逻辑关系有 3 种：与、或、非。与之相应，逻辑代数中有 3 种基本运算：与、或、非运算。

1. 与逻辑(与运算)

当决定一件事情的所有条件全部具备之后，这件事才会发生，这种因果关系称为与逻辑。

例如在图 1－3 所示的电路中，只有开关 A 与 B 全部闭合时，灯 Y 才会亮。显然对灯亮来说，开关 A 与开关 B 闭合是“灯亮”的全部条件。所以，Y 与 A 和 B 的关系就是与逻辑的关系。

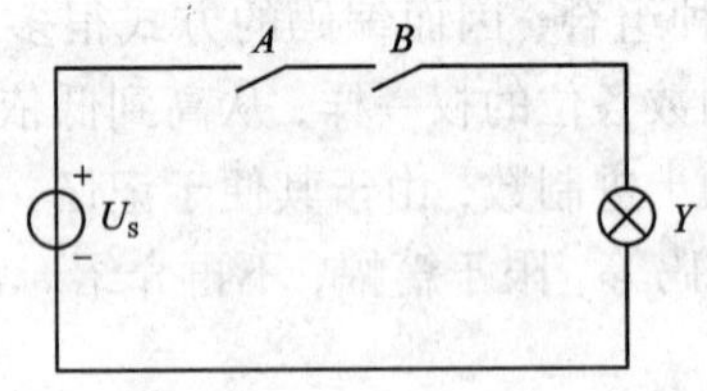

图 1－3 与逻辑电路实例

功能表(Function table)：把开关 A、开关 B 和灯 Y 的状态对应关系列在一起，所得到的就是反映电路基本逻辑关系的功能表，如表 1－2 所示。

表 1－2 与逻辑功能表

开关 A	开关 B	灯 Y
断	断	灭
断	合	灭
合	断	灭
合	合	亮

真值表(Truth table)：用逻辑 1 和逻辑 0 分别表示开关和电灯有关状态的过程，称为状态赋值。通常把结果发生和条件具备用逻辑 1 表示，结果不发生和条件不具备用逻辑 0 表

示。如果用1表示开关A、开关B闭合，0表示开关断开，1表示灯Y亮，0表示灯Y灭，则根据表1－2就可列出反映与逻辑关系的真值表，如表1－3所示。

表1－3　与逻辑真值表、逻辑符号及逻辑规律

真值表			逻辑符号	逻辑规律
A	B	Y		
0	0	0	A、B 输入，& ，输出 Y	有0出0 全1出1
0	1	0		
1	0	0		
1	1	1		

上述逻辑变量的与逻辑关系可以表示为

$$Y=A\cdot B$$

读作Y等于A与B。式中，“·”是与逻辑的运算符号，在不致混淆的情况下，常常可省去不写。与逻辑又称为逻辑乘。

2. 或逻辑（或运算）

在决定一件事情的所有条件中，只要有一个条件具备，这件事就会发生，这样的因果关系称为或逻辑。

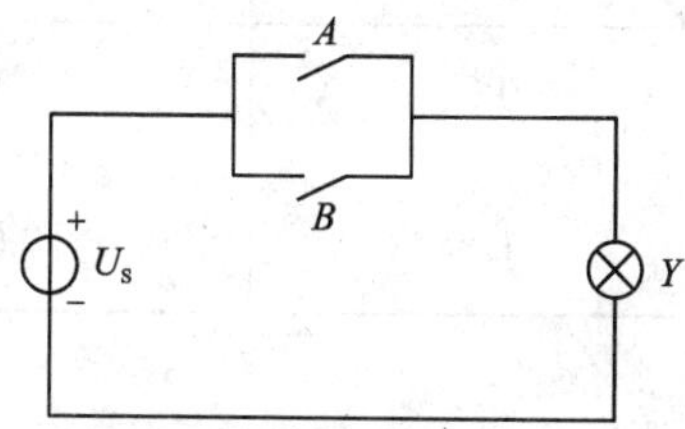

图1－4　或逻辑电路实例

例如在图1－4所示的电路中，只要开关A或开关B有一个合上，灯Y就会亮。或逻辑的真值表、逻辑符号及逻辑规律如表1－4所示。

表1－4　或逻辑真值表、逻辑符号及逻辑规律

真值表			逻辑符号	逻辑规律
A	B	Y		
0	0	0	A、B 输入，≥1，输出 Y	有1出1 全0出0
0	1	1		
1	0	1		
1	1	1		

上述两个变量的或逻辑可以表示为

$$Y=A+B$$

读作Y等于A或B。式中，“+”表示“或”运算，即逻辑加法运算。因此或逻辑又称为逻辑加。

3. 非逻辑

非就是反，就是否定。只要决定一事件的条件具备了，这件事便不会发生；而当此条件不具备时，事件一定发生，这样的因果关系称为逻辑非，也就是非逻辑。

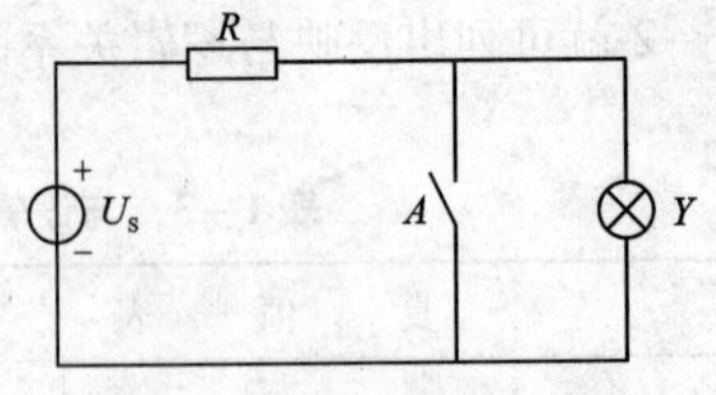

图 1－5　非逻辑电路实例

在图 1－5 所示的电路中，开关 A 闭合 ($A=1$) 时，灯 Y 灭 ($Y=0$)；开关 A 断开 ($A=0$) 时，灯 Y 亮 ($Y=1$)。非逻辑的真值表、逻辑符号及逻辑规律如表 1－5 所示。

表 1－5　非逻辑真值表、逻辑符号及逻辑规律

真值表		逻辑符号	逻辑规律
A	Y		
0	1	A→[1]○→Y	进 0 出 1
1	0		进 1 出 0

上述关系可表示为

$$Y=\overline{A}$$

读作 Y 等于 A 非，或者 Y 等于 A 反。A 上面的一横就表示非或反。这种运算称为逻辑非运算，或者称逻辑反运算。

上面介绍的 3 种基本逻辑关系可以用一些电子电路来实现，这些电路统称为门电路。能够实现与逻辑运算的电路称为与门(AND gate)，能够实现或逻辑运算的电路称为或门(OR gate)，能够实现非逻辑运算的电路称为非门(NOT gate)。

在工程实际应用中，逻辑问题比较复杂，因此在数字逻辑电路中常常命名一些具有复合逻辑函数功能的门电路。含有两种或两种以上逻辑运算的逻辑函数称为复合逻辑函数。

表 1－6 列出了常用的复合逻辑门的名称、功能、逻辑符号及逻辑函数表达式。工程以及技术人员要熟悉这些常用的复合逻辑函数的逻辑符号以及它们的逻辑函数表达式。

表 1－6　常用的复合逻辑函数

逻辑门名称	逻辑功能	逻辑符号	逻辑函数表达式
与非门	与非	A, B→[&]○→Y	$Y=\overline{AB}$
或非门	或非	A, B→[≥1]○→Y	$Y=\overline{A+B}$

续表1－6

逻辑门名称	逻辑功能	逻辑符号	逻辑函数表达式
与或非门	与或非	A, B, C, D — & — ≥1 — ○Y	$Y=\overline{AB+CD}$
异或门	异或	A, B — =1 — Y	$Y=A\oplus B=\bar{A}B+A\bar{B}$
同或门	同或	A, B — =1 — ○Y	$Y=A\otimes B=AB+\bar{A}\bar{B}$

表中，与非逻辑是由与运算和非运算组合而成的，运算顺序是先与后非；或非逻辑是由或运算和非运算组合而成的，运算顺序是先或后非；与或非逻辑是由与运算、或运算、非运算组合而成的，运算顺序为先与再或最后非。

1.2.3.3　逻辑函数的表示方法及相互转换

从以上几种逻辑关系可以看出，在逻辑电路中，逻辑变量分为两种：输入逻辑变量和输出逻辑变量。如果将原因作为输入变量，将结果作为输出变量，那么当输入的取值确定之后，输出的取值便随之唯一地确定。描述数字逻辑电路输入变量和输出变量之间的因果关系的表达式称为逻辑函数，可表示为

$$Y=F(A,\ B,\ C,\ \cdots)$$

任何一个具体事物的因果关系都可以用一个逻辑函数来描述。由于逻辑变量只有0、1两种取值，因此逻辑函数是二值逻辑函数。

常用的逻辑函数表示方法有五种：逻辑真值表（简称真值表）、逻辑函数式（也称逻辑式或函数式）、逻辑图、波形图和卡诺图，本节只介绍前面三种方法。

1. 逻辑真值表

将输入变量所有的取值下对应的输出值找出来，列成表格，即可得到真值表。

例1－7　在一个举重比赛中，比赛规则规定，在一名主裁判和两名副裁判中，必须有两人以上（而且必须包括主裁判）认定运动员的动作合格，试举才算成功。请列出其真值表。

解　设A表示主裁判的判定，B和C表示两名副裁判的判定，“1”表示裁判认为动作合格，“0”表示判定动作不合格；Y表示运动员试举是否成功，以“1”表示试举成功，以0表示试举不成功。根据题意，列出真值表见表1－7。

2. 逻辑函数式

把输出变量与输入变量之间的逻辑关系用与、或、非等逻辑运算符号组合起来得到的表达式，即为逻辑函数式。

仍以例1－7为例，该逻辑函数用逻辑函数式表示为$Y=A(B+C)$。

3. 逻辑图

将逻辑函数中各变量之间的逻辑关系用与、或、非等逻辑符号表示形成的图形，称为逻辑图。例1－7中的逻辑函数用逻辑图表示，如图1－6所示。

表1-7 真值表

A	B	C	Y
0	0	0	0
0	0	1	0
0	1	0	0
0	1	1	0
1	0	0	0
1	0	1	1
1	1	0	1
1	1	1	1

4. 各种表示方法间的互相转换

既然同一个逻辑函数可以用三种不同的方法描述，那么这三种方法之间必能相互转换。经常用到的转换方式有以下几种。

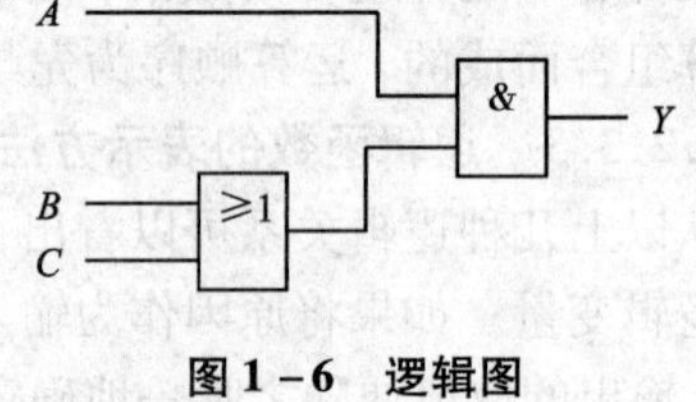

图1-6 逻辑图

(1)真值表与逻辑函数表达式的相互转换

①由真值表写出逻辑函数表达式

由真值表写出逻辑函数表达式的方法是：将真值表中每一组函数值 Y 为1的输入变量都写成一个乘积项，在这些乘积项中，输入变量取值为1用原变量表示，取值为0用反变量表示，将这些乘积项相加，就得到了逻辑函数表达式。

②由逻辑函数表达式列出真值表

由逻辑函数表达式列出真值表的方法是：将输入变量的各种可能取值代入逻辑函数表达式中运算，求出函数的值，并对应地填入表中，即可得到真值表。

例1-8 已知真值表如表1-8所示，试写出对应的逻辑函数表达式。

表1-8 例1-8的真值表

A	B	Y
0	0	0
0	1	1
1	0	1
1	1	0

解 由真值表可见，只有当输入变量 A、B 取值不同时，输出变量 Y 才为1。按上述转换方法，可写出逻辑函数表达式为 $Y=\bar{A}B+A\bar{B}$。

(2)逻辑函数表达式与逻辑图的相互转换

①根据逻辑函数表达式画出逻辑图

由逻辑函数表达式画出逻辑图的方法是：用逻辑符号代替逻辑函数表达式中的逻辑运算符号，并正确连接起来，所得到的电路图即为逻辑图。

②由逻辑图写出逻辑函数表达式

由逻辑图写出逻辑函数表达式的方法是：从输入到输出逐级写出逻辑图中每个逻辑符号所表示的逻辑函数式，就可以得到对应的逻辑函数表达式。

例1-9　已知逻辑函数表达式为 $Y=\bar{A}B+A\bar{B}$，请画出对应的逻辑图。

解　将式中所有与、或、非的运算符号用逻辑符号代替，按照运算优先顺序正确连接起来，就可以画出图1-7所示的逻辑图。

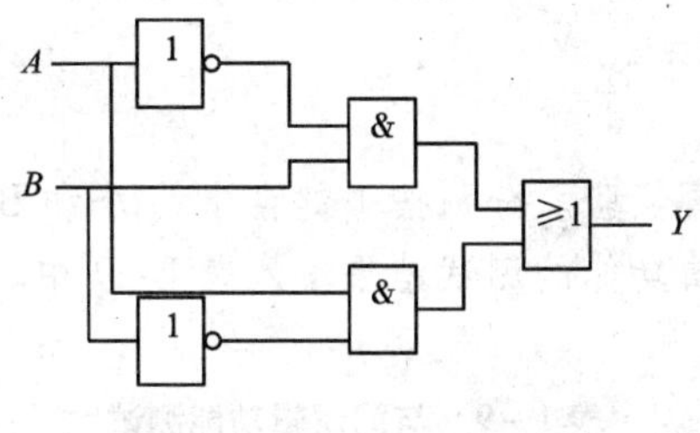

图1-7　例1-9的逻辑图

1.2.4　仿真：测试与、或、非门，与非门的逻辑功能

1.2.4.1　仿真目的

(1)通过仿真进一步掌握门电路的逻辑功能；

(2)掌握逻辑门电路的仿真方法。

1.2.4.2　与门逻辑功能测试

1. 元器件选取

(1) +5V 电源和地：Place 菜单 →Component →Source→POWER_SOURCES，选取并放置电源 VCC(+5V)和地 GROUND。

(2)与门：Place Misc Digital→TIL，选取 AND2 与门。

(3)开关：Place Elector_Mechanical→SUPPLEMENTARY_CONTACTS，选取 SPDT_SB 单刀双掷开关。在电路窗口中双击开关，弹出【开关】属性对话框，在 Key for Switch 中分别设置开关的控制键为 A 和 B。

(4)逻辑探头：Place Indicators→PROBE_RED，选取逻辑探头。

(5)执行菜单命令 Place→Text，在电路中放置 A、B 和 Y 文本。

2. 搭建测试电路

按照图1-8搭建测试电路。

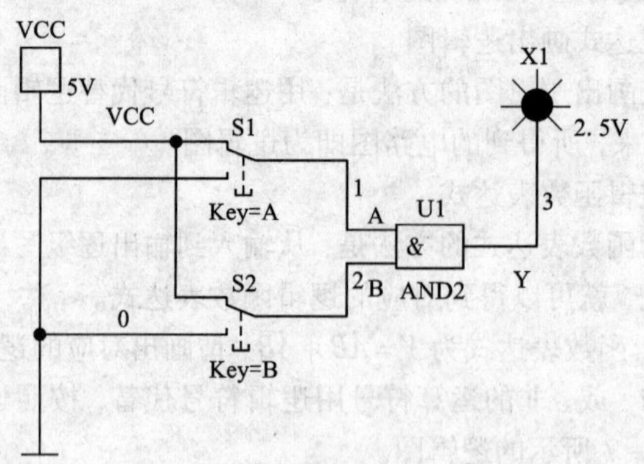

图1-8 与门逻辑功能测试电路

3. 仿真分析

单击仿真开关，开始仿真实验。分别按下键盘上的A和B，控制两个开关的状态，记下探头的状态，请将与门逻辑功能的测试结果填入表1-9中。

表1-9 与门逻辑功能测试

输入A	输入B	输出Y
0	0	
0	5V	
5V	0	
5V	5V	

1.2.4.3 或门逻辑功能测试

1. 元器件选取

除了或门的选取不同外，其余元器件的选取和与门逻辑功能测试相同。

或门：Place→Component → Misc Digital→TIL，选取OR2或门。

2. 搭建测试电路

按照图1-9搭建测试电路。

3. 仿真分析

单击仿真开关，开始仿真实验。分别按下键盘上的A和B，控制两个开关的状态，记下探头的状态，请将或门逻辑功能的测试结果填入表1-10中。

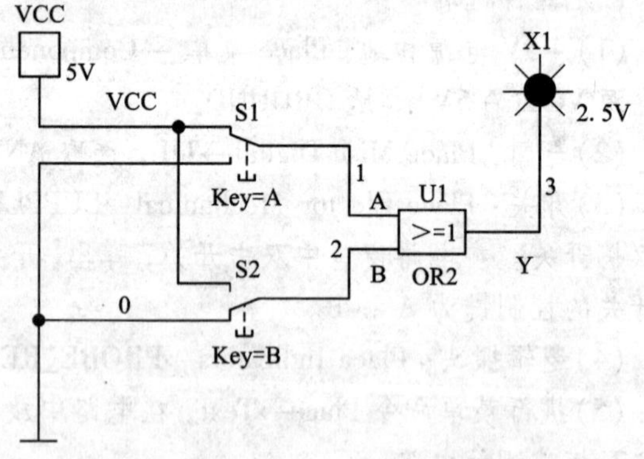

图1-9 或门逻辑功能测试电路

表1-10　或门逻辑功能测试

输入A	输入B	输出Y
0	0	
0	5V	
5V	0	
5V	5V	

1.2.4.4　非门逻辑功能测试

1. 元器件选取

除了非门的选取不同外，其余元器件的选取和与门逻辑功能测试相同。

非门：Place→Component → Misc Digital→TIL，选取 NOT 非门。

2. 搭建测试电路

按照图1-10搭建测试电路。

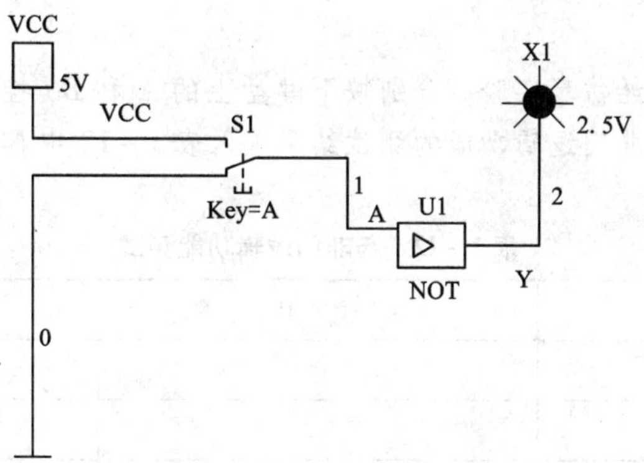

图1-10　非门逻辑功能测试电路

3. 仿真分析

单击仿真开关，开始仿真实验。按下键盘上的A，控制开关的状态，记下探头的状态，请将非门逻辑功能的测试结果填入表1-11中。

表1-11　非门逻辑功能测试

输入A	输出Y
0	
5V	

1.2.4.5　与非门逻辑功能测试

1. 元器件选取

除了与非门的选取不同外，其余元器件的选取和与门逻辑功能测试相同。

与非门：Place→Component → Misc Digital→TIL，选取 NAND2 与非门。

2. 搭建测试电路

按照图 1－11 搭建测试电路。

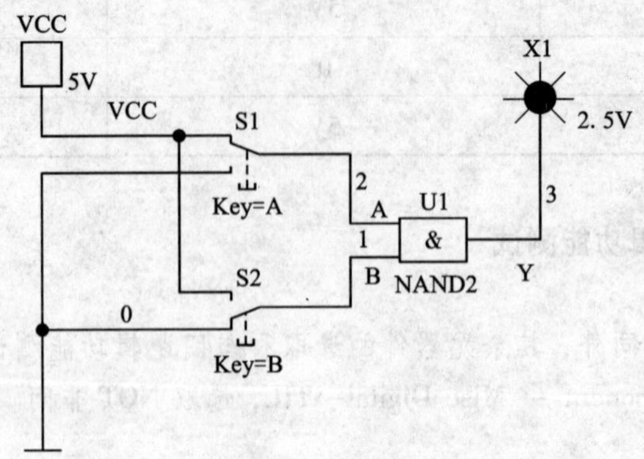

图 1－11　与非门逻辑功能测试电路

3. 仿真分析

单击仿真开关，开始仿真实验。分别按下键盘上的 A 和 B，控制两个开关的状态，记下探头的状态，请将与非门逻辑功能的测试结果填入表 1－12 中。

表 1－12　与非门逻辑功能测试

输入 A	输入 B	输出 Y
0	0	
0	5V	
5V	0	
5V	5V	

1.2.4.6　**练一练**

请读者自行完成其他门逻辑功能的测试。

1.2.5　逻辑代数基本公式

1.2.5.1　逻辑代数的基本定律

1. 常量和常量之间的关系

$$0 \cdot 0 = 0 \qquad 0 \cdot 1 = 0 \qquad 1 \cdot 1 = 1$$

$$0 + 0 = 0 \qquad 0 + 1 = 1 \qquad 1 + 1 = 1$$

$$\overline{0} = 1 \qquad \overline{1} = 0$$

2. 变量和常量之间的关系

$$A+0=A \qquad A\cdot 1=A$$

$$A+1=1 \qquad A\cdot 0=0$$

$$A+\overline{A}=1 \qquad A\cdot \overline{A}=0$$

3. 与普通代数相似的定理

交换律：$A+B=B+A \qquad A\cdot B=B\cdot A$

结合律：$(A+B)+C=A+(B+C)$

分配律：$A\cdot(B+C)=A\cdot B+A\cdot C$

$A+(B\cdot C)=(A+B)\cdot(A+C)$

4. 逻辑代数的一些特殊定理

重叠律：$A+A=A$，$A\cdot A=A$

非非律：$\overline{\overline{A}}=A$

5. 德·摩根定理(又称反演律)

$$\overline{A+B}=\overline{A}\cdot\overline{B} \qquad \overline{A\cdot B}=\overline{A}+\overline{B}$$

反演律可用真值表证明(表1－13)。

表1－13　反演律的证明

A	B	$\overline{A+B}$	$\overline{A}\cdot\overline{B}$	$\overline{A\cdot B}$	$\overline{A}+\overline{B}$
0	0	1	1	1	1
0	1	0	0	1	1
1	0	0	0	1	1
1	1	0	0	0	0

6. 一些常用公式

公式一　$AB+A\overline{B}=A$

公式二　$A+A\cdot B=A$

公式三　$A+\overline{A}B=A+B$

证　$A+\overline{A}B=(A+\overline{A})(A+B)$　(分配律)

$=1(A+B)$

$=A+B$

这个公式说明，在一个与或表达式中，如果一个乘积项的反是另一个乘积项的因子，那么这个因子就是多余的。

公式四　$AB+\overline{A}C+BC=AB+\overline{A}C$

证　$AB+\overline{A}C+BC=AB+\overline{A}C+(A+\overline{A})BC$

$=AB+\overline{A}C+(AB)C+(\overline{A}C)B$

$=AB(1+C)+\overline{A}C(1+B)$

$=AB+\overline{A}C$

公式五　$AB+\overline{A}C+BCD=AB+\overline{A}C$

证

$$
\begin{aligned}
AB+\bar{A}C+BCD &= AB+\bar{A}C+BC+BCD \\
&= AB+\bar{A}C+BC \\
&= AB+\bar{A}C
\end{aligned}
$$

公式四和公式五说明，若两个乘积项中一项包含了原变量A，另一项包含了反变量$\bar{A}$，而这两项的其余因子又构成了第三个乘积项，或者构成了第三个乘积项的因子，则第三个乘积项可消去。

1.2.5.2 逻辑代数的基本规则

1. 代入规则

在任何一个逻辑等式中，如果将等式两边的某一变量都代入相同逻辑函数，则等式仍然成立，这个规律称为代入规则。

例如，已知等式$\overline{A+B}=\bar{A}\bar{B}$，若用$Y=A+C$代替等式中的$A$，根据代入规则等式仍然成立，即$\overline{A+C+B}=(\overline{A+C})\cdot\bar{B}=\bar{A}\cdot\bar{B}\cdot\bar{C}$。

可见，利用代入规则可以扩大上述公式的应用范围。

2. 反演规则

对任何一个逻辑函数Y，只要把式中所有的“·”换为“+”、“+”换为“·”，“0”换为“1”、“1”换为“0”，原变量换为反变量、反变量换为原变量，所得到的新函数即为原函数的反函数，这个规则称为反演规则。

例 1-10 求Y_1和Y_2的反函数。

(1) $Y_1=\bar{A}B+A\bar{B}C+CD$

(2) $Y_2=(A+\bar{B}\cdot\overline{C\cdot\bar{D}})\cdot\bar{E}$

解 按反演规则可直接写出Y_1和Y_2的反函数

$$\overline{Y_1}=(A+\bar{B})\cdot(\bar{A}+B+\bar{C})\cdot(\bar{C}+\bar{D})$$

$$\overline{Y_2}=\bar{A}\cdot(B+\overline{\bar{C}+D})+E$$

在反演过程中，注意遵守两个原则：①对不是一个变量的非号应保持不变。②运算先后次序不变。

3. 对偶规则

对任何一个逻辑函数表达式，如将式中的“·”换为“+”，“+”换为“·”，“0”换为“1”，“1”换为“0”，所得到的逻辑函数式是原来逻辑函数式的对偶式，记作Y'。

对偶规则：若两个逻辑函数式相等，则它们的对偶式也相等。

例 1-11 求$Y=A\cdot(B+\bar{C})$的对偶式。

解 $Y'=A+B\cdot\bar{C}$

利用对偶规则可以减少公式的证明。例如，分配律为$A(B+C)=AB+AC$，求这一公式两边的对偶式，则有分配律$A+BC=(A+B)(A+C)$也成立。

由此可见，利用对偶定理，可以使证明和记忆的公式数目减少一半。

1.2.6 逻辑函数的化简

在逻辑运算中有些逻辑函数往往不是以最简的形式给出，这既不利于判断这些逻辑函数的因果关系，也不利于用最少的电子器件来实现这些逻辑函数，因而有必要对这些逻辑函数进行化简。化简方法有代数法和卡诺图法。

1.2.6.1　逻辑函数表达式的类型和最简式的含义

1. 表达式的类型

一个逻辑函数，其表达式的类型是多种多样的。人们常按照逻辑电路的结构不同，把表达式分成5类：与－或、或－与、与非－与非、或非－或非、与－或－非。

例如：$Y=AB+\bar{A}C$　　与－或

$=\overline{\overline{AB+\bar{A}C}}=\overline{\overline{AB}\cdot\overline{\bar{A}C}}$　　与非－与非

$=\overline{(\bar{A}+\bar{B})\cdot(A+\bar{C})}=\overline{A\bar{B}+\bar{A}\bar{C}}$　　与－或－非

$=\overline{A\bar{B}}\cdot\overline{\bar{A}\bar{C}}=(\bar{A}+B)(A+C)$　　或－与

$=\overline{\overline{(\bar{A}+B)(A+C)}}=\overline{\overline{(\bar{A}+B)}+\overline{(A+C)}}$　　或非－或非

上述5种表达式彼此之间是相通的，可以利用逻辑代数的公式和法则进行转换。其中与－或表达式比较常见，逻辑代数的基本公式大都以与或形式给出，而且与－或式比较容易转换为其他表达式形式。

2. 最简与－或表达式

所谓最简与－或表达式，是指乘积项的个数是最少的，而且每个乘积项中变量的个数也是最少的与－或表达式。这样的表达式逻辑关系更明显，而且便于用最简的电路加以实现(因为乘积项最少，则所用的与门最少；而每个乘积项中变量的个数最少，则每个与门的输入端数也最少)，所以化简有其实用意义。

1.2.6.2　代数法化简逻辑函数

代数法化简就是反复使用逻辑代数的基本公式和定理，消去多余的乘积项和每个乘积项中的多余因子，从而得到最简表达式。

1. 并项法

利用公式 $AB+A\bar{B}=A$，将两项合并为一项，消去一个因子。

例1－12　化简 $Y=A\overline{\bar{B}C}+A\bar{B}C$

解　$Y=A(\overline{\bar{B}C}+\bar{B}C)=A$

2. 吸收法

利用公式 $A+AB=A$，将多余的乘积项 AB 吸收掉。

例1－13　化简　$Y=ABC+ABC(D+EF)$

解　$Y=ABC[1+(D+EF)]=ABC$

3. 消去法

利用公式 $A+\bar{A}B=A+B$，消去乘积项中的多余因子 $\bar{A}$。

利用公式 $AB+\bar{A}C+BC=AB+\bar{A}C$，消去多余项 BC。

例1－14　化简函数 $Y_1=AB+\bar{A}C+\bar{B}C$

$Y_2=AB\bar{C}+\bar{A}D+CD+BD+BDE$

解　$Y_1=AB+(\bar{A}+\bar{B})C$

$=AB+\overline{AB}C$

$=AB+C$

$Y_2=AB\bar{C}+(\bar{A}+C)D+BD(1+E)$

$= AB\bar{C} + \overline{A\bar{C}}D + BD$

$= AB\bar{C} + \overline{A\bar{C}}D$

$= AB\bar{C} + \bar{A}D + CD$

4. 配项法

利用将某些乘积项变成两项，然后再与其他项合并化简。

利用 $A = A(B + \bar{B})$ 或 $A \cdot A = 0$，在原函数表达式中将某些乘积变成两项重复乘积项，或互补项，然后同其他项合并化简。

例 1－15 化简 $Y = ABC + \bar{A}BC + A\bar{B}C$

解 $Y = ABC + \bar{A}BC + ABC + A\bar{B}C$

$= BC(A + \bar{A}) + AC(B + \bar{B})$

$= AC + BC$

例 1－16 化简 $Y = AD + A\bar{D} + AB + \bar{A}C + BD + ACEF + \bar{B}EF + DEFG$

解 (1)将 $AD + A\bar{D}$ 合并成 A，得

$$Y = A + AB + \bar{A}C + BD + ACEF + \bar{B}EF + DEFG$$

(2)由 A 将 AB、$ACEF$ 两项吸收，得

$$Y = A + \bar{A}C + BD + \bar{B}EF + DEFG$$

(3)由 A 消去 $\bar{A}C$ 中的因子 $\bar{A}$，得

$$Y = A + C + BD + \bar{B}EF + DEFG$$

(4)由上式可以看出，$DEFG$ 是多余项，故 $Y = A + C + BD + \bar{B}EF$

例 1－17 化简 $Y = AB + \bar{A}\bar{C} + B\bar{C}$

解 $Y = AB + \bar{A}\bar{C} + B\bar{C}$

$= AB + \bar{A}\bar{C} + (A + \bar{A})B\bar{C}$

$= AB + \bar{A}\bar{C} + AB\bar{C} + \bar{A}B\bar{C}$

$= (AB + AB\bar{C}) + (\bar{A}\bar{C} + \bar{A}\bar{C}B)$

$= AB + \bar{A}\bar{C}$

例 1－18 化简 $Y = AD + A\bar{D} + AB + \bar{A}C + BD$

解 $Y = AD + A\bar{D} + AB + \bar{A}C + BD$

$= (AD + A\bar{D}) + AB + \bar{A}C + BD$

$= A + AB + \bar{A}C + BD$

$= (A + \bar{A}C) + BD$

$= A + C + BD$

例 1－19 求证 $\overline{AB + \bar{A}C} = A\bar{B} + \bar{A}\bar{C}$

证 左式 $= \overline{AB + \bar{A}C} = (\overline{AB}) \cdot (\overline{\bar{A}C})$

$= (\bar{A} + \bar{B}) \cdot (A + \bar{C})$

$= A\bar{B} + \bar{A}\bar{C} + \bar{B}\bar{C}$

$= A\bar{B} + A\bar{B}\bar{C} + \bar{A}\bar{C} + \bar{A}\bar{B}\bar{C}$

$= A\bar{B} + \bar{A}\bar{C}$

= 右式

例 1－20 求证 $\overline{A\bar{B} + \bar{A}B} = AB + \bar{A}\bar{B}$

证　左式 $=\overline{A\bar{B}+\bar{A}B}=(\overline{A\bar{B}})\cdot(\overline{\bar{A}B})$

$=(\bar{A}+B)\cdot(A+\bar{B})$

$=AB+\bar{A}\bar{B}$

$=$右式

1.2.6.3　卡诺图法化简逻辑函数

卡诺图化简法是逻辑函数式的图解化简方法。它克服了代数化简法对最终化简结果难以确定的缺点，具有确定的化简步骤，能比较方便地获得逻辑函数的最简与－或表达式。

1. 逻辑函数的最小项

(1)最小项的定义

在逻辑函数表达式中，如果一个乘积项包含了所有的输入变量，而且每个变量都是以原变量或反变量的形式出现一次，且仅出现一次，该乘积项就称为最小项。

例如，ABC 三变量的最小项共有 8 个，分别是 $\bar{A}\bar{B}\bar{C}$、$\bar{A}\bar{B}C$、$\bar{A}B\bar{C}$、$\bar{A}BC$、$A\bar{B}\bar{C}$、$A\bar{B}C$、$AB\bar{C}$、ABC。它们都含三个变量，而每个变量都以原变量或反变量形式在一个乘积项中出现一次，故共有 $2^3=8$ 个。同理，四变量的最小项有 $2^4=16$ 个；n 变量的最小项有 2^n个。

(2)最小项的编号

为了表示方便，常常对最小项进行编号。例如三变量最小项 $\bar{A}\bar{B}\bar{C}$，我们把它的值为 1 所对应的变量取值组合 000 看作二进制数，相当于十进制数 0，作为该最小项的编号，记作 m_0。依此类推，$\bar{A}\bar{B}C=m_1$，$\bar{A}B\bar{C}=m_2$，…。表 1－14 已列出了各最小项的编号。

表 1－14　三变量逻辑函数的最小项及其相应编号

变　量			对应的最小项	最小项编号
A	B	C		
0	0	0	$\bar{A}\bar{B}\bar{C}$	m_0
0	0	1	$\bar{A}\bar{B}C$	m_1
0	1	0	$\bar{A}B\bar{C}$	m_2
0	1	1	$\bar{A}BC$	m_3
1	0	0	$A\bar{B}\bar{C}$	m_4
1	0	1	$A\bar{B}C$	m_5
1	1	0	$AB\bar{C}$	m_6
1	1	1	ABC	m_7

(3)最小项的性质

根据最小项的定义，不难证明最小项具有以下性质：

①每一个最小项都对应了一组变量取值，只有该组取值出现时其值才会为 1。

②任意两个不同的最小项乘积恒为 0。

③全部最小项之和恒为 1。

(4)最小项表达式

任何一个逻辑函数均可以表示成若干个最小项之和的形式，这样的逻辑函数表达式称为最小项表达式。

例 1-21 将逻辑函数 $Y=(A,B,C)=A\bar{B}+AC$ 展开成最小项之和的形式。

解 在 $A\bar{B}$ 和 AC 中分别乘以 $(C+\bar{C})$ 和 $(B+\bar{B})$ 可得到

$$\begin{aligned}Y&=A\bar{B}+AC=A\bar{B}(C+\bar{C})+AC(B+\bar{B})\\&=A\bar{B}C+A\bar{B}\bar{C}+ABC+A\bar{B}C\\&=A\bar{B}C+A\bar{B}\bar{C}+ABC\\&=m_5+m_4+m_7\\&=\sum m(4,5,7)\end{aligned}$$

式中求和符号 $\sum$ 表示括号中指定最小项的或运算。

2. 逻辑函数的卡诺图

(1) 卡诺图的画法规则

n 个逻辑变量可以组成 2^n 个最小项。在这些最小项中，如果两个最小项仅有一个因子不同，而其余因子均相同，则称这两个最小项为逻辑相邻项。为表示最小项之间的逻辑相邻关系，美国工程师卡诺设计了一种最小项方格图。他把逻辑相邻项安排在相邻的方格中，按此规律排列起来的最小项方格图成为卡诺图。

n 个变量的逻辑函数由 2^n 个小方格组成。图 1-12 给出了二变量、三变量和四变量卡诺图的画法。

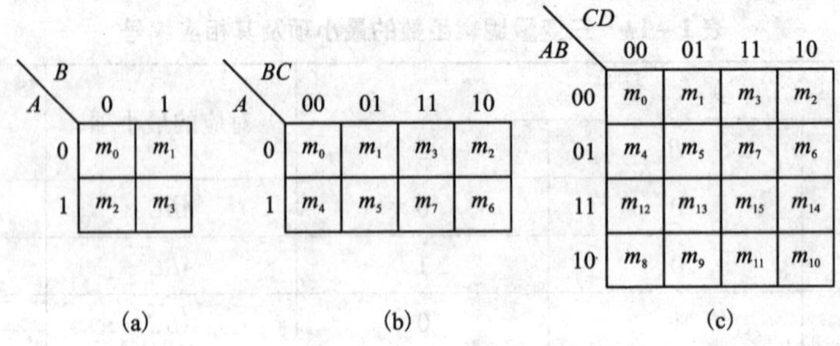

图 1-12 卡诺图画法

(a) 二变量；(b) 三变量；(c) 四变量

在画卡诺图时，应遵循如下规定：

①将 n 变量函数填入一个分割成 2^n 个小方格的矩形图中，每个最小项占一格，方格的序号和最小项的序号一致，由方格左边和上边二进制代码的数值确定。

②卡诺图要求上下、左右相对的边界、四角等相邻格只允许一个变量发生变化（即相邻最小项只有一个变量取值不同）。

(2) 用卡诺图表示逻辑函数

既然任何一个逻辑函数都可以表示为若干个最小项之和的形式，那么也就可以用卡诺图来表示逻辑函数。实现用卡诺图来表示逻辑函数的一般步骤是：

①先将逻辑函数化成最小项表达式；

②在相应变量卡诺图中标出最小项，把式中所包含的最小项在卡诺图相应小方格中填

1，其余的方格填上0(或不填)。

例1-22　画出函数 $Y=AB+CA$ 的卡诺图。

解　首先将 Y 化成最小项表达式：

$$
\begin{aligned}
Y &= AB(C+\bar{C})+CA(B+\bar{B}) \\
&= ABC+AB\bar{C}+ABC+A\bar{B}C \\
&= ABC+AB\bar{C}+A\bar{B}C \\
&= m_7+m_6+m_5 \\
&= \sum m(5,6,7)
\end{aligned}
$$

把 Y 的最小项用1填入三变量卡诺图中，其余填0(或不填)便可得如图1-13所示的卡诺图。

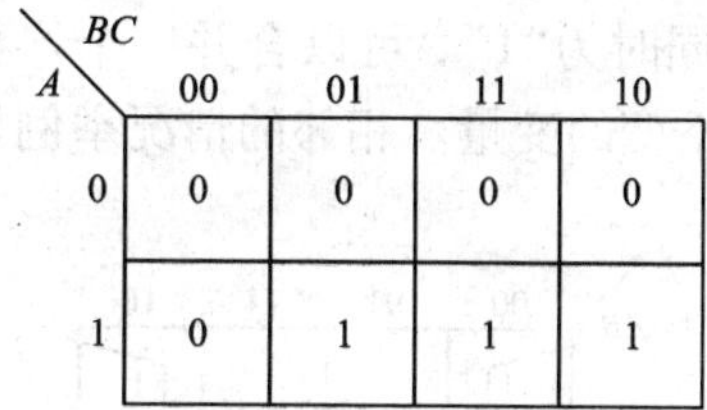

图1-13　例1-22函数的卡诺图

3. 用卡诺图化简逻辑函数

化简的依据：基本公式 $A+\bar{A}=1$、常用公式 $AB+A\bar{B}=A$。因为卡诺图中最小项的排列符合相邻性规则，因此可以直接在卡诺图上合并最小项，达到化简逻辑函数的目的。

(1)合并最小项的规则

①如果相邻的两个小方格同时为“1”，可以合并一个两格组(用圈圈起来)，合并后可以消去一个取值互补的变量，留下的是取值不变的变量。

逻辑相邻的情况举例如图1-14所示。

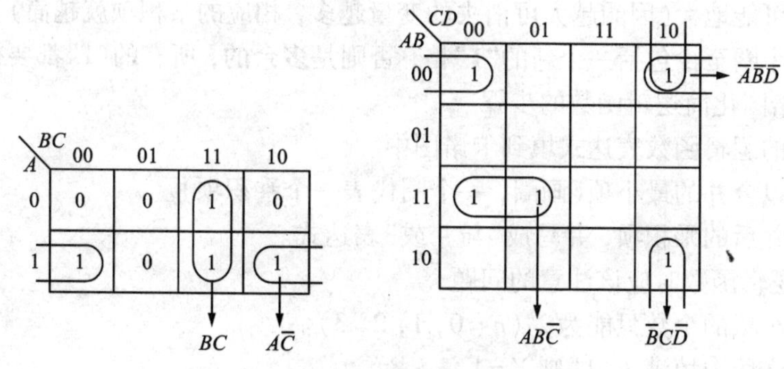

图1-14　合并两格组

②如果相邻的四个小方格同时为“1”，可以合并一个四格组，合并后可以消去二个取值互补的变量，留下的是取值不变的变量。逻辑相邻的情况举例如图1-15所示。

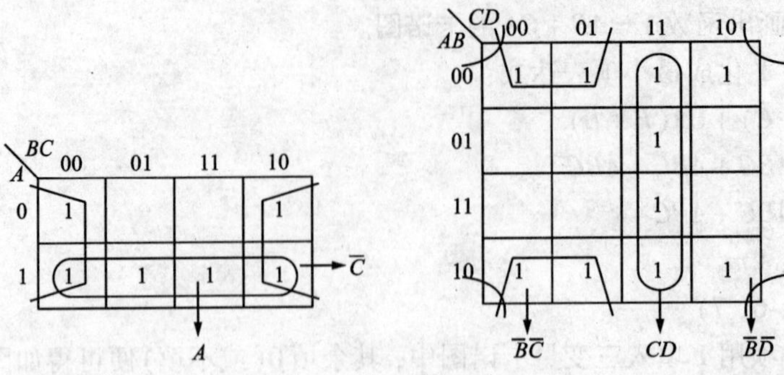

图 1-15 合并四格组

③如果相邻的八个小方格同时为“1”，可以合并一个八格组，合并后可以消去三个取值互补的变量，留下的是取值不变的变量。相邻的情况举例如图 1-16 所示。

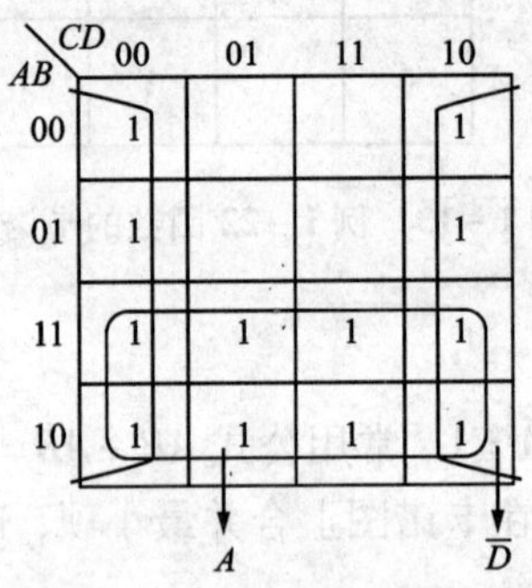

图 1-16 合并八格组

(2)画圈的原则

①圈的个数要尽可能地少(因一个圈代表一个乘积项)

②圈要尽可能地大(因圈越大可消去的变量越多，相应的乘积项就越简)。

③每画一个圈至少包括一个新的“1”格，否则是多余的，所有的“1”都要被圈到。

(3)用卡诺图化简逻辑函数的步骤

①把给定的逻辑函数表达式填到卡诺图中。

②找出可以合并的最小项(画圈，一个圈代表一个乘积项)。

③写出合并后的乘积项，并写成“与-或”表达式。

(4)化简逻辑函数时应该注意的问题

①合并最小项的个数只能为 2^n($n=0, 1, 2, 3$)。

②如果卡诺图中填满了“1”则 $Y=1$。

③函数值为“1”的格可以重复使用，但是每一个圈中至少有一个“1”未被其他的圈使用过，否则得出的不是最简单的表达式。

例 1-23 用卡诺图化简逻辑函数 $Y=A\overline{B}+AC+BC+AB$。

解 首先画出逻辑函数 Y 的卡诺图，如图 1-17 所示。由图 1-17 可以看出，可以合并一个四格组和一个二格组，合并后为 $Y = A + BC$。

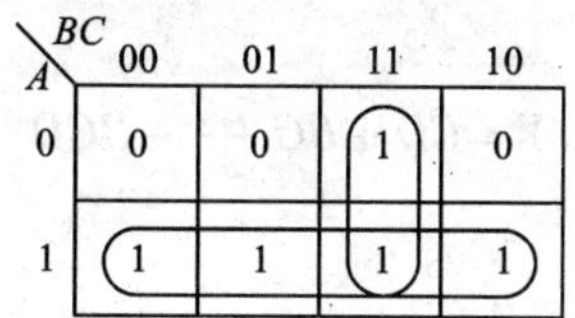

图 1－17　例 1－23 卡诺图

例 1－24　化简逻辑函数 $Y(A, B, C, D) = \sum m(0, 2, 5, 6, 7, 8, 9, 10, 11, 14, 15)$

解　此题是逻辑函数的最小项表示法，表达式中出现的最小项对应的小方格填“1”，其余的小方格填“0”。得到逻辑函数的卡诺图如图 1－18 所示。合并二个四格组和一个孤立的“1”。合并化简后为：$Y = A\overline{B} + \overline{A}BD + BC + \overline{B}\,\overline{D}$。

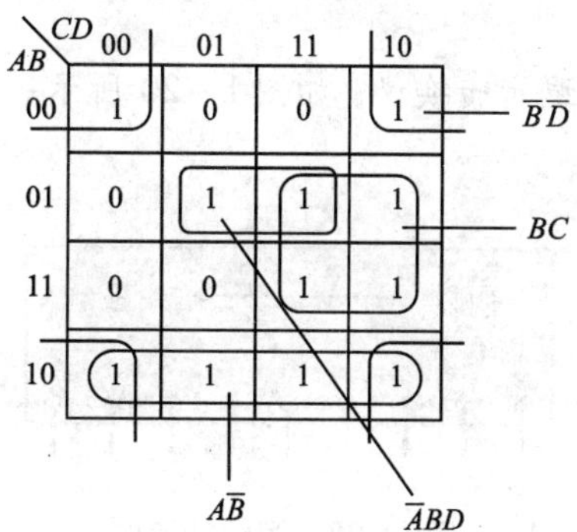

图 1－18　例 1－24 卡诺图

例 1－25　用卡诺图化简函数

$$Y = ABC + ABD + A\overline{C}D + \overline{C}\,\overline{D} + A\overline{B}C + AC\overline{D} + \overline{A}\,\overline{B}\,\overline{C}D + \overline{A}BCD$$

解　(1)先将函数 Y 填入四变量卡诺图，如图 7－19 所示。

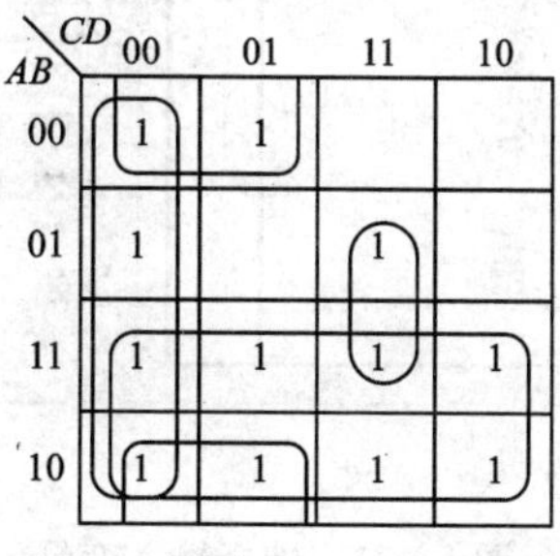

图 1－19　例 1－25 卡诺图

(2)画卡诺圈。

(3)提取每个卡诺圈的公因子作乘积项，将这些乘积项相加，就可得到化简后的逻辑函数为

$$Y=\overline{C}\overline{D}+\overline{B}\overline{C}+A+BCD$$

1.2.7 仿真：逻辑转换

1.2.7.1 仿真目的

掌握利用逻辑转换仪进行逻辑转换。

1.2.7.2 逻辑转换

以三人表决电路为例。

三人表决电路：当A、B、C三人表决某个提案时，两人或两人以上同意，提案通过，否则提案不通过。用与非门实现电路。

1. 建立真值表

步骤：

(1)在电路窗口中，放置逻辑转换仪，如图1-20所示。

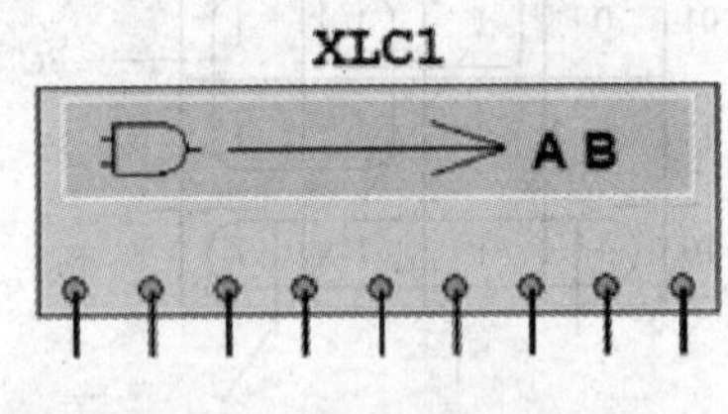

图1-20 逻辑转换仪

(2)双击逻辑转换仪，进入逻辑转换仪的面板，选择A、B、C，作为三个输入变量，如图1-21所示。

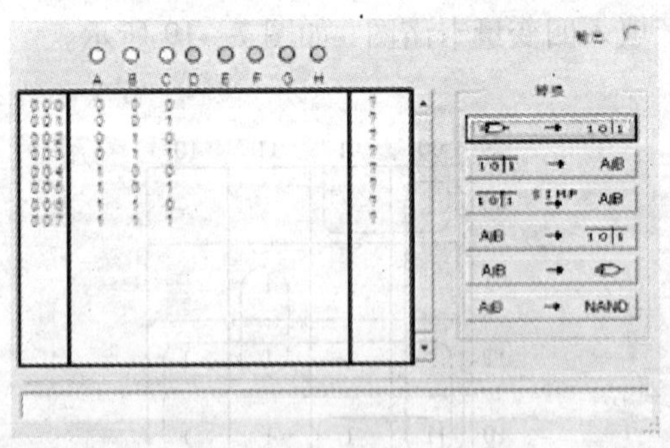

图1-21 选择输入变量

(3)单击逻辑转换仪真值表区的“?”，可以在0、1和×三种选项之间进行切换。根据三人表决电路的功能，建立真值表，如图1-22所示。

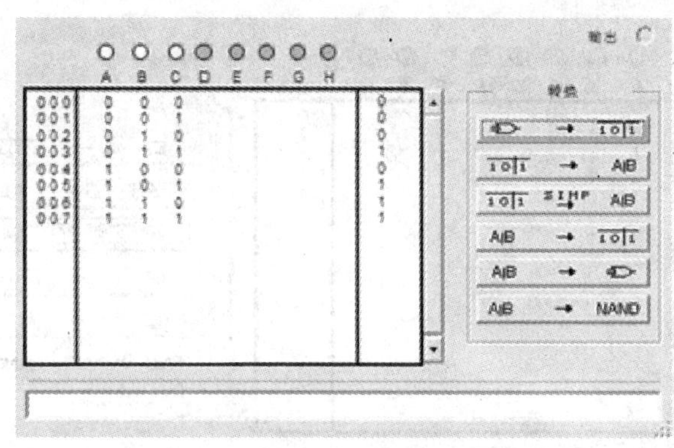

图1－22 建立真值表

2. 真值表转换为逻辑函数表达式

转换步骤：

(1)单击逻辑转换仪转换功能区的 10|1 → A|B，可以得到逻辑函数表达式，如图1－23所示。此表达式是最小项相加的形式。

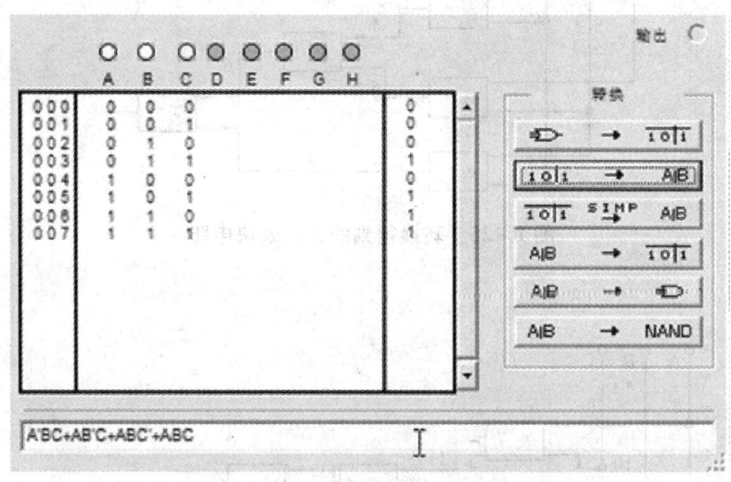

图1－23 转换为逻辑函数表达式

(2)单击逻辑转换仪转换功能区的 10|1 SIMP A|B，可以将逻辑函数表达式化简得到最简逻辑函数表达式，如图1－24 所示。

3. 逻辑函数表达式转换为逻辑电路

(1)单击逻辑转换仪转换功能区的 A|B → ⊐D，可以得到三人表决电路，如图1－25 所示。

(2)单击逻辑转换仪转换功能区的 A|B → NAND，可以得到用与非门构成的三人表决电路，如图1－26 所示。

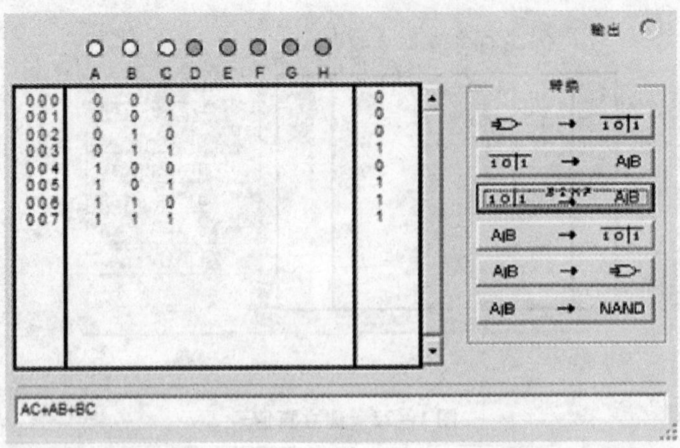

	A	B	C	输出
000	0	0	0	0
001	0	0	1	0
002	0	1	0	0
003	0	1	1	1
004	1	0	0	0
005	1	0	1	1
006	1	1	0	1
007	1	1	1	1

图 1-24　化简得到的最简逻辑函数表达式

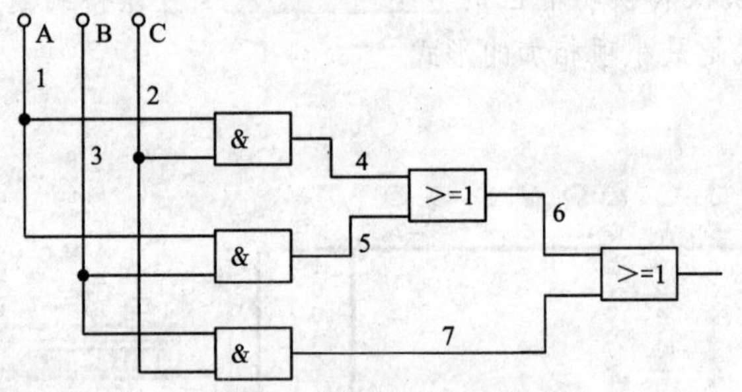

图 1-25　转换得到的三人表决电路

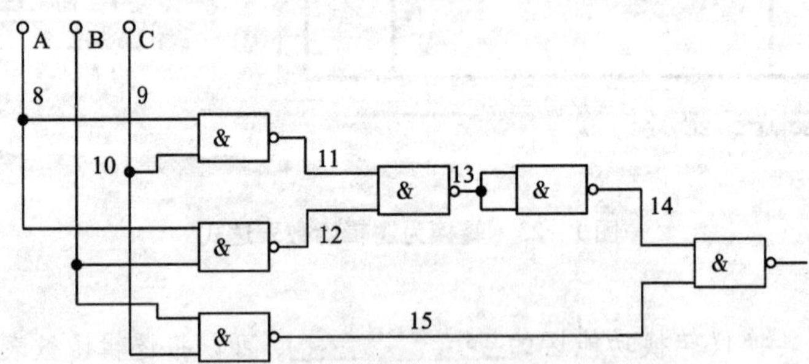

图 1-26　用与非门构成的三人表决电路

1.2.7.3　练一练

请读者自行完成三人表决电路的功能测试，仿真测试电路如图 1-27 所示。

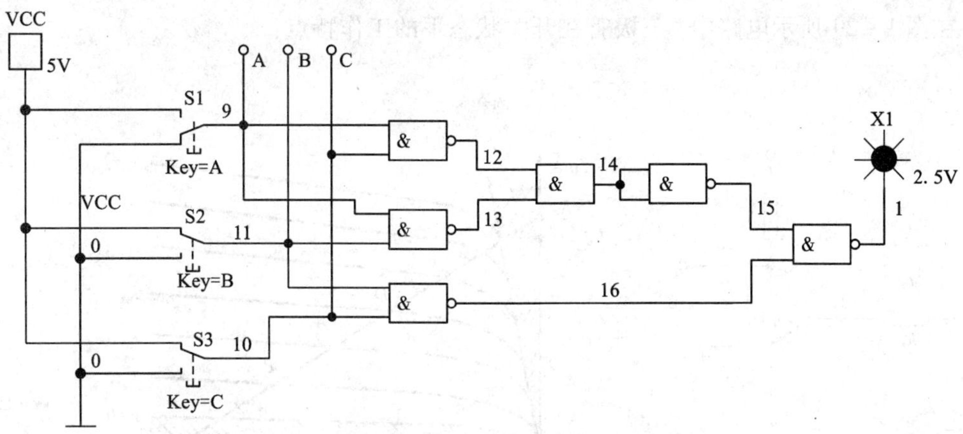

图1-27　三人表决电路的功能测试

1.2.8　二极管、三极管的开关特性与三种基本门电路

1.2.8.1　二极管、三极管的开关特性

1. 二极管的开关特性

在模拟电子技术中我们知道，利用二极管的单向导电性，可以把它作为电子开关使用。

二极管的开关特性如图1-28所示。

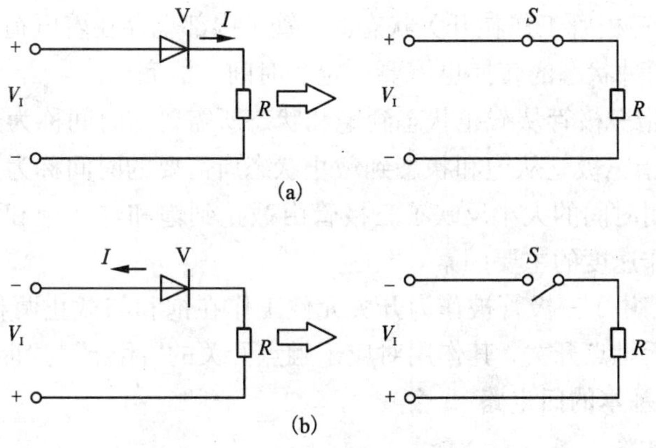

图1-28　二极管的开关特性

(a)正偏时相当于开关闭合；(b)反偏时相当于开关断开

(1)二极管正向偏置时，$I \neq 0$，$V_R = V_I - V_O \approx V_I$，电阻很小，相当于开关闭合。

(2)二极管反向偏置时，$I \approx 0$，$V_R \approx 0$，电阻很大，相当于开关断开。

2. 三极管的开关特性

由三极管的工作原理可知，三极管的输出特性可划分为3个区域：截止区、放大区和饱和区。三极管在输入信号的作用下稳定地处于饱和区时就相当于开关接通；处于截止区时就相当于开关断开。

在图 1－29 所示电路中，三极管在开关状态下的工作特点：

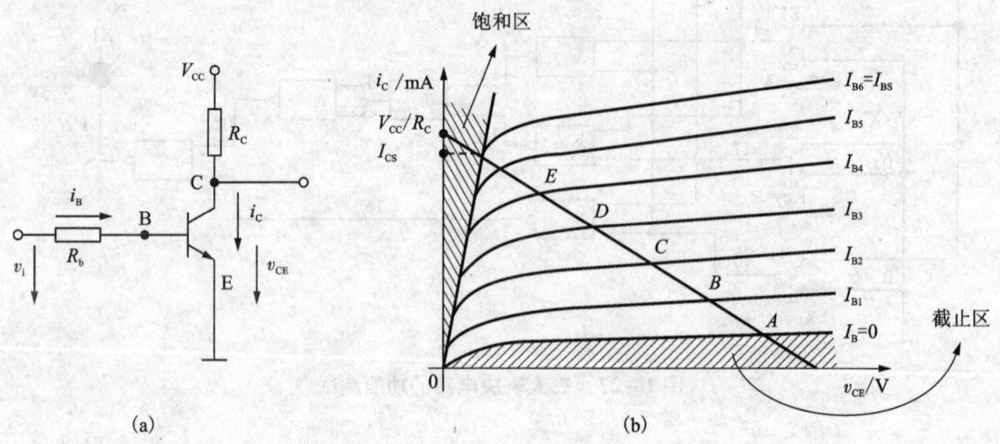

图 1－29　三极管工作状态的转换

(a) 电路；(b) 工作状态图

(1) 截止状态：$u_B<0$，两个 PN 结均为反偏，$i_B\approx 0$，$i_C\approx 0$，$v_{CE}\approx V_{CC}$。三极管呈现高阻抗，类似于开关断开。

(2) 放大状态：$u_B>0$，发射结正偏，集电结反偏，$i_C=\beta i_B$。

(3) 饱和状态：$u_B>0$，两个 PN 结均为正偏，$i_B\geqslant I_{BS}$（基极临界饱和电流）$\approx V_{CC}/\beta R_C$，此时 $i_C=I_{CS}$（集电极饱和电流）$\approx V_{CC}/R_C$。三极管呈现低阻抗，类似于开关接通。

(4) 开关时间：三极管工作在开关状态时，管子内部也存在着电荷的建立与消失过程。因此，饱和与截止两种状态的转换也需要一定的时间才能完成。

开通时间 t_{on} 是指三极管从截止状态到饱和状态所需要的时间称为开通时间。

关闭时间 t_{off} 是指三极管从饱和状态到截止状态所需要的时间称为关闭时间。

开通时间和关闭时间的大小反映了三极管由截止到饱和与从饱和到截止的开关速度，它们是影响电路工作速度的主要因素。

在数字逻辑电路中，三极管被作为开关元件工作在饱和与截止两种状态，相当于一个由基极信号控制的无触点开关，其作用对应于触点开关的“闭合”与“断开”。

1.2.8.2　三种基本的门电路

1. 二极管与门电路

电路如图 1－30 所示。设输入信号的低电平为 0V，高电平为 3V。当输入 A、B 中有一个或全部为低电平时，则输入为低电平支路中的二极管导通，输入为高电平支路中的二极管反偏而截止，输出 Y 为低电平。当输入 A、B 全为高电平时，输出 Y 才为高电平。

当 $A=0$，$B=0$ 时，V_1、V_2 均导通，$Y=0$；

当 $A=0$，$B=1$ 时，V_1 先导通，使 V_2 截止，$Y=0$；

当 $A=1$，$B=0$ 时，V_2 先导通，使 V_1 截止，$Y=0$；

当 $A=1$，$B=1$ 时，V_1、V_2 均导通，$Y=1$。

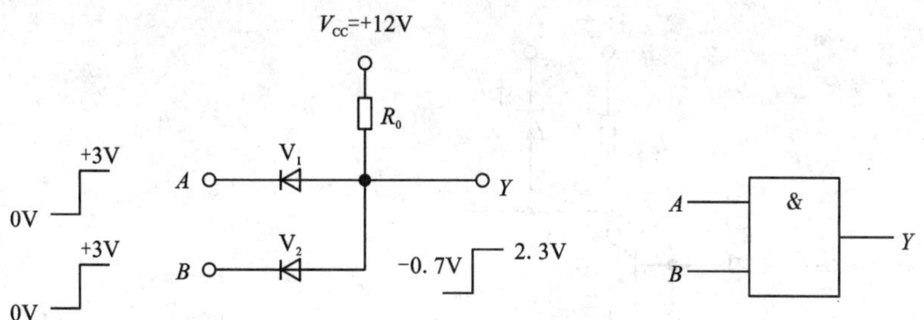

图1－30　二极管与门电路与逻辑符号

所以，这是一个与门电路，$Y=A\cdot B$。

2. 二极管或门电路

电路组成如图1－31所示。当输入A、B中，只要有一个以上为高电平，则接高电平支路中的二极管导通，接低电平支路中的二极管反偏而截止，输出Y为高电平。只有当输入A、B全为低电平时，输出Y才为低电平。

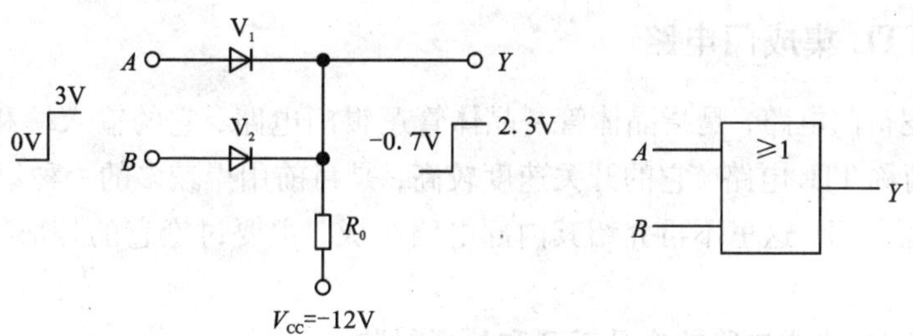

图1－31　二极管或门电路与逻辑符号

当$A=0$，$B=0$时，V_1、V_2均导通，$Y=0$；

当$A=0$，$B=1$时，V_2先导通，使V_1截止，$Y=1$；

当$A=1$，$B=0$时，V_1先导通，使V_2截止，$Y=1$；

当$A=1$，$B=1$时，V_1、V_2均导通，$Y=1$。

所以，这是一个或门电路，$Y=A+B$。

3. 三极管非门电路

(1)电路组成

三极管非门电路如图1－32所示。加负电源V_{BB}是为了保证A为低电平时，三极管V_1能够可靠地截止，加V_Q和二极管V_2的作用主要是使输出高电平为规定值。

(2)工作原理

当输入A为高电平时，如适当选择R_1、R_2的数值，使三极管有足够大的基极电流而饱和，则输出电位等于三极管的饱和压降，约0.3V。当输入A为低电平时，$-V_{BB}$通过R_1、R_2分压，使基极处于负电位，三极管因发射结反偏而可靠截止，由于$V_{CC}>V_Q$使V_2导通，所以输出电位被钳制在V_Q。

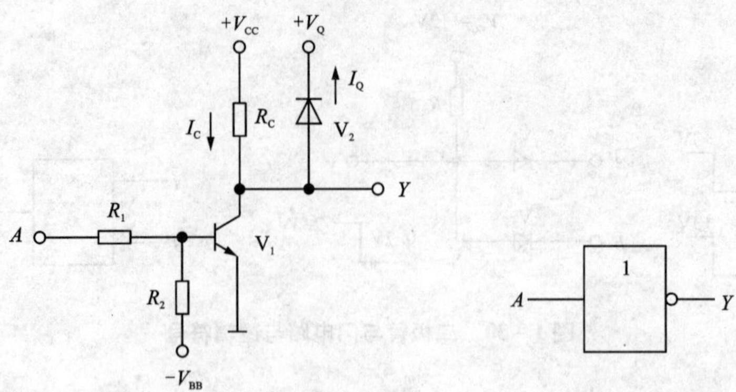

图 1-32　三极管非门电路与逻辑符号

当 $A=0$ 时，三极管截止，$Y=1$；

当 $A=1$ 时，三极管饱和，$Y=0$；

逻辑关系：$Y=\bar{A}$。

1.2.9　TTL 集成门电路

TTL 集成逻辑门电路，是指晶体管－晶体管逻辑门电路，它的输入端和输出端都是由三极管组成，简称 TTL 电路。它的开关速度较高，是目前用得较多的一种集成逻辑门。

对于集成逻辑门，这里不再介绍其内部电路组成，主要讨论它的外部特性、逻辑功能及使用。

1.2.9.1　TTL 集成电路的产品系列和外形封装

我国优选国际通用品种列为国家标准。表 1-15 是常用的主要系列。在 TTL 产品中，CT74LS 系列为现代主要应用产品。ALS 系列是 LS 系列的后继产品，它们在速度和功耗等方面，有较大改进。

表 1-15　TTL 主要产品系列

系列	子系列	名称	国际型号	部标型号
TTL	TTL	基本型中速 TTL	CT54/74	T1000
	HTTL	高速 TTL	CT54/74H	T2000
	STTL	超高速 TTL	CT54/74S	T3000
	LSTTL	低功耗 TTL	CT54/74LS	T4000
	ALSTTL	先进低功耗 TTL	CT54/74ALS	

TTL 集成电路大都采用双列直插式外形封装。这类集成电路外引线（管脚）的编号判断方法是：把标志（半圆形凹口）置于左端，逆时针转向自下而上顺序读出序号，如图1-33 所示。图中所示外引线排列图表示 CT74LS00（四 2 输入与非门，即内部有四个与非门，每

个与非门均有两个输入端)的外引线编号及含义。其中：A、B 为各门的输入端，Y 为输出端。其中 1A、1B、1Y；2A、2B、2Y 等以字头数字区分四个与非门。其共用电源为 V_{CC}(14 脚)，共用一个接地点 GND(7 脚)。CT74LS00 简称 74LS00，或 LS00。

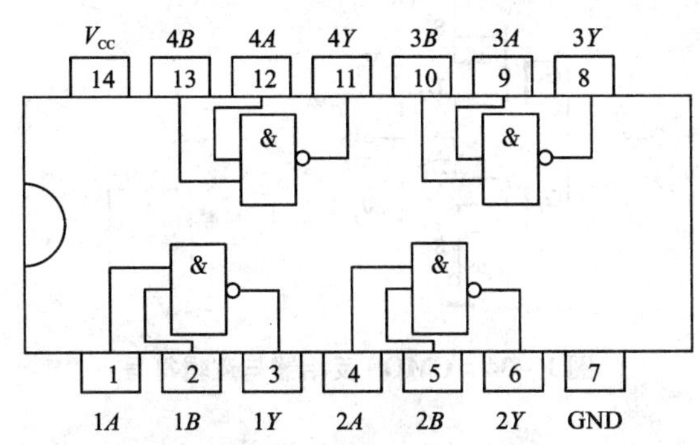

图 1－33　74LS00 外引线排列图

1.2.9.2　TTL 集成门使用注意事项

1. TTL 集成逻辑门的统一规定

因为各种 TTL 集成门电路都遵循电源为 +5V，采用正逻辑，高电平为 2.4 ~5V，低电平为 0V ~0.4V 等统一规定，所以不管它们的集成规模是否一样，系列是否相同，都可以直接连接。但当 TTL 集成门电路和其他形式的电路(如 MOS 电路)连接时，就不能直接连接，中间需要经过电平转换电路，即接口电路。

2. 多余输入端的处理方法

(1)与其他输入端并联使用；

(2)将不用的输入端按照电路功能要求接电源或接地，比如将与门、与非门的多余的输入端接电源，将或门、或非门的多余的输入端接地。

3. 输出端使用的注意事项

输出端不允许与电源或地直接短路，而且输出电流也应小于产品中介绍的最大推荐值。除三态输出或集电极开路输出外，其他门电路输出端不允许并联使用，以免输出高电平的器件对输出低电平的器件产生过大的负载电流。

4. 其他注意事项

电源端与接地端的管脚不能颠倒使用；不可在电源接通时插入、拔出器件，以免造成电流冲击而损坏器件。

1.2.10　CMOS 集成门电路

用 P 沟道增强型 MOS 管和 N 沟道增强型 MOS 管按照互补对称形式连接构成的集成电路，称为互补型 MOS 集成电路，简称 CMOS 电路。CMOS 集成电路与 TTL 集成电路相比，具有集成度高、功耗低、抗干扰能力强等优点。下面介绍几种 CMOS 门电路。

1.2.10.1　CMOS 反向器

1. 电路结构

反向器是 MOS 数字集成电路的基本单元。CMOS 反相器的电路结构如图 1－34 所示。

它是由两个增强型 MOS 管互补连接而成的。V_1是 NMOS 管，作为驱动管；V_2为 PMOS 管作为负载。

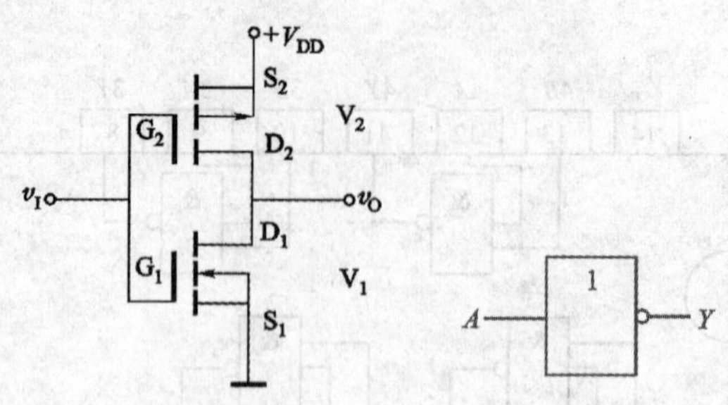

图 1－34 CMOS 反相器与逻辑符号

2. 工作原理

当 $v_I = V_{IL} = 0$ V 时，V_1 截止；$V_{GS2} = -V_{DD}$，V_2饱和，S_2与 D_2极间相当于短路，所以 $v_O \approx V_{DD}$。当 $v_I = V_{IH} = V_{DD}$时，V_1的 $V_{GS1} > V_{TN}$，V_1饱和导通，$V_{GS2} = 0$ V，因而 V_2截止，S_2与 D_2极间相当于开路，S_1与 D_1相当于短路，所以 $v_O = 0$ V。由此可见，图 1－34 所示电路，当输入为低电平时，输出为高电平；当输入为高电平时，输出为低电平，实现了逻辑反相功能。CMOS 反相器也可以理解为一个单刀双掷开关。

3. 特点

(1) 功耗低。CMOS 反相器不论是输出高电平还是低电平，都只有一个管子导通，因此电源电流均是极小的漏电流，功耗极低。

(2) 开关速度高。由于管子导通时电阻都很小，这就大大缩短了负载端杂散电容的充放电时间，提高了开关速度。

(3) 抗干扰能力强。由于 CMOS 反相器的电压传输特性比较理想，特性曲线的转折区比 TTL 陡直，故抗干扰能力更强。

(4) 输出幅度大。CMOS 反相器输出高电平 $v_{OH} \approx V_{DD}$，输出低电平 $v_{OL} \approx 0$V，故输出电压幅度大，电源利用率高。

1.2.10.2 CMOS 与非门

1. 电路结构

CMOS 与非门的电路结构如图 1－35 所示。V_1、V_2为 NMOS 管，两管串联；V_3、V_4为 PMOS 管，两管并联。A、B 为输入端，Y 为输出端。

2. 工作原理

当 A、B 端同时为高电平 1 时，V_1、V_2均导通，V_3、V_4均截止，输出端 Y 为低电平 0，即“全 1 出 0 ”。当 A、B 端有一个或两个为低电平时，串联的 V_1、V_2有一个或两个截止，并联的 V_3、V_4有一个或两个导通，输出端 Y 为高电平 1，即“有 0 出 1 ”。根据分析，可以列出真值表，如表 1－16 所示。

表1-16　图1-35电路真值表

A	B	Y
0	0	1
0	1	1
1	0	1
1	1	0

由表可知，图1-35的电路满足"有0出1，全1出0"的逻辑关系，故为与非门。

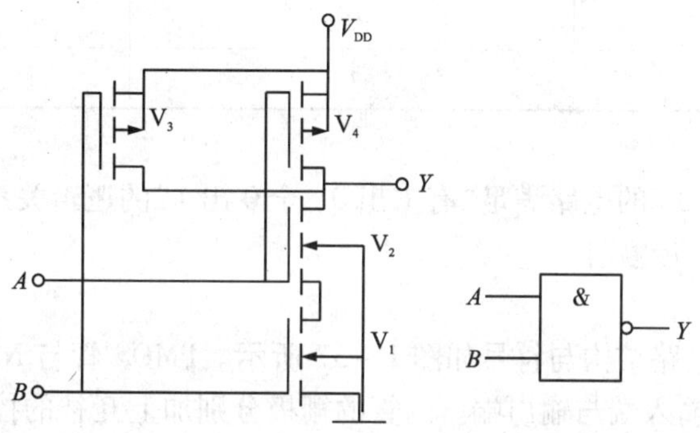

图1-35　CMOS与非门电路与逻辑符号

1.2.10.3　CMOS或非门

1.电路结构

CMOS或非门电路结构如图1-36所示。V_1、V_2为并联的N沟道增强型MOS管；V_3、V_4为串联的P沟道增强型MOS管。A、B为输入端，Y为输出端。

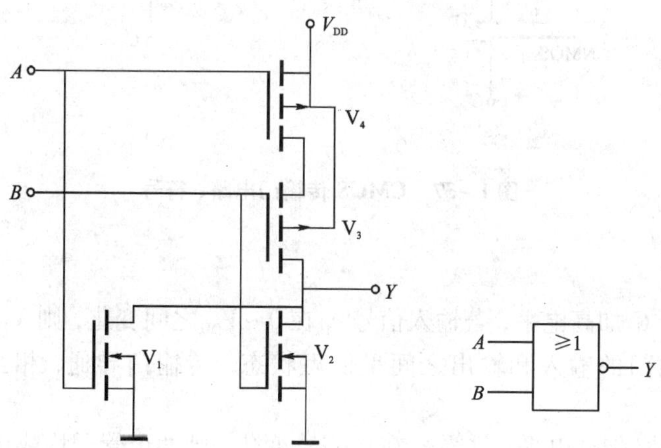

图1-36　CMOS或非门电路与逻辑符号

2. 工作原理

当 A、B 端有高电平 1 时，驱动管 V_1 或 V_2 导通，输出端 Y 为低电平“0”，即“有 1 出 0”；当 A、B 端都为低电平 0 时，驱动管 V_1、V_2 两个都截止，负载管 V_3 和 V_4 同时导通，输出 Y 为高电平 1，即“全 0 出 1”。根据分析，可列出真值表，见表 1－17。

表 1－17　图 1－36 电路真值表

A	B	Y
0	0	1
0	1	0
1	0	0
1	1	0

由表可知，图 1－36 的电路满足“有 1 出 0，全 0 出 1”的逻辑关系，故为或非门。

1.2.10.4　CMOS 传输门

1. 电路结构

CMOS 传输门的电路结构与符号如图 1－37 所示。PMOS 管与 NMOS 管的源极与漏极相联而构成传输门的输入端与输出端。两管的栅极分别加上互补的控制信号 C 和 $\bar{C}$，v_I 为输入端，v_O 为输出端。

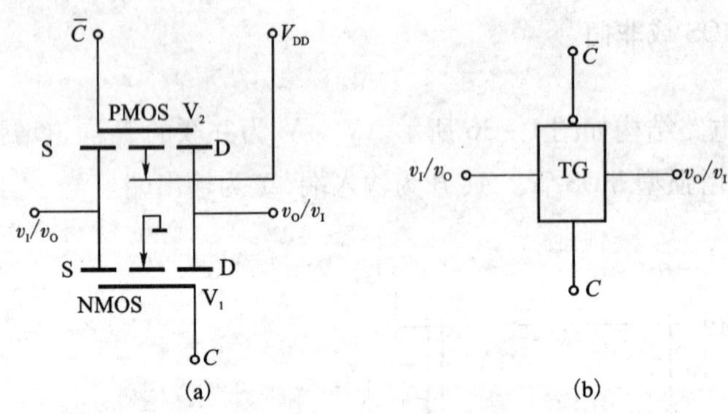

图 1－37　CMOS 传输门电路、符号

2. 工作原理

(1) 当控制端 C 加高电平，若输入信号 v_I 在 $0\sim V_{DD}$ 之间变化，则 V_1 和 V_2 中至少有一个管子导通，传输门的输入和输出之间呈低阻状态，传输门导通，相当于开关接通，$v_O = v_I$。

(2) 当控制端 C 加低电平，只要 v_I 在 $0\sim V_{DD}$ 变化，则两个管子均截止，即传输门截止，相当于开关断开。

3. 功能

传输门是一种传输信号的可控开关电路，由于 MOS 管结构对称，其源极与漏极可对调使用，因此，传输门具有双向性，也称双向开关。

1.2.10.5 CMOS **集成门使用注意事项**

(1)多余输入端不应悬空，因为这样做会招致不必要的干扰，造成逻辑功能混乱；严重的还会在栅极感应出很高的电压，造成栅极击穿，损坏电路。多余输入端的处理方法一是按逻辑功能的要求将多余的输入端接高电平或者低电平；二是根据逻辑功能将多余输入端与有用的输入端并联使用。

(2)输出端一般不允许并联使用，不允许直接接电源，否则将导致器件损坏。

(3)对 MOS 集成电路进行测试时，一切测试仪表和被测电路本身必须有良好的接地，以免由于漏电造成器件的栅极击穿。

(4)焊接时，最好用 25W 内热式电烙铁，并将烙铁外壳接地，以防止烙铁带电而损坏芯片。

(5)MOS 集成电路在存放和运输时，为了防止栅极感应高电压而击穿栅极，必须将芯片用铝箔包好，放于屏蔽盒内。

1.3 任务实现

1.3.1 认识电路组成

声光控延时开关电路由整流电路、开关电路、电源电路、声控电路、光控电路、放大电路、控制门电路、延时电路等组成。其电路组成方框图如图 1-38 所示。

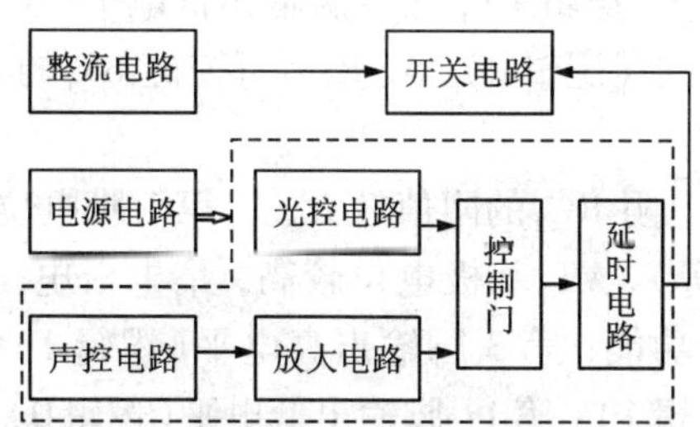

图 1-38 声光控延时开关电路构成框图

电路原理图如图 1-39 所示，VD_1 ~ VD_4组成桥式整流电路，BT_1、R_3组成开关电路，R_1、R_6、C_2组成电源电路，R_2、BM 组成声控电路，R_5、RG_1组成光控电路，C_1、R_4、R_7、VT_1组成放大电路，U_1(CD4011)组成控制门电路，R_8、C_3、VD_5组成延时电路。BM 为驻极体话筒，RG_1为光敏电阻，BT_1为单向可控硅，U_1为四路二输入与非门集成电路。

1.3.2 认识工作过程

VD_1 ~ VD_4将 220V 交流整流成 200V 左右的直流电，经 R_1、R_6分压，C_2滤波得到 15 V 左右的直流电源，给声控电路、光控电路和控制门电路供电。

白天，光线明亮，光敏电阻 RG_1的阻值较小，U_1第 1 脚电位很低(逻辑 0)，根据与非门

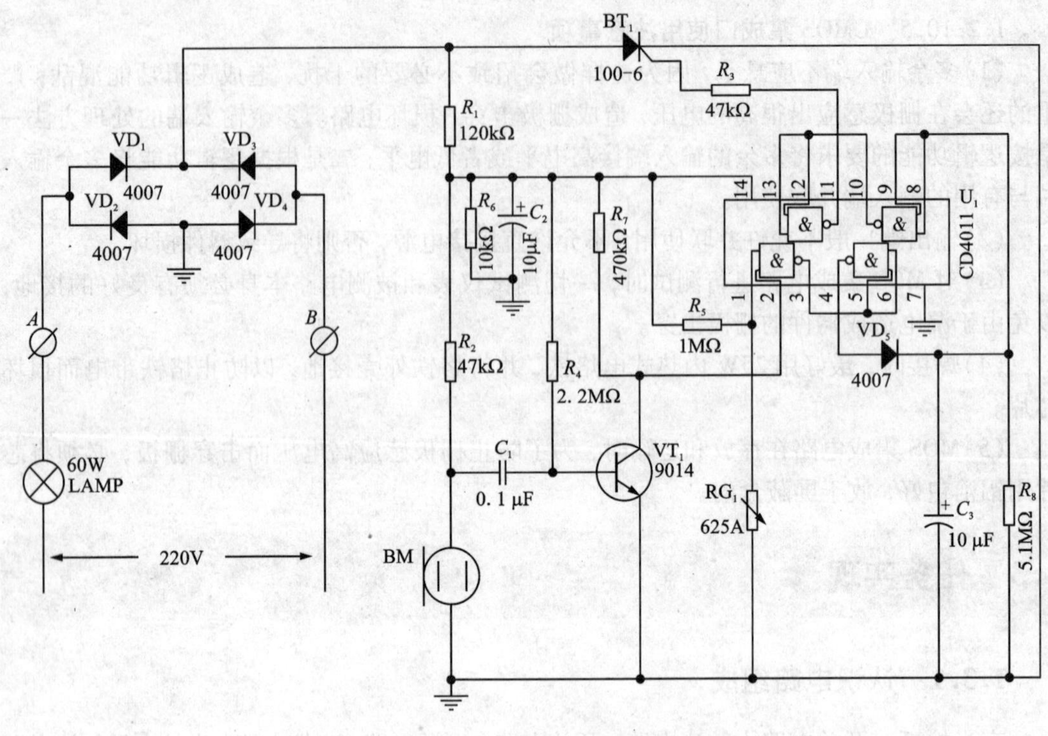

图 1-39 电路原理图

逻辑功能，第 3 脚输出高电平(逻辑 1)，第 4 脚输出低电平(逻辑 0)，第 10 脚输出高电平(逻辑 1)，第 11 脚输出低电平(逻辑 0)，经 R_3后可控硅 BT_1的栅极 G 得不到触发电压，处于关断状态，灯不亮。

晚上，光线暗淡，光敏电阻 RG_1的阻值较大，U_1第 1 脚电位较高(逻辑 1)，若话筒 BM 未接收信号(脚步声、掌声等)，VT_1 基极电位较高，集电极电位较低，U_1第 2 脚为低电平(逻辑 0)，根据与非门逻辑功能，第 3 脚输出高电平(逻辑 1)，第 4 脚输出低电平(逻辑 0)，第 10 脚输出高电平(逻辑 1)，第 11 脚输出低电平(逻辑 0)，经 R_3后可控硅 BT_1的栅极 G 得不到触发电压，处于关断状态，灯仍不亮。

晚上，光线暗淡，光敏电阻 RG_1的阻值较大，U_1第 1 脚电位较高(逻辑 1)，若话筒 BM 接收信号(脚步声、掌声等)，经 C_1耦合 VT_1放大后，U_1第 2 脚有高电平(逻辑 1)，根据与非门逻辑功能，第 3 脚输出低电平(逻辑 0)，第 4 脚输出高电平(逻辑 1)，C_3充电，第 8、9 脚输入高电平(逻辑 1)，第 10 脚输出低电平(逻辑 0)，第 11 脚输出高电平(逻辑 1)，经 R_3 后可控硅 BT_1的栅极 G 得到触发电压，由关断变成导通，灯由灭变亮。BM 接收信号(脚步声、掌声等)消失后，第 3 脚变成低电平，但由于 VD_5、C_3的存在，第 8、9 脚仍为高电平，灯仍亮，C_3通过 R_8放电，当放到第 8、9 脚为低电平时，第 10 脚输出高电平(逻辑 1)，第 11 脚输出低电平(逻辑 0)，经 R_3后可控硅 BT_1的栅极 G 触发电压消失，由导电变为关断，灯由亮变灭。也就是说灯亮长短由 C_3、R_8放电时间决定，调节 R_8大小可调节亮灯时间长短。

1.3.3　元器件的选用与检测

1. 元器件的选用

$R_1 \sim R_8$选用插件金属膜电阻器；C_1选用瓷片电容，C_2、C_3选用耐压值为16V的电解电容器；$VD_1 \sim VD_4$选用1N4007整流二极管，VD_5选用1N4148开关二极管；VT_1选用9014三极管；RG_1选用625A光敏电阻；BM选用54dB驻极体话筒；BT_1选用1 A/400V的进口单向可控硅100－6型；U_1选用CD4011四二输入与非门集成电路。元器件清单见表1－18。

表1－18　声光控延时开关元器件清单

序号	元件型号	参数	标号	数量	质量检测
1	电阻器	120 kΩ	R_1	1	实测：
2		47 kΩ	R_2、R_3	2	实测：
3		2.2 MΩ	R_4	1	实测：
4		1 MΩ	R_5	1	实测：
5		10 kΩ	R_6	1	实测：
6		470 kΩ	R_7	1	实测：
7		5.1 MΩ	R_8	1	实测：
8		625A	RG_1	1	实测：
9	电容器	10μF/16V	C_2、C_3	2	实测：
10		0.1 μF	C_1	1	实测：
11	二极管	1N4007	$VD_1 \sim VD_4$	4	正向：　　反向：
12		1N4148	VD_5	1	正向：　　反向：
13	三极管	9014	VT_1	1	引脚排列：　　测量结果：
14	可控硅	100－6	BT_1	1	引脚排列：　　测量结果：
15	集成电路	CD4011	U_1	1	引脚排列：
16	驻极体	54dB	BM	1	测量结果：

2. 特殊器件外形

特殊器件外形如图1－40所示。

3. 元器件的检测

(1)电阻器的检测

根据电阻器色环估算电阻器大概阻值，选择万用表电阻挡的合适量程，用万用表二表笔与电阻器两个引脚连接（注意：手不能同时接触电阻器两个引脚），然后读数看是否在允许范围内。将检测情况填入表1－18。

(2)电容器的检测

根据电容器标称参数选择万用表电容挡的合适量程，将电容器插入万用表电容挡孔

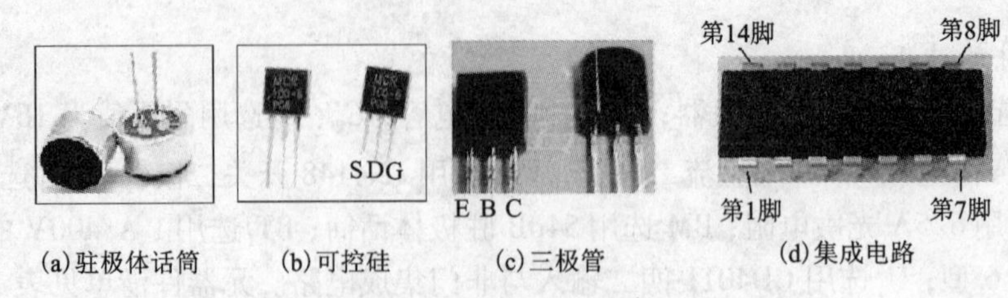

(a)驻极体话筒 (b)可控硅 (c)三极管 (d)集成电路

图1-40 特殊器件外形图

中，然后读数看是否在允许范围内。将检测情况填入表1-18。

(3)光敏电阻的检测

万用表两表笔分别接触光敏电阻两引脚，用一黑纸片将光敏电阻的透光窗口遮住，此时万用表的指针基本保持不动，阻值接近无穷大。此值越大说明光敏电阻性能越好。若此值很小或接近为零，说明光敏电阻已烧穿损坏，不能再继续使用。

将一光源对准光敏电阻的透光窗口，此时万用表的指针应有较大幅度的摆动，阻值明显减小，此值越小说明光敏电阻性能越好。若此值很大甚至无穷大，表明光敏电阻内部开路损坏，也不能再继续使用。

将光敏电阻透光窗口对准入射光线，用小黑纸片在光敏电阻的遮光窗上部晃动，使其间断受光，此时万用表指针应随黑纸片的晃动而左右摆动。如果万用表指针始终停在某一位置不随纸片晃动而摆动，说明光敏电阻的光敏材料已经损坏。将检测情况填入表1-18。

(4)二极管的检测

选择万用表二极管挡，万用表红表笔接二极管正极，黑表笔接负极，读数是否为零点几，交换表笔，读数是否为“1”。将检测情况填入表1-18。

(5)三极管的检测

选择万用表二极管挡，任意假设一脚是B极，红表笔接B极，黑表笔分别接另两脚，能测得示值零点几时，则所假设的B极正确，且此三极管是NPN管，反之，黑表接B极能通则是PNP管。将检测情况填入表1-18。

(6)可控硅的检测

单向可控硅的检测：万用表选电阻 $R\times1\Omega$ 挡，用红、黑两表笔分别测任意两引脚间正反向电阻直至找出读数为数十欧姆的一对引脚，此时黑表笔的引脚为控制极G，红表笔的引脚为阴极K，另一空脚为阳极A。此时将黑表笔接已判断了的阳极A，红表笔仍接阴极K。此时万用表指针应不动。用短线瞬间短接阳极A和控制极G，此时万用表电阻挡指针应向右偏转，阻值读数为10 Ω左右。如阳极A接黑表笔，阴极K接红表笔时，万用表指针发生偏转，说明该单向可控硅已击穿损坏。

双向可控硅的检测：万用表选电阻 $R\times1\Omega$ 挡，用红、黑两表笔分别测任意两引脚间正反向电阻，结果其中两组读数为无穷大。若一组为数十欧姆时，该组红、黑表笔所接的两引脚为第一阳极 A_1 和控制极G，另一空脚即为第二阳极 A_2。确定 A_1、G极后，再仔细测量 A_1、G极间正、反向电阻，读数相对较小的那次测量的黑表笔所接的引脚为第一阳极 A_1，红表笔所接引脚为控制极G。将黑表笔接已确定的第二阳极 A_2，红表笔接第一阳极 A_1，此时万用表指针不应发生偏转，阻值为无穷大。再用短接线将 A_2、G 极瞬间短接，给 G 极加上正向触发电压，A_2、A_1间阻值约 10 Ω。随后断开 A_2、G 间短接线，万用表读数应保持 10 Ω 左右。互换红、黑表笔接线，红表笔接第二阳极 A_2，黑表笔接第一阳极 A_1。同样万用表指针应不发生偏转，阻值为无穷大。用短接线将 A_2、G 极间再次瞬间短接，给 G 极加上负的触发电压，A_1、A_2间的阻值也是 10Ω 左右。随后断开 A_2、G 极间短接线，万用表读数应不变，保持在 10Ω 左右。符合以上规律，说明被测双向可控硅未损坏且三个引脚极性判断正确。将检测情况填入表 1－18。

(7)驻极体话筒检测

极性的判别：利用二极管的正反向电阻特性来判别驻极体话筒的漏极 D 和源极 S。将万用表拨至 $R\times1\text{k}\Omega$ 挡，黑表笔接任一极，红表笔接另一极。再对调两表笔，比较两次测量结果，阻值较小时，黑表笔接的是源极，红表笔接的是漏极。

灵敏度检测：将万用表拨至 $R\times100\Omega$ 挡，两表笔分别接话筒两电极(注意不能错接到话筒的接地极)，待万用表显示一定读数后，用嘴对准话筒轻轻吹气(吹气速度慢而均匀)，边吹气边观察表针的摆动幅度。吹气瞬间表针摆动幅度越大，话筒灵敏度就越高，送话、录音效果就越好。若摆动幅度不大(微动)或根本不摆动，说明此话筒性能差，不宜应用。对于三根引脚驻极体电容式话筒检测方法同上，只是黑表笔接输出引脚 2 脚，红表笔接引脚 3 脚。将检测情况填入表 1－18。

1.3.4 电路安装

1. 识读电路板

根据电路板实物，参考电路原理图清理电路，查看电路板是否有短路或开路地方，熟悉各器件在电路板中的位置。声光控制开关的印刷电路板如图 1－41 所示。

2. 安装的原则

先小件后大件的顺序安装，即按电阻器、瓷片电容、二极管、三极管、可控硅、电解电容、集成电路、话筒的顺序安装焊接。

3. 插件元器件焊接方法

(1)准备：将被焊件、电烙铁、焊锡丝、烙铁架等放置在便于操作的地方。

(2)加热被焊件：将烙铁头放置在被焊件的焊接点上，使接点升温。

(3)熔化焊料：将焊接点加热到一定温度后，用焊锡丝触到焊接处，熔化适量的焊料。焊锡丝应从烙铁头的对称侧加入，而不是直接加在烙铁头上

(4)移开焊锡丝：当焊锡丝适量熔化后，迅速移开焊锡丝。

(5)移开烙铁：当焊接点上的焊料流散接近饱满，助焊剂尚未完全挥发，也就是焊接点上的温度最适当、焊锡最光亮、流动性最强的时刻，迅速拿开烙铁头。移开烙铁头的时机、方向和速度，决定着焊接点的焊接质量。正确的方法是先慢后快，烙铁头沿 45°角方向移动，并在将要离开焊接点时快速往回一带，然后迅速离开焊接点。

4. 元器件安装

(1)电阻器的安装

将电阻器按照电路板器件间距进行整形(注意：器件引线弯曲处要有圆弧形，其半径不得小于引线直径的两倍)；插入对应位置(注意：色标方向一致，以便目视识别)；焊接

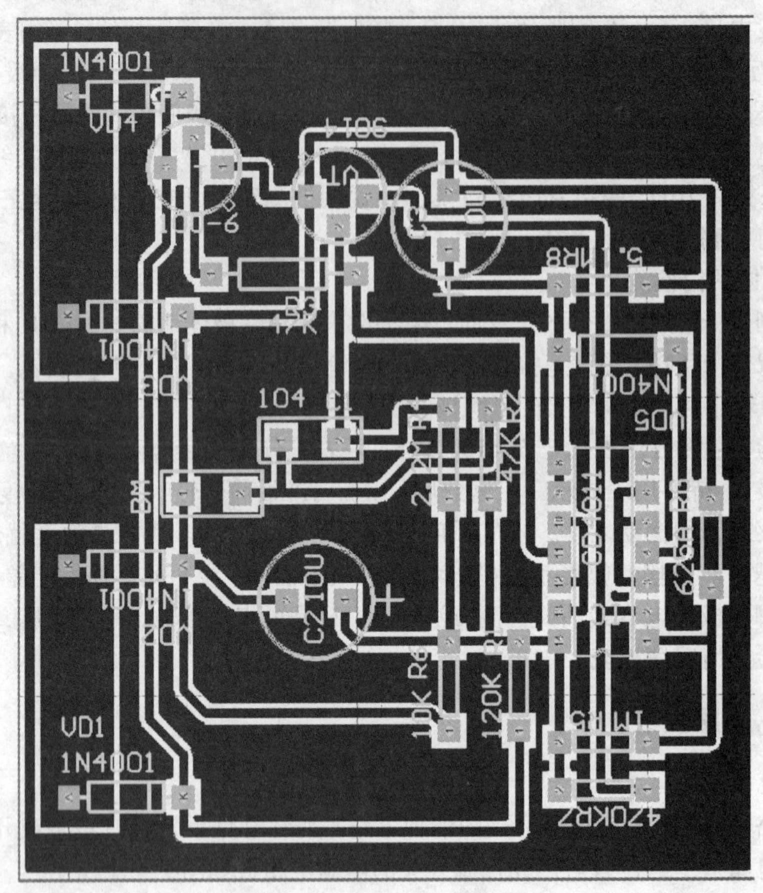

图 1-41 声光控制开关电路板图

(注意：电阻应紧贴电路板插装焊接)。光敏电阻与电路板距离要视安装情况确定，不能任意剪短脚的长度。

(2)电容器的安装

将电容器按照电路板器件间距进行整形；插入对应位置(注意：参数尽量朝外，以便目视识别，电解电容注意极性)；焊接(注意：陶瓷电容应在离电路板 4 ~ 6 mm 处插装焊接，电解电容应在离电路板 1 ~ 2 mm 处插装焊接)。

(3)二极管的安装

按照电路板器件间距进行整形，插入对应位置，离电路板 4 ~ 6 mm 处插装焊接(注意极性，别搞错)。

(4)三极管、可控硅的安装

按照电路板器件间距进行整形，插入对应位置，离电路板 4 ~ 6 mm 处插装焊接(注意方向，别搞错)。

(5)集成电路的安装

插入对应位置(注意：引脚方向，别搞错)；焊接(注意：紧贴电路板插装焊接)。

(6)驻极体话筒的安装

插入对应位置(注意极性)；焊接(注意：与电路板距离要视安装情况确定，不能任意剪短脚的长度)。

1.3.5　电路调试与检测

1. 电路调试

(1)安装结束，检查焊点质量(重点检查是否有错焊、漏焊、虚假焊、短路)，检查器件安装是否正确(重点检查电解电容、二极管、可控硅、驻极体话筒和集成电路)，方可通电。

(2)输入端串联灯泡后通电，观察电路是否有异常现象(声响、冒烟)，如有应立即停止通电，找明原因。如无不良现象，用一块黑布盖住光敏电阻(注意：手不要接触电路板金属部分)，然后制造干扰声音，看灯是否由灭变亮，一段时间后自动由亮变灭。

(3)调节 R_8 阻值的大小，可调节灯亮时间长短。

2. 电路检测

(1)通电用万用表检测下列电压，完成表1－19、表1－20。

表1－19　检测记录表一

条件		U_1						BT_1		
		1	3	4	8	10	11	D	K	G
RG_1 未遮盖	电压值									
	逻辑							/	/	/

表1－20　检测记录表二

条件		U_1							VT_1			BT_1		
		1	2	3	4	8	10	11	B	C	E	D	K	G
RG_1 遮盖，话筒无声音	电压值													
	逻辑								/	/	/	/	/	/
RG_1 遮盖，话筒有声音	电压值													
	逻辑								/	/	/	/	/	/

(2)用示波器观察灯由灭变亮到再次熄灭集成电路8脚波形变化情况。

1.4　考核评价

声光控制开关的制作评价标准见表1－21。

表1-21 声光控制开关的制作评价标准

考核项目	评分点	分值	评分标准	得分
声光控制开关的制作	电路识图	5	能正确理解电路的工作原理，否则，视情况扣1~5分	
	电路板制作	30	按电路原理图制作出电路板，要求设计合理、美观，每错一处扣1分，扣完为止	
	元件质量判定	15	正确识别元件，每错一处扣1分，扣完为止	
	电路焊接	20	元器件引脚成形符合要求，元器件装配到位；装配高度、装配形式符合要求；外壳及紧固件装配到位，不松动，不压线。不符合要求每处扣1分	
	电路调试	15	正确使用仪器仪表；写出数据测试和分析报告。不能正确使用仪器仪表测量每次扣3分，数据测试错误每次扣2分，分析报告不完整或错误视情况扣1~5分，扣完为止	
	电路检修	15	通电工作正常，如有故障、进行排除，不能排除视情况扣1~15分	
小计		100		
职业素养与操作考核	学习态度	20	不参与团队讨论，不完成团队布置的任务，抄袭作业或作品，每发现一项扣2分，扣完为止	
	学习纪律	20	每缺课1次扣5分；每迟到1次扣2分；上课玩手机、玩游戏、睡觉，发现一次扣2分，扣完为止	
	团队精神	20	不服从团队的安排，与团队成员间发生与学习无关的争吵，发现团队成员做得不好或不到位或不会的地方不指出、不帮助，每发现一次扣2.5分，扣完为止；团队或团队成员弄虚作假，发现一次，此项计0分	
	操作规范	20	操作过程不符合安全操作规程，仪器设备的使用不符合相关操作规程，工具摆放不规范，物料、器件摆放不规范，工作台位台面不清洁、不按规定要求摆放物品，任务完成后不整理、清理工作台，任务完成后不按要求清扫场地内卫生，发现一项扣2分，扣完为止。如出现触电、火灾、人身伤害、设备损坏等安全事故，此项记0分	
	行为举止	20	着装不符合规定要求，随地乱吐、乱涂、乱扔垃圾（食品袋、废纸、纸巾、饮料瓶）等，在非吸烟区吸烟，语言不文明，讲坏话，每项扣1~5分，扣完为止	
小计		100		

说明：①本项目的项目考核、职业素养及操作规范考核按10%比例折算计入总分；

②理论考核根据全学期训练项目对应的理论知识在期末进行考核，本项目占理论试卷的20%，理论成绩按10%折算计入总分。

1.5　拓展提高

课题1　在声光控制开关电路中，改变定时元件 R_8 或者 C_3 的参数，能否改变延时时间，为什么？且延时时间与 R_8、C_3 参数关系如何？

课题2　根据提供的三人表决控制器电路原理图（如图1-42所示）和电子元件（该电路使用的数字集成电路 IC_1 与 IC_2 为双四输入与非门CD4012、IC_3 为OC门ULN2003AN，请查阅集成电路手册，熟悉它们的引脚排列及各引脚功能），绘制电路板图，进行电子元件质量判别并对电路进行组装、调试和检修。

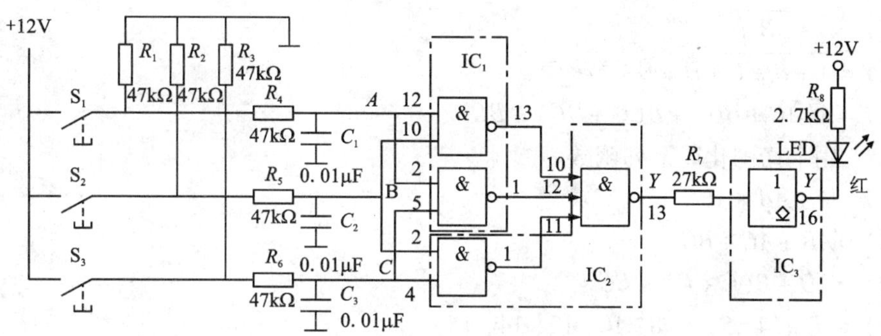

图1-42　三人表决控制器电路原理图

习题一

1-1　填空题

(1)数字信号的特点是在______上和______上都是断续变化的，其高电平和低电平常用______和______来表示。

(2)将下列各式写成按位权展开式。

①$(2007)_{10}$ = ____________________________

②$(110011)_2$ = ______________________

(3)完成下列数制转换。

①$(36)_{10}$ = (________________$)_2$

②$(59)_{10}$ = (________________$)_2$

③$(10101)_2$ = (__________$)_{10}$

④$(10011000)_2$ = (__________$)_{10}$

(4)逻辑代数又称为________代数。最基本的逻辑关系有____________、_____________、____________三种。

(5)当逻辑函数有 n 个变量时，共有________个变量取值组合。

(6)逻辑函数化简的方法主要有____________化简法和__________化简法两种。

(7)逻辑函数 $F=B+D$ 的反函数为________。

(8)半导体二极管具有________性，可作为开关元件，________时，相当于短路；________时，相当于开路。

(9)半导体三极管作为开关元件时工作在__________状态和__________状态。

(10)在逻辑门电路中，最基本的逻辑门是______、______和______。

(11)与门电路和或门电路具有______个输入端和______个输出端。非门电路是______端输入、______端输出的电路。

(12)传输门是一种传输信号的__________电路，由于 MOS 管结构对称，其源极与漏极可对调使用，因此，传输门具有双向性，也称______开关。

1－2　用代数法化简下列函数。

(1) $Y=\overline{A}\overline{B}\overline{C}+A+B+C$

(2) $Y=\overline{A}+\overline{AB+\overline{B}}$

(3) $Y=\overline{A+B+C+D+E+F}\cdot C$

(4) $Y=A(\overline{A}C+BD)+B(C+DE)+B\overline{C}$

1－3　用卡诺图化简下列函数。

(1) $Y=A+AB+ABC$

(2) $Y=AB+\overline{A}C+\overline{B}C$

(3) $Y=AD+B(C+D)+B\overline{C}$

(4) $Y=\sum m(4,5,7,8,10,12,14,15)$

(5) $Y=\sum m(0,1,2,3,8,9,10,11)$

1－4　根据图 1－43 所示逻辑电路图写出相应的逻辑函数式。

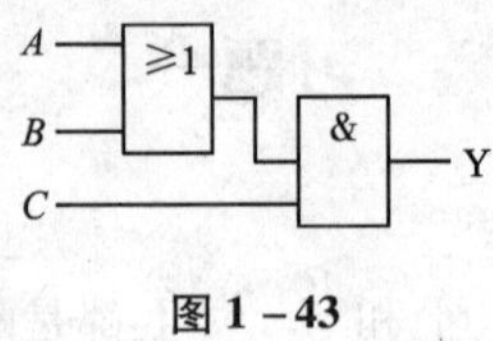

图 1－43

1－5　分析图 1－44 所示逻辑电路，并画出简化后的逻辑电路。

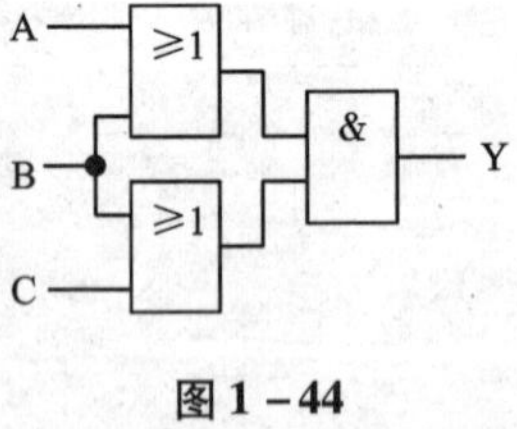

图 1－44

1－6　数字集成电路有哪两大类？画出 CT74LS00 集成与非门的外引线排列图。并指出各引脚功能。

1－7　什么是 CMOS 电路？有何特点？在使用时 CMOS 门电路时，能否将输入端悬空？为什么？

项目2　数显逻辑笔的制作

2.1　项目描述

本项目介绍的数显逻辑笔，是采用七段数码显示管来显示数字电平高低的仪器。它是数字电路测量中较简便的一种工具，可快速测量出数字电路中有故障的芯片。通过本项目的学习与实践，可以让读者获得如下知识和技能：

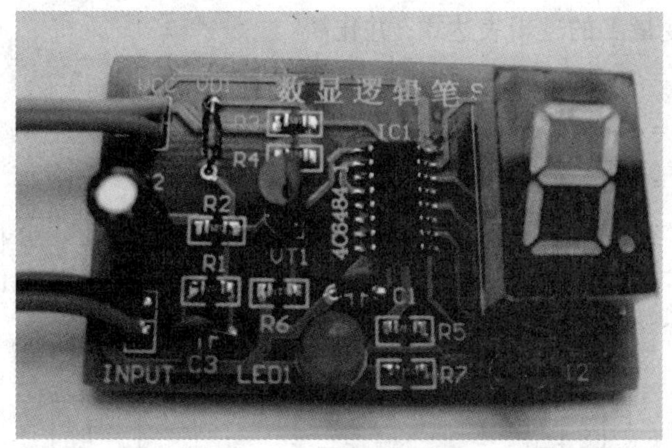

图2-1　数显逻辑笔

1. 掌握组合逻辑电路的分析方法，会分析组合逻辑电路。
2. 了解加法器、编码器、译码器等组合逻辑电路的工作原理，会使用加法器、编码器、译码器等中规模集成电路。
3. 掌握贴片元件的焊接方法。
4. 能熟练掌握数字电路中常用仪器仪表的使用。
5. 学会利用仿真软件 Multisim 10 测试常用组合逻辑电路的逻辑功能。
6. 学会制作、调试数显逻辑笔。

2.2　知识准备

要完成以上要求的数显逻辑笔的制作，需要具备以下一些相关的知识和技能，下面进行阐述。

2.2.1 组合逻辑电路

2.2.1.1 组合逻辑电路的特点

数字电路根据逻辑功能的不同特点，可以分成两大类，一类叫做组合逻辑电路(简称组合电路)，另一类叫做时序逻辑电路(简称时序电路)。组合逻辑电路是指在任一时刻，电路的输出状态仅取决于该时刻的输入状态，而与电路的原状态无关的逻辑电路。其特点是电路无记忆功能，输出状态与输入信号作用前的电路状态无关。

2.2.1.2 组合逻辑电路的分析方法

分析组合逻辑电路的目的是为了知道其逻辑功能，分析有以下几个步骤：

(1)根据逻辑电路写出逻辑表达式，即由输入到输出逐级推出输出表达式。

(2)通过化简得到最简形式的逻辑表达式。

(3)根据最简逻辑表达式列出真值表。

(4)根据真值表可以分析出电路的逻辑功能。

例 2-1 分析图 2-2 所示电路的逻辑功能。

解 (1)由逻辑图写出逻辑表达式：从输入端到输出端，依次写出各个门电路的逻辑式，最后写出输出变量 Y 的逻辑表达式，并化简：

G_1 门 $Y_1=\overline{AB}$

G_2 门 $Y_2=\overline{AY_1}=\overline{A\cdot\overline{AB}}$

G_3 门 $Y_3=\overline{BY_1}=\overline{B\cdot\overline{AB}}$

G_4 门 $$Y_4=\overline{Y_2Y_3}=\overline{\overline{A\cdot\overline{AB}}\cdot\overline{B\cdot\overline{AB}}}=\overline{\overline{A\cdot\overline{AB}}}+\overline{\overline{B\cdot\overline{AB}}}=A\cdot\overline{AB}+B\cdot\overline{AB}$$

$$=A(\bar{A}+\bar{B})+B(\bar{A}+\bar{B})=A\bar{A}+A\bar{B}+B\bar{A}+B\bar{B}=A\bar{B}+\bar{A}B$$

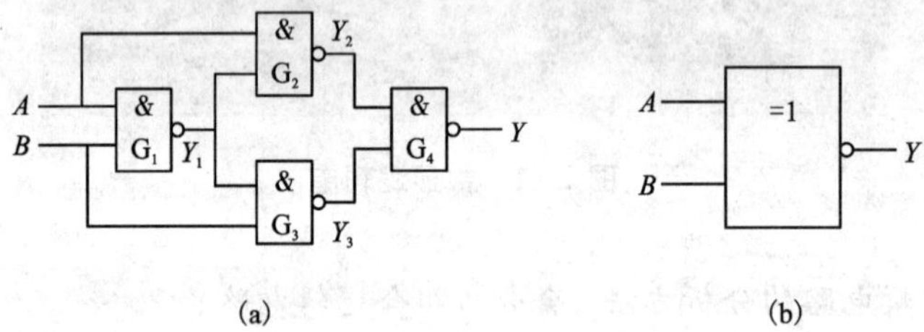

图 2-2 例 2-1 逻辑电路图

(2)由逻辑表达式列出真值表，如表 2-1 所示。

表 2-1 异或门真值表

A	B	Y
0	0	0
0	1	1
1	0	1
1	1	0

(3)分析逻辑功能：当输入端 A 和 B 不是同为 1 或 0 时，输出为 1；否则，输出为 0，“判异”电路。这种电路称为异或门电路，其逻辑符号如图 2－1(b)所示。逻辑式也可写成：

$$Y=A\bar{B}+\bar{A}B=A\oplus B$$

例 2－2　分析图 2－3 所示电路的逻辑功能。

解　(1)由逻辑图写出逻辑表达式，并化简：

$$Y=\overline{Y_2+Y_3+Y_4}=\overline{A\cdot Y_1+B\cdot Y_1+C\cdot Y_1}=\overline{Y_1(A+B+C)}=\overline{\overline{ABC}\cdot(A+B+C)}$$
$$=\overline{\overline{ABC}}+\overline{A+B+C}=ABC+\bar{A}\bar{B}\bar{C}$$

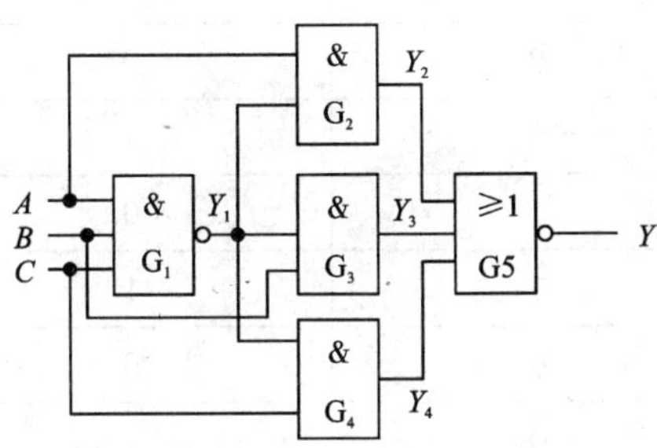

图 2－3　例 2－2 逻辑电路图

(2)由逻辑表达式列出真值表，如表 2－2 所示。

表 2－2　例 2－2 真值表

A	B	C	Y
0	0	0	1
0	0	1	0
0	1	0	0
0	1	1	0
1	0	0	0
1	0	1	0
1	1	0	0
1	1	1	1

(3)分析逻辑功能：当输入端 A, B 和 C 全为 1 或 0 时，输出为 1；否则，输出为 0。这种电路称为“判一致电路”，可用于判断三个输入端的状态是否一致。

2.2.1.3　组合逻辑电路的设计步骤

组合逻辑电路的设计就是根据逻辑功能的要求设计出逻辑电路，步骤如下：

(1)根据实际问题的逻辑关系，列出相应的真值表。

(2)由真值表写出逻辑函数表达式。

(3)化简、变换逻辑表达式。

(4)根据逻辑表达式画出逻辑电路图。

例 2-3 设计一个三人表决器。当表决某个议案时，多数人赞成，议案通过；否则议案不能通过。

解 (1)设三人为三个输入变量 A、B、C，赞成为1，不赞成为0；用 Y 表示表决结果，议案通过为1，不通过为0。则列出真值表，如表2-3所示。

表 2-3 例 2-3 真值表

A	B	C	Y
0	0	0	0
0	0	1	0
0	1	0	0
0	1	1	1
1	0	0	0
1	0	1	1
1	1	0	1
1	1	1	1

(2)由真值表画出卡诺图，如图2-4所示。经卡诺图化简得逻辑表达式为：

$$Y = AB + BC + CA$$

(3)由逻辑表达式画出逻辑图，如图2-5所示。

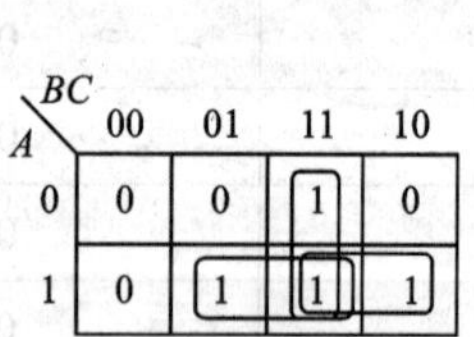

图 2-4 卡诺图化简

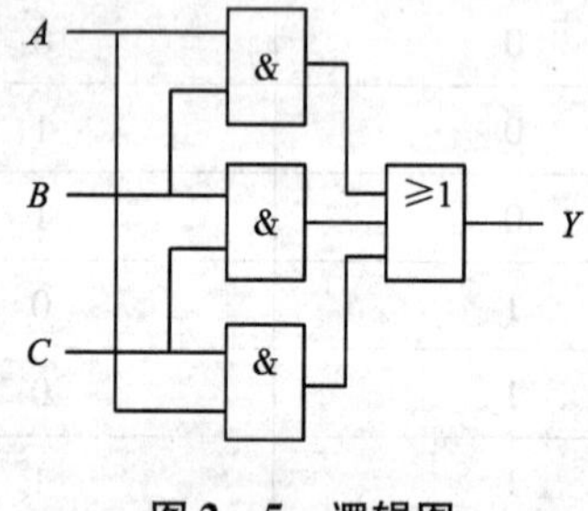

图 2-5 逻辑图

2.2.2 加法器

加法器是数字系统中最基本的运算单元。

2.2.2.1 半加器

在不考虑低位来的进位时，两个一位二进制数的相加，称为半加，具有半加功能的电路称为半加器。若将 A、B 分别作为一位二进制数，S 表示 A、B 相加的“和”，C 是相加产生的“进位”，半加器的真值表如表2-4所示。由表2-4可直接写出逻辑表达式为

表 2-4 半加器真值表

A	B	S	C
0	0	0	0
0	1	1	0
1	0	1	0
1	1	0	1

$$S = \overline{A}B + A\overline{B} = A \oplus B$$
$$C = AB$$

半加器可以利用一个集成异或门和与门来实现，逻辑电路图和逻辑符号如图 2-6 所示。

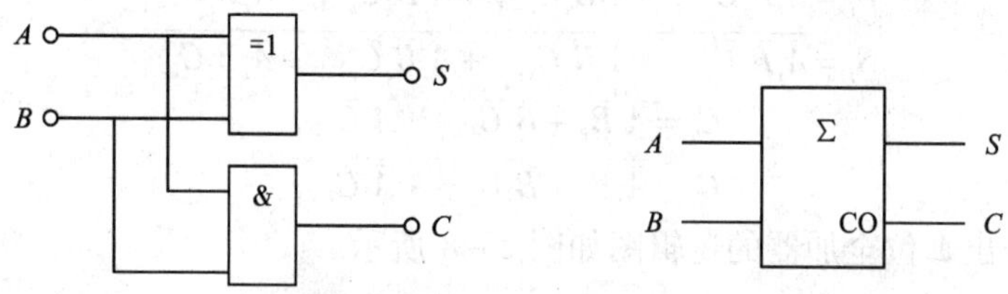

图 2-6 半加器电路图和逻辑符号

2.2.2.2 全加器

两个本位的数相加时，若还要考虑从低位来的进位的加法，则称为全加，实现全加功能的电路称为全加器。

根据全加器的功能，可列出它的真值表如表 2-5 所示。

表 2-5 全加器真值表

A_i	B_i	C_{i-1}	S_i	C_i
0	0	0	0	0
0	0	1	1	0
0	1	0	1	0
0	1	1	0	1
1	0	0	1	0
1	0	1	0	1
1	1	0	0	1
1	1	1	1	1

其中 A_i 和 B_i 分别是被加数及加数，C_{i-1} 为相邻低位来的进位数，S_i 为本位和数（称为全加和），C_i 为向相邻高位的进位数。

为了求出 S_i 和 C_i 的逻辑表达式，首先分别画出 S_i 和 C_i 的卡诺图，如图 2 - 7 所示.

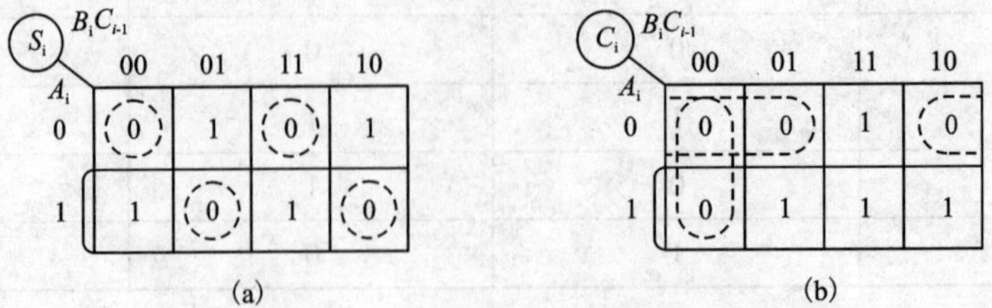

图 2 - 7 全加器本位和进位的卡诺图

(a)全加器本位卡诺图；(b)全加器进位卡诺图

为了比较方便地获得与 - 或 - 非的表达式，采用包围 0 的方法进行化简得：

$$\overline{S}_i = \overline{A}_i\overline{B}_i\overline{C}_{i-1} + \overline{A}_iB_iC_{i-1} + A_i\overline{B}_iC_{i-1} + A_iB_i\overline{C}_{i-1}$$

$$S_i = \overline{\overline{A}_i\overline{B}_i\overline{C}_{i-1} + \overline{A}_iB_iC_{i-1} + A_i\overline{B}_iC_{i-1} + A_iB_i\overline{C}_{i-1}}$$

$$\overline{C}_i = \overline{A}_i\overline{B}_i + \overline{B}_i\overline{C}_{i-1} + \overline{A}_i\overline{C}_{i-1}$$

$$C_i = \overline{\overline{A}_i\overline{B}_i + \overline{B}_i\overline{C}_{i-1} + \overline{A}_i\overline{C}_{i-1}}$$

据此可以画出 1 位全加器的逻辑图如图 2 - 8 所示。

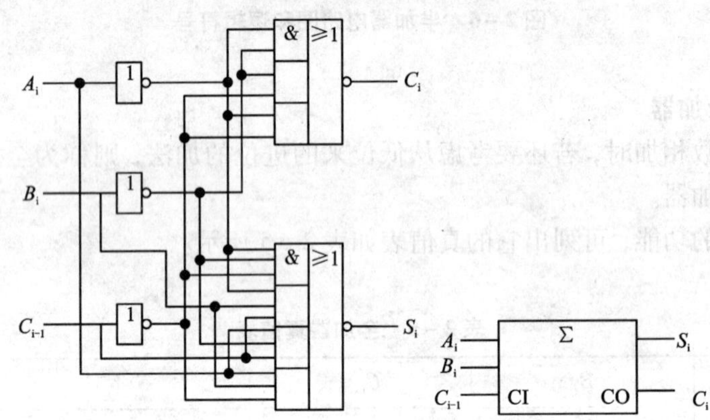

图 2 - 8 全加器的逻辑电路图和逻辑符号

2.2.3 仿真：用逻辑转换仪测试全加器的逻辑功能

2.2.3.1 仿真目的

掌握全加器的逻辑功能及其仿真测试方法。

2.2.3.2 元器件选取

(1)全加器：Place 菜单 →Component→TTL→74LS，选取全加器 74LS183N。

(2)开关：Place Elector_Mechanical→SUPPLEMENTARY_CONTACTS，选取 SPDT_SB 单刀双掷开关。在电路窗口中双击开关，弹出【开关】属性对话框，在 Key for Switch 中分别设置开关的控制键为 A。

(3)逻辑转换仪：从虚拟仪器工具栏调取 XLC1。

2.2.3.3　搭建测试电路

按照图 2－9 搭建测试电路。

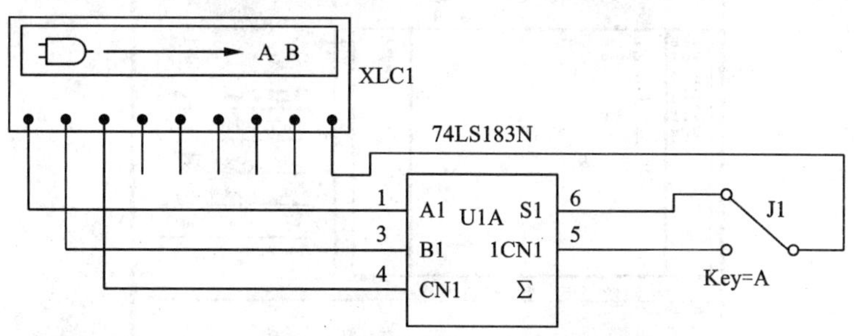

图 2－9　全加器逻辑功能测试电路

2.2.3.4　仿真分析

(1)通过开关 J1 将全加器和端(S1)连接到逻辑转换仪输出端，双击逻辑转换仪图标，打开逻辑转换仪面板，单击 按钮，可得到图 2－10 所示全加器和的真值表，单击 按钮，可得到化简的逻辑表达式，如图 2－10 逻辑转换仪表达式栏所示。

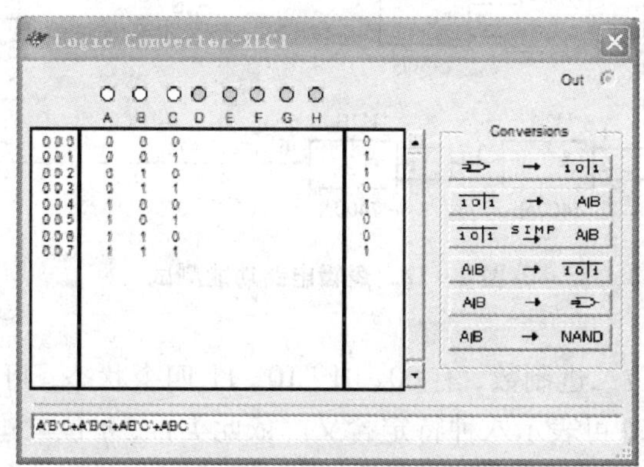

图 2－10　全加器和端真值表与逻辑表达式

(2)通过开关 J1 将全加器进位输出端(1CN1)连接到逻辑转换仪输出端，打开逻辑转换仪面板，同理可得图 2－11 所示全加器进位的真值表及化简的逻辑表达式。

2.2.3.5　练一练

用逻辑转换仪测试分析出图 2－12 所示逻辑电路的逻辑功能。

2.2.4　编码器

把若干位二进制数码 0 和 1，按一定的规律进行编排，组成不同的代码，并且赋予每组代码以特定的含义，叫做编码。实现编码操作的电路称为编码器。

在编码过程中，要注意确定二进制代码的位数。1 位二进制数只有 0、1 两个状态，可

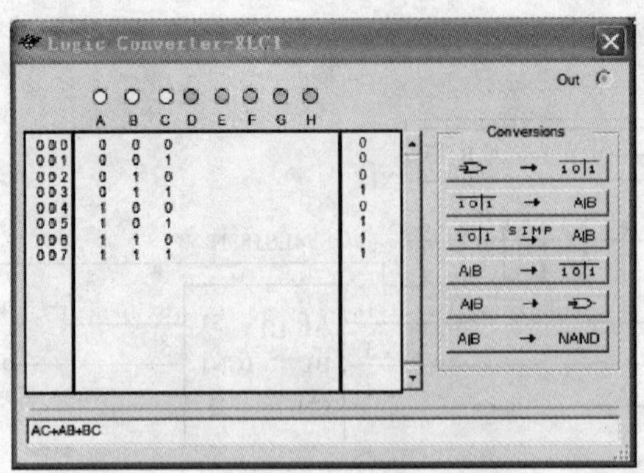

图 2－11　全加器进位端真值表与逻辑表达式

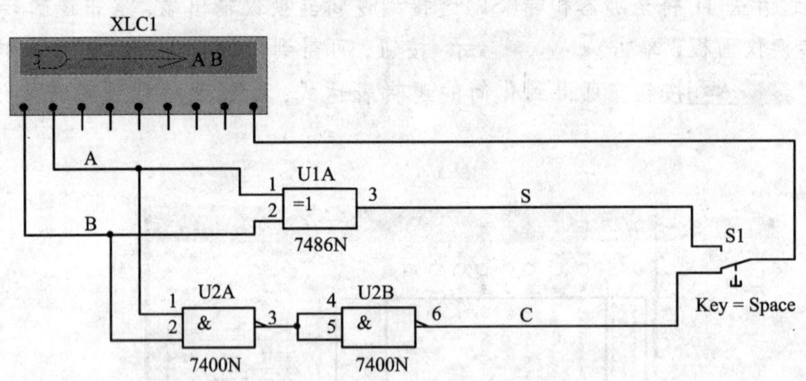

图 2－12　逻辑电路功能测试

表示两种特定含义；2 位二进制数，有 00、01、10、11 四个状态，可表示四种特定含义；3 位二进制数有八个状态，可表示八种特定含义。依此类推，n 位二进制数有 2^n 个状态，可表示 2^n 种特定含义。

2.2.4.1　**二进制编码器**

用 n 位二进制代码对 2^n 个信号进行编码的电路，称为二进制编码器。

图 2－13 所示为 3 位二进制编码器示意图。I_0、I_1、…、I_7 是 8 个编码对象，分别代表十进制数 0、1、…、7 八个数字。编码的输出是 3 位二进制代码，用 A_0、A_1、A_2 表示。

3 位二进制编码器有 8 个输入端，3 个输出端，所以常称为 8 线－3 线编码器，其功能真值表如表 2－6 所示。输入为高电平有效，因为在任何时刻，编码器只能对一个输入信号进行编码，即输入的 I_0、I_1、…、I_7 八个变量中，要求其中任何一个为 1 时，其余 7 个均为 0。

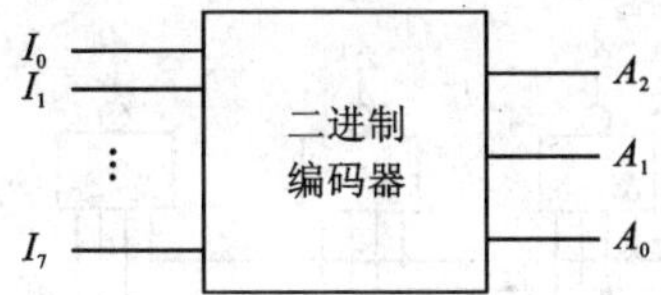

图 2-13　3 位二进制编码器示意图

表 2-6　8 线-3 线编码器真值表

输　入								输　出		
I_0	I_1	I_2	I_3	I_4	I_5	I_6	I_7	A_2	A_1	A_0
1	0	0	0	0	0	0	0	0	0	0
0	1	0	0	0	0	0	0	0	0	1
0	0	1	0	0	0	0	0	0	1	0
0	0	0	1	0	0	0	0	0	1	1
0	0	0	0	1	0	0	0	1	0	0
0	0	0	0	0	1	0	0	1	0	1
0	0	0	0	0	0	1	0	1	1	0
0	0	0	0	0	0	0	1	1	1	1

从真值表可以写出表达式

$$A_2 = I_4 + I_5 + I_6 + I_7$$
$$A_1 = I_2 + I_3 + I_6 + I_7$$
$$A_0 = I_1 + I_3 + I_5 + I_7$$

上述表达式已是最简形式，所以可直接由表达式画逻辑图，如图 2-13 所示。

如要对 I_2编码，则 $I_2=1$，I_0、I_1、I_3、…、I_7为 0，A_2、A_1、A_0 编码输出为 010，其余类推即可。在图 2-14 编码器中，I_0的编码是隐含的，即当 $I_1 \sim I_7$均为 0 时，电路的输出就是 I_0的二进制编码。

2.2.4.2　优先编码器

在编码器中，允许几个信号同时输入，但是电路只对其中优先级别最高的输入信号进行编码，这样的电路称为优先编码器。下面以 74LS148 优先编码器为例进行说明。

74LS148 芯片属于 8 线-3 线优先编码器，可以实现 8 个输入信号优先编码逻辑功能。74LS148 外形、引脚排列如图 2-15 所示，真值表见表 2-7。

74LS148 芯片各引脚的功能为：

(1) $\overline{I_0} \sim \overline{I_7}$：编码输入端，低电平有效；

(2) $\overline{Y_0}$、$\overline{Y_1}$、$\overline{Y_2}$：编码输出端，反码输出；

(3) $\overline{ST}$：输入使能端，低电平有效；

(4) Y_S：级联输出使能端，通常连接低位编码器的$\overline{ST}$端；

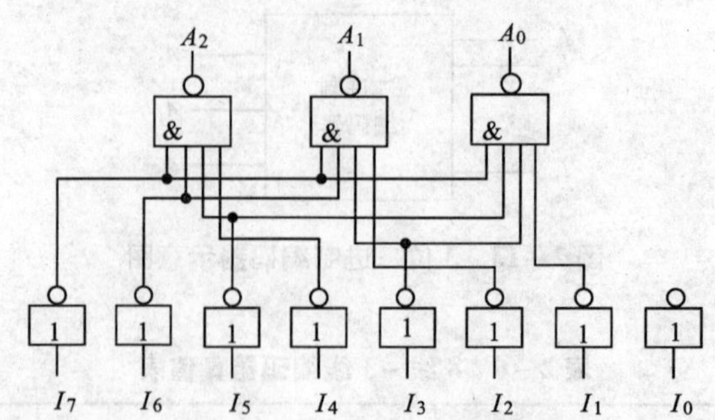

图 2－14　8 线－3 线编码器逻辑图

图 2－15　74LS148 外形与引脚排列图

(5) $\overline{Y_{EX}}$：优先输出(扩展)端，在多片编码时作为所编码输出的扩展位；

(6) V_{CC}：电源端。

表 2－7　74LS148 的真值表

$\overline{ST}$	$\overline{I_7}$	$\overline{I_6}$	$\overline{I_5}$	$\overline{I_4}$	$\overline{I_3}$	$\overline{I_2}$	$\overline{I_1}$	$\overline{I_0}$	$\overline{Y_2}$	$\overline{Y_1}$	$\overline{Y_0}$	Y_S	$\overline{Y_{EX}}$
1	×	×	×	×	×	×	×	×	1	1	1	1	1
0	1	1	1	1	1	1	1	1	1	1	1	0	1
0	0	×	×	×	×	×	×	×	0	0	0	1	0
0	1	0	×	×	×	×	×	×	0	0	1	1	0
0	1	1	0	×	×	×	×	×	0	1	0	1	0
0	1	1	1	0	×	×	×	×	0	1	1	1	0
0	1	1	1	1	0	×	×	×	1	0	0	1	0
0	1	1	1	1	1	0	×	×	1	0	1	1	0
0	1	1	1	1	1	1	0	×	1	1	0	1	0
0	1	1	1	1	1	1	1	0	1	1	1	1	0

由表2－7所示74LS148真值表可见，编码输入信号$\overline{I_7}$ ~ $\overline{I_0}$均为低电平有效，且$\overline{I_7}$的优先权最高，$\overline{I_6}$次之，$\overline{I_0}$最低。编码输出信号 $\overline{Y_2}$、$\overline{Y_1}$、$\overline{Y_0}$ 为二进制反码输出，将其取反即可得到原码输出。

当$\overline{ST}=1$时，编码器处于禁止编码状态，编码输出 $\overline{Y_2}$、$\overline{Y_1}$、$\overline{Y_0}$ 和 Y_S、$\overline{Y_{EX}}$全为1。

当$\overline{ST}=0$时，编码器实现优先编码逻辑功能。如果没有有效的编码输入信号需要编码，$\overline{Y_0}$、$\overline{Y_1}$和$\overline{Y_2}$仍然全为1，但 Y_S、$\overline{Y_{EX}}$分别为0、1。如果有有效的编码输入信号需要编码，则按输入的优先级别对优先权最高的一个有效输入信号进行编码，且 Y_S、$\overline{Y_{EX}}$分别为1、0。

2.2.5　仿真：编码器逻辑功能测试

2.2.5.1　仿真目的

掌握优先编码器逻辑功能及其仿真测试方法。

2.2.5.2　元器件选取

(1)＋5V电源和地：Place 菜单→Component→Source→POWER_SOURCES 选取并放置电源 VCC(＋5V)和地 GROUND。

(2)逻辑开关：Place Elector_Mechanical→SUPPLEMENTARY_CONTACTS，选取 SPDT_SB 开关。

(3)编码器：Place TTL→74LS，选取 74LS148N。

(4)灯泡：Place Indicators→Lamp→5V_1W，选取灯泡。

2.2.5.3　搭建测试电路

按照图2－16搭建测试电路。

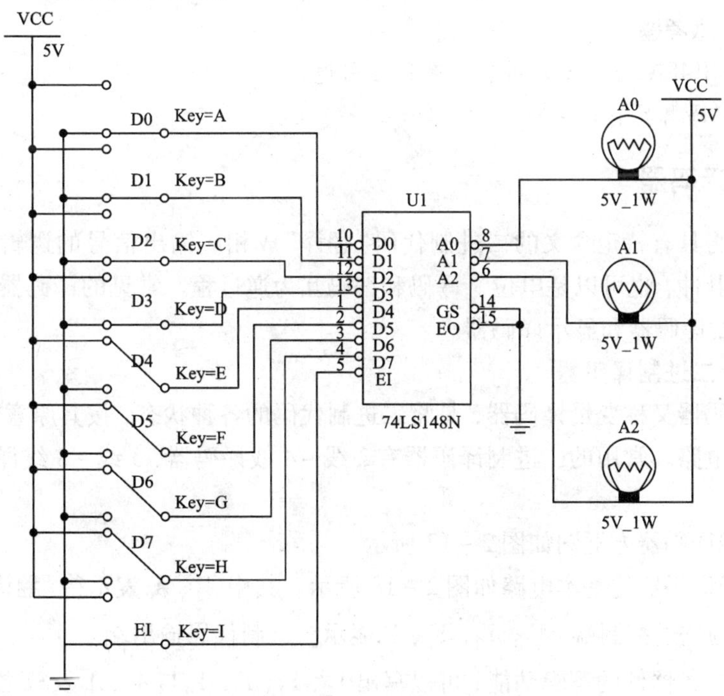

图2－16　编码器逻辑功能测试电路

2.2.5.4 **仿真分析**

单击仿真开关，开始仿真实验。分别按下键盘上的 A ~ H 的不同组合，控制 8 个开关的状态，记下灯泡的状态，请将优先编码器 74LS148 逻辑功能的测试结果填入表 2 - 8 中。

表 2 - 8 优先编码器 74LS148 逻辑功能测试

输入									输出		
EI	D0	D1	D2	D3	D4	D5	D6	D7	A2	A1	A0
1											
0											
0											
0											
0											
0											
0											
0											
0											
0											

2.2.5.5 **思考题**

(1) 由 74LS148N 功能表说明它具有什么用途？

(2) 优先编码器具有什么特点？

2.2.6 译码器

译码器是将具有特定含义的二进制代码“翻译”成相应输出信号的逻辑器件。这个输出信号可以是脉冲，也可以是电位。译码和编码互为逆过程。常见的译码器有二进制译码器、二 - 十进制译码器和显示译码器。

2.2.6.1 **二进制译码器**

二进制译码器又称变量译码器，是将二进制代码的各种状态，按其原意“翻译”成对应的输出信号的电路。常用的二进制译码器有 2 线 - 4 线译码器、3 线 - 8 线译码器和 4 线 - 16 线译码器。

2 线 - 4 线译码器方框图如图 2 - 17 所示。

2 线 - 4 线译码器的基本电路如图 2 - 18 所示。其中 A_1、A_0 表示待“翻译”的二进制代码输入端，$\overline{ST}$ 为选通控制端，Y_3、Y_2、Y_1、Y_0 表示二进制代码输出端。

根据电路中各器件的逻辑功能，可以写出 Y_3、Y_2、Y_1、Y_0 与 A_1、A_0 及 $\overline{ST}$ 之间的逻辑表达式

$$Y_3 = \overline{A}_1 + \overline{A}_0 + \overline{ST}$$

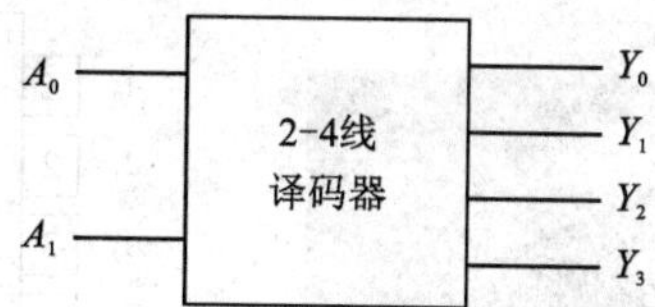

图2-17　2线-4线译码器方框图

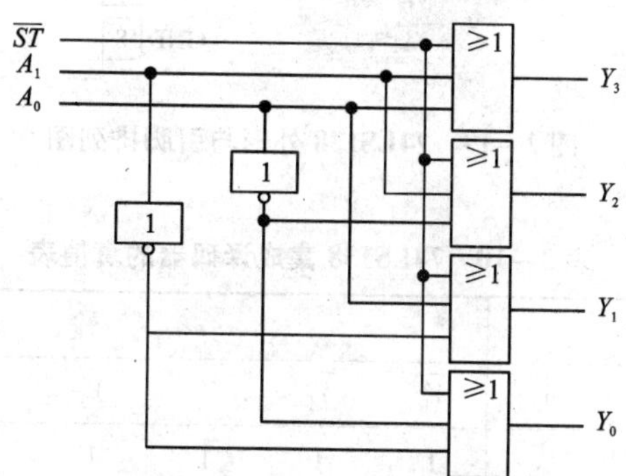

图2-18　2线-4线译码器

$$Y_2 = \overline{A}_1 + A_0 + \overline{\overline{ST}}$$

$$Y_1 = A_1 + \overline{A}_0 + \overline{\overline{ST}}$$

$$Y_0 = A_1 + A_0 + \overline{\overline{ST}}$$

由逻辑表达式列出真值表，如表2-9所示。

表2-9　2线-4线译码器真值表

$\overline{ST}$	A_1	A_0	Y_3	Y_2	Y_1	Y_0
1	×	×	1	1	1	1
0	0	0	1	1	1	0
0	0	1	1	1	0	1
0	1	0	1	0	1	1
0	1	1	0	1	1	1

常用的中规模集成二进制译码器有双2线-4线译码器54LS139/74LS139、3线-8线译码器54LS138/74LS138、4线-16线译码器54154/74154等，其中74LS138型3线-8线译码器应用较广泛。74LS138型3线-8线译码器外形和引脚排列如图2-19所示，真值表见表2-10。

图 2－19 74LS138 外形与引脚排列图

表 2－10 74LS138 集成译码器的真值表

输入					输出							
S_1	$\overline{S}_2+\overline{S}_3$	$\overline{A}_2$	$\overline{A}_1$	$\overline{A}_0$	$\overline{Y}_0$	$\overline{Y}_1$	$\overline{Y}_2$	$\overline{Y}_3$	$\overline{Y}_4$	$\overline{Y}_5$	$\overline{Y}_6$	$\overline{Y}_7$
0	×	×	×	×	1	1	1	1	1	1	1	1
×	1	×	×	×	1	1	1	1	1	1	1	1
1	0	0	0	0	0	1	1	1	1	1	1	1
1	0	0	0	1	1	0	1	1	1	1	1	1
1	0	0	1	0	1	1	0	1	1	1	1	1
1	0	0	1	1	1	1	1	0	1	1	1	1
1	0	1	0	0	1	1	1	1	0	1	1	1
1	0	1	0	1	1	1	1	1	1	0	1	1
1	0	1	1	0	1	1	1	1	1	1	0	1
1	0	1	1	1	1	1	1	1	1	1	1	0

74LS138 芯片各引脚的功能为：

(1) $A_2 \sim A_0$：二进制代码输入端；

(2) $\overline{Y}_7 \sim \overline{Y}_0$：译码输出端；

(3) V_{CC}：电源端；

(4) GND：接地端；

(5) S_1、$\overline{S}_2$、$\overline{S}_3$：选通控制端口。

由表 2－10 所示真值表可知，74LS138 译码器的译码输出为低电平有效，且只有当 $S_1\overline{S}_2\overline{S}_3=100$ 时，译码器才能实现 3 线－8 线译码逻辑功能。否则译码器处于禁止译码状态，$\overline{Y}_7 \sim \overline{Y}_0$ 输出均为高电平。

2.2.6.2　二－十进制译码器

把二－十进制代码翻译成10个十进制数字信号的电路，称为二－十进制译码器。二－十进制译码器的输入是十进制数的4位二进制编码（BCD码），分别用A_3、A_2、A_1、A_0表示；输出的是与10个十进制数字相对应的10个信号（低电平），用$\overline{Y_0}\sim\overline{Y_9}$表示。由于二－十进制译码器有4根输入线，10根输出线，所以又称为4线－10线译码器。常用的二－十进制集成译码器有74LS42、74HC42、T4042等，下面以74LS42译码器为例说明其工作原理。

图2－20是74LS42译码器的逻辑电路图，图2－21为集成电路外引线排列图。二－十进制译码器的输入是8421BCD码，即输入为4位二进制数，因此有4条输入线A_3、A_2、A_1、A_0；有10条输出线$\overline{Y_0}\sim\overline{Y_9}$，分别对应于十个输出信号，为4～10线译码器，输出低电平有效。其逻辑功能如表2－11所示。

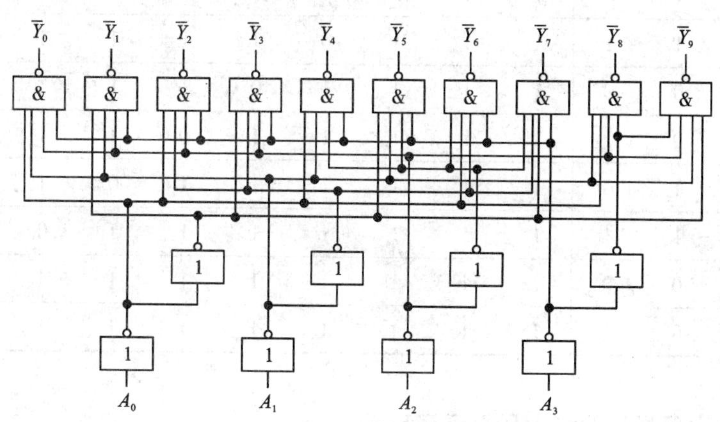

图2－20　74LS42译码器的逻辑电路图

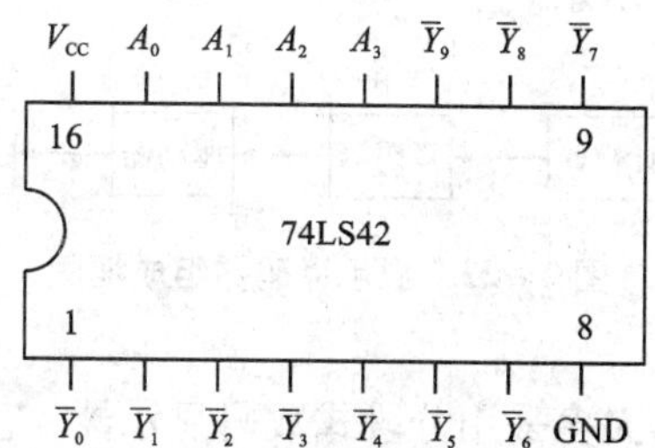

图2－21　74LS42译码器引脚排列图

由译码器逻辑图可以看出，译码器除了能把8421BCD码译成相应的十进制数码之外，它还能“拒绝伪码”。所谓伪码，是指1010～1111六个码，当输入该码中任一个时，$\overline{Y_0}\sim\overline{Y_9}$均为1，即得不到译码输出。这就是拒绝伪码。

根据逻辑电路图可写出74LS42译码器各输出端的逻辑表达式：

$$\overline{Y_0}=\overline{\overline{A}_3\overline{A}_2\overline{A}_1\overline{A}_0}\qquad \overline{Y_1}=\overline{\overline{A}_3\overline{A}_2\overline{A}_1A_0}$$

$$\overline{Y_2} = \overline{\bar{A}_3\bar{A}_2A_1\bar{A}_0} \qquad \overline{Y_3} = \overline{\bar{A}_3\bar{A}_2A_1A_0}$$

$$\overline{Y_4} = \overline{\bar{A}_3A_2\bar{A}_1\bar{A}_0} \qquad \overline{Y_5} = \overline{\bar{A}_3A_2\bar{A}_1A_0}$$

$$\overline{Y_6} = \overline{\bar{A}_3A_2A_1\bar{A}_0} \qquad \overline{Y_7} = \overline{\bar{A}_3A_2A_1A_0}$$

$$\overline{Y_8} = \overline{A_3\bar{A}_2\bar{A}_1\bar{A}_0} \qquad \overline{Y_9} = \overline{A_3\bar{A}_2\bar{A}_1A_0}$$

表 2-11　74LS42 译码器真值表

输入				输出									
A_3	A_2	A_1	A_0	$\overline{Y_0}$	$\overline{Y_1}$	$\overline{Y_2}$	$\overline{Y_3}$	$\overline{Y_4}$	$\overline{Y_5}$	$\overline{Y_6}$	$\overline{Y_7}$	$\overline{Y_8}$	$\overline{Y_9}$
0	0	0	0	0	1	1	1	1	1	1	1	1	1
0	0	0	1	1	0	1	1	1	1	1	1	1	1
0	0	1	0	1	1	0	1	1	1	1	1	1	1
0	0	1	1	1	1	1	0	1	1	1	1	1	1
0	1	0	0	1	1	1	1	0	1	1	1	1	1
0	1	0	1	1	1	1	1	1	0	1	1	1	1
0	1	1	0	1	1	1	1	1	1	0	1	1	1
0	1	1	1	1	1	1	1	1	1	1	0	1	1
1	0	0	0	1	1	1	1	1	1	1	1	0	1
1	0	0	1	1	1	1	1	1	1	1	1	1	0

2.2.6.3　七段显示器和七段显示译码器

在数字仪表、计算机和其他数字系统中，常常需要把测量和运算结果用十进制数显示出来，这就需要用显示译码器来完成。数字显示译码器一般应和计数器、译码器、驱动器等配合使用。如方框图 2-22 所示。

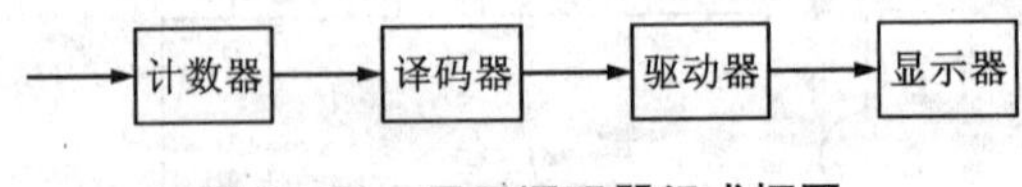

图 2-22　显示译码器组成框图

目前，常用的数字显示器大多采用分段式数码显示器，它是由多条能各自独立发光的线段按一定的方式组合而成的。下面只介绍七段显示器和七段显示译码器。

1. 半导体数码管构成的七段显示器

发光二极管(LED)由特殊的半导体材料砷化镓、磷砷化镓等制成，可以单独使用，也可以组装成分段式或点阵式 LED 显示器件(半导体显示器)。分段式显示器(LED 数码管)由 7 条线段围成“日”字形，每一段包含一个发光二极管。外加正向电压时二极管导通，发出清晰的光，有红、黄、绿等色。只要按规律控制各发光段的亮、灭，就可以显示各种字形或符号。LED 数码管有共阳、共阴之分如图 2-23(a)所示。图 2-23(b)是共阴数码管表示符号。使用时，有选择地给某些字段加上合适的电平，使之发光，就可以显示出不同的字形，如图2-23(c)所示。LED显示器的各段 a、b、c、d、e、f、g 均与译码器驱动电路相应的输出端连接，每个发光二极管都要串联一个100Ω左右的限流电阻。

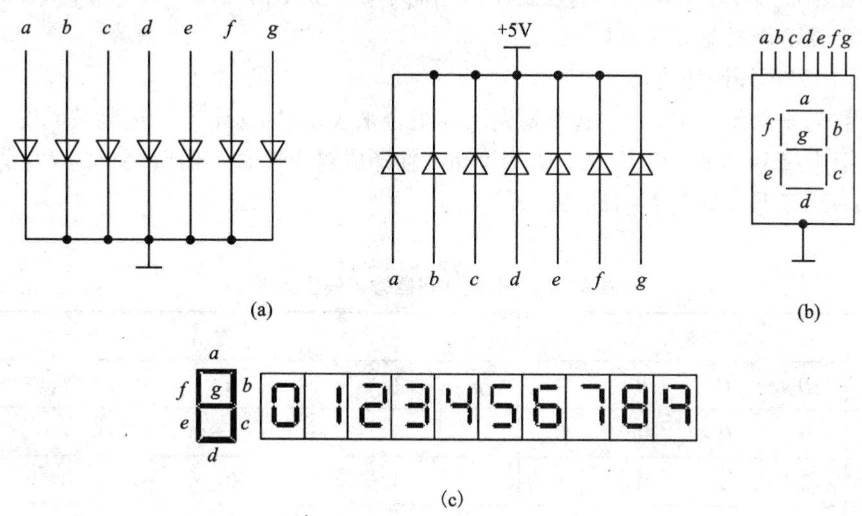

图2-23　半导体数码管构成的七段显示器原理图

表2-12列出了 $a \sim g$ 发光段的十种组合情况，它们分别显示0~9十个数字，表中H表示发光线段，L表示不发光线段。

表2-12　七段数码显示组合与数字对照表

段 数	a	b	c	d	e	f	g
0	H	H	H	H	H	H	L
1	L	H	H	L	L	L	L
2	H	H	L	H	H	L	H
3	H	H	H	H	L	L	H
4	L	H	H	L	L	H	H
5	H	L	H	H	L	H	H
6	H	L	H	H	H	H	H
7	H	H	H	L	L	L	L
8	H	H	H	H	H	H	H
9	H	H	H	L	L	H	H

2. 液晶构成的七段显示器

液晶显示器是利用液晶在电场作用下，光学性能发生变化的特性制成的。在涂有导电层的基片上，按分段图形灌注液晶并封装好，然后将译码器输出端与各管脚相连。被加上控制电压的液晶段，由于光学性能的变化而显现反差，从而显示出相应的数字。在微型计算器、数字万用表等小型电子器件的数字显示部分，常采用液晶分段数码显示器。

液晶显示器体积小、功耗低，且制作工艺简单，但显示清晰度不如半导体数码管。

3. 七段显示译码器 CD4511

(1)七段显示译码原理

七段数码显示器是用 *a* ~ *g* 七个发光段的组合来表示 0 ~ 9 十个十进制数码的。这就要求译码器把十组 BCD 码(以 *D*、*C*、*B*、*A* 表示)翻译成对应于显示器所要求的 7 字段二进制代码(*abcdefg*)信号，见表 2 - 13。

表 2 - 13 七段译码器输入输出关系

数字	输入				输出						
	D	*C*	*B*	*A*	*a*	*b*	*c*	*d*	*e*	*f*	*g*
0	0	0	0	0	1	1	1	1	1	1	0
1	0	0	0	1	0	1	1	0	0	0	0
2	0	0	1	0	1	1	0	1	1	0	1
3	0	0	1	1	1	1	1	1	0	0	1
4	0	1	0	0	0	1	1	0	0	1	1
5	0	1	0	1	1	0	1	1	0	1	1
6	0	1	1	0	1	0	1	1	1	1	1
7	0	1	1	1	1	1	1	0	0	0	0
8	1	0	0	0	1	1	1	1	1	1	1
9	1	0	0	1	1	1	1	0	0	1	1

(2)七段显示译码器 CD4511

CD4511 是输出高电平有效的 CMOS 显示译码器，其输入为 8421BCD 码，图 2 - 24 为 CD4511 引脚排列图。其特点是具有 BCD 码转换、消隐和锁存控制、七段译码及驱动功能，能提供较大的拉电流，用于驱动共阴极 LED 数码管。

CD4511 引脚功能说明：

D、*C*、*B*、*A* 为 BCD 码输入端。

a、*b*、*c*、*d*、*e*、*f*、*g* 为译码输出端，输出“1”有效，用来驱动共阴极 LED 数码管。

$\overline{BI}$是消隐输入控制端，当$\overline{BI}=0$ 时，不管其他输入端状态如何，七段数码管均处于熄灭(消隐)状态，不显示数字。

$\overline{LT}$是测试输入端，当$\overline{LT}=0$ 时，不管输入 *DCBA* 状态如何，译码输出全为 1，七段均发亮，显示“8”。它主要用来检测数码管是否损坏。

LE：锁定控制端，*LE* =1 时译码器是锁定(保持)状态，译码器输出被保持在 *LE* =0 时的数值；当 *LE* =0 时，正常译码输出。

CD4511 逻辑功能见表 2 - 14，由表中可知，显示译码器还有拒伪码的功能，当输入码

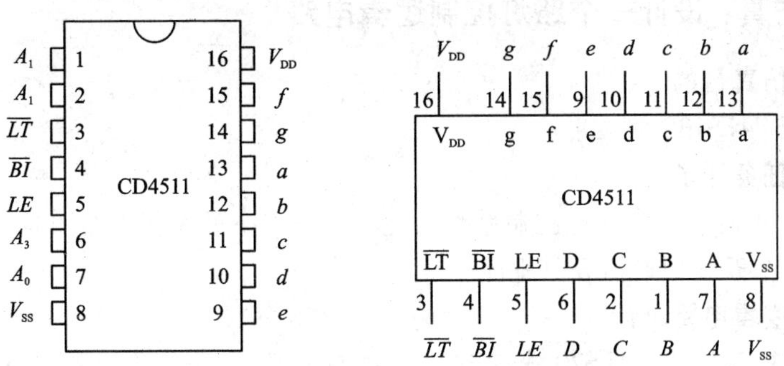

图 2-24　CD4511 引脚排列图

超过 1001 时，输出全为 0，数码管熄灭。

表 2-14　CD4511 逻辑功能表

输入							输出							
LE	$\overline{BI}$	$\overline{LT}$	*D*	*C*	*B*	*A*	*a*	*b*	*c*	*d*	*e*	*f*	*g*	显示
×	×	0	×	×	×	×	1	1	1	1	1	1	1	8
×	0	1	×	×	×	×	0	0	0	0	0	0	0	消隐
0	1	1	0	0	0	0	1	1	1	1	1	1	0	0
0	1	1	0	0	0	1	0	1	1	0	0	0	0	1
0	1	1	0	0	1	0	1	1	0	1	1	0	1	2
0	1	1	0	0	1	1	1	1	1	1	0	0	1	3
0	1	1	0	1	0	0	0	1	1	0	0	1	1	4
0	1	1	0	1	0	1	1	0	1	1	0	1	1	5
0	1	1	0	1	1	0	1	0	1	1	1	1	1	6
0	1	1	0	1	1	1	1	1	1	0	0	0	0	7
0	1	1	1	0	0	0	1	1	1	1	1	1	1	8
0	1	1	1	0	0	1	1	1	1	0	0	1	1	9
0	1	1	1	0	1	0	0	0	0	0	0	0	0	消隐
0	1	1	1	0	1	1	0	0	0	0	0	0	0	消隐
0	1	1	1	1	0	0	0	0	0	0	0	0	0	消隐
0	1	1	1	1	0	1	0	0	0	0	0	0	0	消隐
0	1	1	1	1	1	0	0	0	0	0	0	0	0	消隐
0	1	1	1	1	1	1	0	0	0	0	0	0	0	消隐
1	1	1	×	×	×	×	锁存							

2.2.7 仿真：设计一个路灯控制逻辑电路

2.2.7.1 仿真目的

掌握译码器 74LS138 的应用。

2.2.7.2 任务要求

要求在三个不同的地方都能控制路灯的亮灭，当一个开关闭合后灯亮，则另一个开关动作后灯灭，三个开关同时闭合灯也亮。

2.2.7.3 逻辑电路设计

考虑使用 74LS138 和 74LS20 来实现。设逻辑电路三个选择控制端 A、B、C 分别由 S1、S2、S3 三个开关来控制，接入高电平作为逻辑 1，接入低电平为逻辑 0。逻辑电路输出端 Y 接一个电平指示灯，模拟所控制的路灯，输出高电平时亮，输出低电平时灭。根据设计要求，可以得到路灯控制逻辑电路的真值表如表 2－15。

表 2－15 路灯控制逻辑电路的真值表

A	B	C	Y
0	0	0	0
0	0	1	1
0	1	0	1
0	1	1	0
1	0	0	1
1	0	1	0
1	1	0	0
1	1	1	1

根据译码器 74LS138 的逻辑功能表，译码器正常工作时，$\overline{Y}_1=\overline{A}\overline{B}C$、$\overline{Y}_2=\overline{A}B\overline{C}$、$\overline{Y}_4=A\overline{B}\overline{C}$、$\overline{Y}_7=ABC$，因此，符合设计任务要求的逻辑表达式为 $Y=\overline{Y}_1+\overline{Y}_2+\overline{Y}_4+\overline{Y}_7=\overline{Y_1Y_2Y_4Y_7}$。路灯控制逻辑仿真电路如图 2－25 所示。

2.2.7.4 仿真分析

在 Multisim10 电路工作区编辑如图 2－25 所示电路。启动仿真，拨动逻辑开关，按照路灯控制逻辑电路真值表顺序逐项测试路灯控制逻辑电路的功能。

2.2.7.5 仿真测试 74LS138 的逻辑功能

请读者上网查找资料，自己设计一个 74LS138 译码器逻辑功能测试电路，并进行逻辑功能的仿真测试。

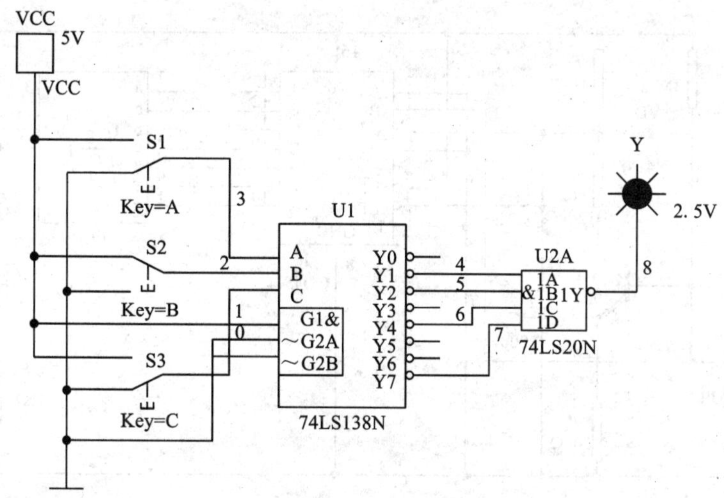

图2－25　路灯控制逻辑电路

2.3　任务实现

2.3.1　认识电路组成

该数显逻辑笔电路主要由电平转换电路、译码驱动电路、显示电路三部分组成。其组成方框图如图2－26所示。

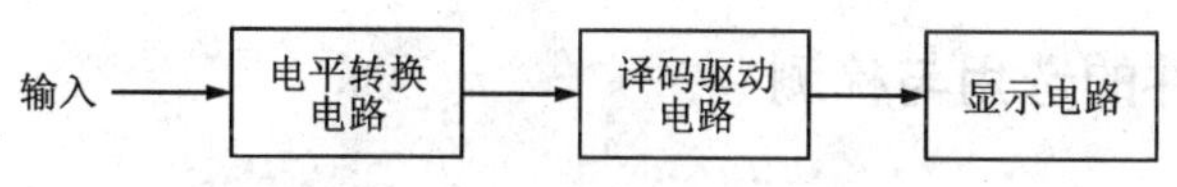

图2－26　数显逻辑笔组成方框图

电路原理图如图2－27所示，VT_1、VD_1、R_1、R_2、R_3、R_4和R_6等组成电平转换电路，IC_1(CD4511)为译码驱动电路，VT_2、R_5、R_7、LED_1和LED_2组成显示电路，其中VT_2、R_5、R_7、LED_1主要是电源指示，LED_2为电平显示。

2.3.2　认识工作过程

电源指示：有5V供电时，+5V经R_5一方面使LED_1发亮，另一方面使VT_2饱和导通，LED_2的3、8相当于接地，为数码管正常显示作准备。

INPUT输入端没有输入电压时，VT_1饱和导通，IC_1(CD4511)的2、4脚为低电平，由于IC_1第4脚是消隐输入控制端，当$\overline{BI}=0$时，不管其他输入端状态如何，其输出端$A \sim G$全部为0，七段数码管均处于熄灭(消隐)状态，不显示数字。

INPUT输入端输入低电平时(0V～0.47V)，VT_1截止，其集电极输出高电平，IC_1的

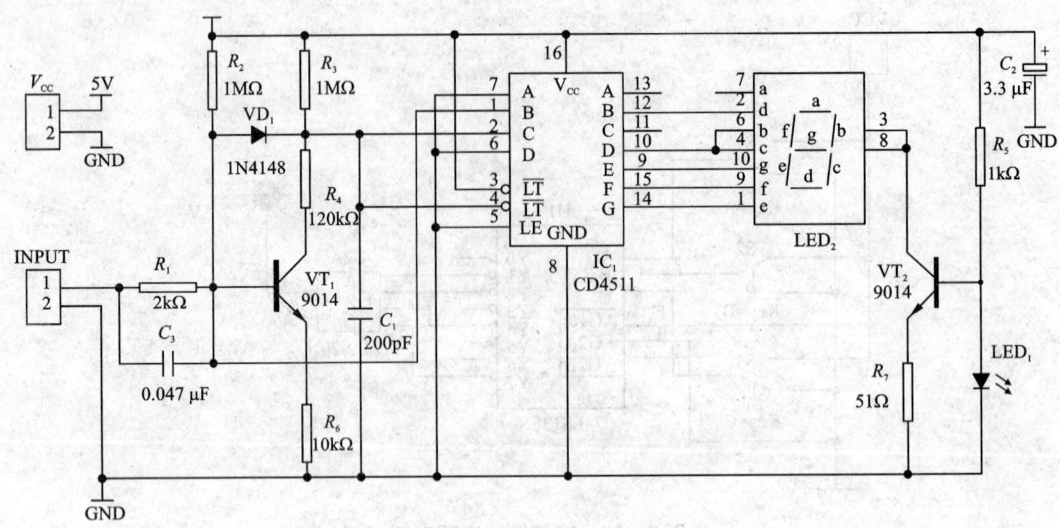

图 2-27 数显逻辑笔电路图

BCD 码输入 $DCBA=0100$，经过译码后，IC_1输出端 B、C、F、G 输出为高电平，其余端为低电平，通过连线数码管 LED_2的 d、e、f 均为高电平，其余为低电平，数码管显示“L”，表示逻辑低电平。

INPUT 输入端输入高电平时(3.13V～5V)，VT_1导通，其基极和集电极输出均为高电平，IC_1的 BCD 码输入 $DCBA=0110$，经过译码后，IC_1输出端 A、C、D、E、F、G 输出为高电平，其余端为低电平，通过连线数码管 LED_2的 b、c、e、f、g 均为高电平，其余为低电平，数码管显示“H”，表示逻辑高电平。

2.3.3 元器件的选用与检测

1. 元器件的选用

R_1～R_7选用 0805(1/8W)合金膜贴片电阻；C_1、C_3选用 0805 型贴片电容器，C_2选用耐压值为 50V 的铝电解电容器；VD_1选用 1N4148 开关二极管，LED_1选用 5mm 发光二极管；VT_1、VT_2选用 TO-92 型三极管 9014；IC_1选用 CD4511 集成电路；LED_2选用 SMA4205，0.5 寸共阴数码管。元器件清单见表 2-16。

2. 特殊器件外形

特殊器件外形如图 2-28 所示。

3. 元器件的检测

(1) 发光二极管的检测

选择万用表二极管挡，万用表红表笔接二极管正极，黑表笔接负极，看二极管是否发亮。将检测情况填入表 2-16。

(2) 数码管检测

共阴极型：将数字万用表置于二极管挡，黑表笔接公共端 3 或 8 脚，然后用红表笔去接触其他各引脚，只有当接触到对应段引脚时，数码管的对应笔段才发光。判别各引脚所

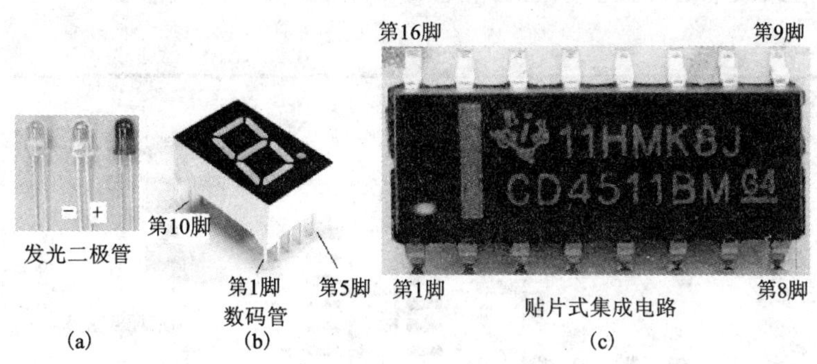

图2－28　特殊器件外形

对应的笔段有无损坏。如果是共阳极型则红表笔接公共端，黑表笔接其余端。将检测情况填入表2－16。

其余元器件可根据前面项目介绍的方法检测，将检测情况填入表2－16。

表2－16　数显逻辑笔元器件清单

序号	元件型号	参数	标号	数量	质量检测
1	电阻器	2 kΩ	R_1	1	实测：
2		1 MΩ	R_2、R_3	2	实测：
3		120 kΩ	R_4	1	实测：
4		1 kΩ	R_5	1	实测：
5		10 kΩ	R_6	1	实测：
6		51 Ω	R_7	1	实测：
7	电容器	200 pF	C_1	1	实测：
8		3.3 μF/16V	C_2	1	实测：
9		0.047 μF	C_3	1	实测：
10	二极管	1N4148	VD_1	1	正向：　　反向：
11		5 mm	LED_1	1	正向：　　反向：
12	三极管	9014	VT_1、VT_2	2	引脚图：　　测量结果：
13	数码管	SMA4205	LED_2	1	引脚图：　　测量结果：
14	集成电路	IC_1	CD4511	1	引脚图：

2.3.4　电路安装

1. 识读电路板

根据电路板实物，参考电路原理图清理电路，查看电路板是否有短路或开路的地方，熟悉各器件在电路板中的位置。数显逻辑笔的器件布局如图 2－29 所示。

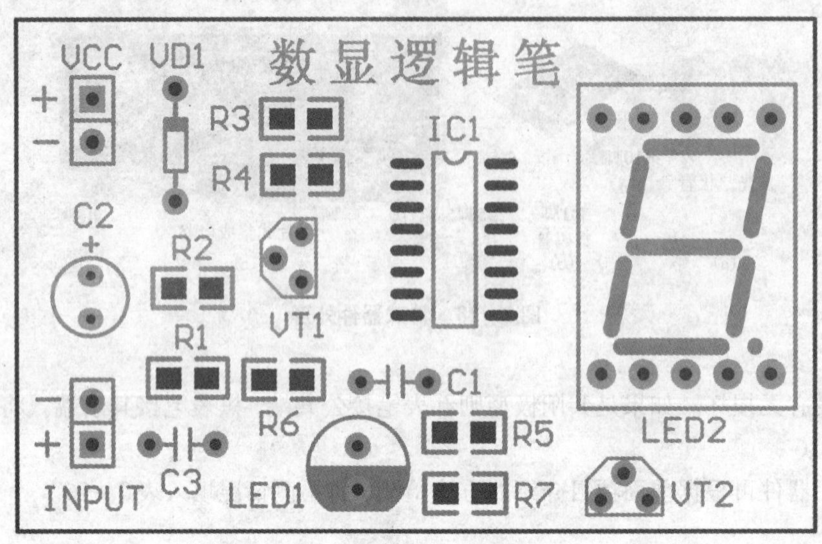

图 2－29 数显逻辑笔器件布局图

2. 安装原则

先小件后大件的顺序安装，即按贴片电阻、瓷片电容、二极管、三极管、电解电容、集成电路、数码管的顺序安装焊接。

3. 贴片元器件焊接方法

(1)在焊接之前先在焊盘上涂上助焊剂，用烙铁处理一遍，以免焊盘镀锡不良或被氧化，造成不好焊，芯片则一般不需处理。

(2)用镊子小心地将贴片集成电路芯片放到 PCB 板上，注意不要损坏引脚。使其与焊盘对齐，要保证芯片的放置方向正确。把烙铁的温度调到 300 多摄氏度，将烙铁头尖沾上少量的焊锡，用工具向下按住已对准位置的芯片，在两个对角位置的引脚上加少量的焊剂，仍然向下按住芯片，焊接两个对角位置上的引脚，使芯片固定而不能移动。在焊完对角后重新检查芯片的位置是否对准。如有必要可进行调整或拆除并重新在 PCB 板上对准位置。

(3)开始焊接所有的引脚时，应在烙铁尖上加上焊锡，将所有的引脚涂上焊剂使引脚保持湿润。用烙铁尖接触芯片每个引脚的末端，直到看见焊锡流入引脚。在焊接时要保持烙铁尖与被焊引脚并行，防止因焊锡过量发生搭接。

(4)焊完所有的引脚后，用焊剂浸湿所有引脚以便清洗焊锡。在需要的地方吸掉多余的焊锡，以消除任何短路和搭接。最后用镊子检查是否有虚焊，检查完成后，从电路板上清除焊剂，将硬毛刷浸上酒精沿引脚方向仔细擦拭，直到焊剂消失为止。

贴片阻容元件则相对容易焊一些，可以先在一个焊点上点上锡，然后放上元件的一头，用镊子夹住元件，焊上一头之后，再看看是否放正了；如果已放正，就再焊上另外一头。

4. 元器件安装

(1)0805 电阻的焊接

①先将电路板上 0805 电阻焊接区域右侧的焊盘上锡，如图 2-30 所示。

②用镊子轻轻地夹住电阻送入焊盘位置，用烙铁先焊接电阻的一端：烙铁头熔化焊锡往电阻引脚端靠，并修整焊点成形。再焊接电阻的另一端，焊接好的效果如图 2-31 所示。

图 2-30　上锡后的效果

图 2-31　焊接后的效果图

(2)贴片集成电路的焊接

①先将集成块的 1~2 个焊盘镀锡。

②通过预先焊接集成块 1~2 个引脚固定好位置，其他引脚要对好。

③拖焊：一边送焊锡一边烙铁头熔化焊锡朝箭头方向拖(箭头烙铁)，若焊接过程中有连焊的现象，可用烙铁头点松香或者刷液体助焊剂至连焊的地方，再通过烙铁加热将多余的焊锡带走。若无箭头烙铁，用普通烙铁逐一进行焊接。

注意：所有的贴片元件都在顶层进行焊接，与插件元件的焊接不在同一面。

(3)插件元器件焊接

参照项目 1 方法进行焊接。

2.3.5　电路调试与检测

1. 电路调试

(1)安装结束，检查焊点质量(重点检查是否有错焊、漏焊、虚假焊、短路)，检查器件安装是否正确(重点检查二极管、三极管、数码管和集成电路)，方可通电。

(2)通电观察电路是否有异常现象(声响、冒烟)，如有应立即停止通电，找明原因。

(3)通电后 LED_1亮，LED_2不亮。

(4)将输入端接 V_{CC}时，LED_2应显示“H”。

(5)将输入端接地时，LED_2应显示“L”。

2. 电路检测

用万用表测量下列条件下 VT_1和 IC_1的电压值，完成表 2-17。

表 2-17　VT_1和 IC_1电压值

输入端	IC_1											VT_1		
	1	2	3	4	5	6	7	9	10	14	15	B	C	E
无														
L														
H														

2.4 考核评价

数显逻辑笔的制作评价标准见表 2－18。

表 2－18 数显逻辑笔的制作评价标准

考核项目	评分点	分值	评分标准	得分
数显逻辑笔的制作	电路识图	5	能正确理解电路的工作原理，否则，视情况扣 1～5 分	
	电路板制作	30	按电路原理图制作出电路板，要求设计合理，美观，每错一处扣 1 分，扣完为止	
	元件质量判定	15	正确识别元件，每错一处扣 1 分，扣完为止	
	电路焊接	20	元器件引脚成型符合要求，元器件装配到位；装配高度、装配形式符合要求；外壳及紧固件装配到位，不松动，不压线。不符合要求每处扣 1 分	
	电路调试	15	正确使用仪器仪表；写出数据测试和分析报告。不能正确使用仪器仪表测量每次扣 3 分，数据测试错误每次扣 2 分，分析报告不完整或错误视情况扣 1～5 分，扣完为止	
	电路检修	15	通电工作正常，如有故障、进行排除，不能排除	
小计		100	视情况扣 1～15 分	
职业素养与操作考核	学习态度	20	不参与团队讨论；不完成团队布置的任务；抄袭作业或作品；发现一次扣 2 分，扣完为止	
	学习纪律	20	每缺课 1 次扣 5 分；每迟到 1 次扣 2 分；上课玩手机、玩游戏、睡觉，发现一次扣 2 分，扣完为止	
	团队精神	20	不服从团队的安排；与团队成员间发生与学习无关的争吵；发现团队成员做得不好或不到位或不会的地方不指出、不帮助；团队或团队成员弄虚作假，每发现一次，此项计 0 分；其他项，每发现一次扣 2.5 分。扣完为止	
	操作规范	20	操作过程不符合安全操作规程；仪器设备的使用不符合相关操作规程；工具摆放不规范；物料、器件摆放不规范；工作台位台面不清洁、不按规定要求摆放物品；任务完成后不整理、清理工作台；任务完成后不按要求清扫场地内卫生；发现一项扣 2 分，扣完为止。如出现触电、火灾、人身伤害、设备损坏等安全事故，此项记 0 分	
	行为举止	20	着装不符合规定要求；随地乱吐、乱涂、乱扔垃圾（食品袋、废纸、纸巾、饮料瓶）等；在非吸烟区吸烟；语言不文明，讲坏话；每项扣 1～5 分，扣完为止	
小计		100		

说明：①本项目的项目考核、职业素养及操作规范考核按 10% 比例折算计入总分；

②理论考核根据全学期训练项目对应的理论知识在期末进行考核，本项目占理论试卷的 14%，理论成绩按 7% 折算计入总分。

2.5　拓展提高

课题1　在图2－27数显逻辑笔电路图中，请用红绿发光二极管各一个代替LED_2，并加适当的电子器件，制作一个LED逻辑笔，红色发光二极管亮代表高电平，绿色发光二极管亮代表低电平。

课题2　某医院有一、二、三、四号病室4间，每室设有呼叫按钮，同时在护士值班室内对应地装有一号、二号、三号、四号4个指示灯。现要求当一号病室的按钮按下时，无论其他病室的按钮是否按下，只有一号灯亮。当一号病室的按钮没有按下而二号病室的按钮按下时，无论三、四号病室的按钮是否按下，只有二号灯亮。当一、二号病室的按钮都未按下而三号病室的按钮按下时，无论四号病室的按钮是否按下，只有三号灯亮。只有在一、二、三号病室的按钮均未按下而按下四号病室的按钮时，四号灯才亮。试用优先编码器74LS148和门电路设计满足上述控制要求的逻辑电路图，绘制电路板图，进行电子元件质量判别并对电路进行组装、调试和检修。

习题二

2－1　填空题

(1)根据逻辑功能的不同特点，逻辑电路可分为两大类：________和________。

(2)只考虑__________，而不考虑________的运算电路，称为半加器，不仅考虑________，而且考虑________的运算电路，称为全加器。

(3)能将输入信号转变为二进制代码的电路称为____________，______是编码的逆过程。

(4)2线－4线译码器有____________条输入线，____________条输出线。

(5)半导体数码管是由____________排列成显示数字。

(6)要使3线－8线译码器(74LS138)正常工作，使能端S_1、$\overline{S_2}$、$\overline{S_3}$的电平信号应是____________。

2－2　分析图2－32所示组合逻辑电路的功能。

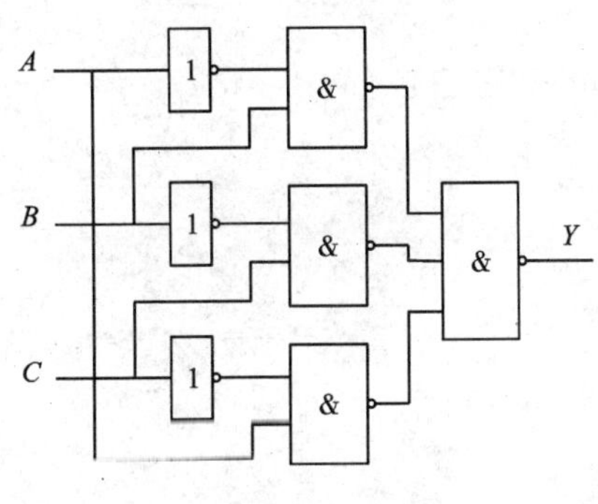

图2－32

2 -3 用与非门设计一个举重裁判表决电路，要求：

(1)设举重比赛有 3 个裁判，一个主裁判和两个副裁判。

(2)杠铃完全举上的裁决由每一个裁判按一下自己面前的按钮来确定。

(3)只有当两个或两个以上裁判判明成功，并且其中有一个为主裁判时，表明成功的灯才亮。

2 -4 用与非门画出半加器的逻辑电路图，用异或门画出全加器的逻辑电路图。

2 -5 什么叫编码器？什么叫优先编码器？优先编码有什么实际意义？

2 -6 写出 74LS148 各引脚的功能，利用网络自主学习 74LS147 的功能，并与 74LS148 比较，看有什么不同？

2 -7 写出 CD4511 各引脚的功能。

2 -8 图 2 -33 是由 3 线 -8 线译码器 74LS138 和与非门构成的电路，试写出 P_1 和 P_2 的表达式，列出真值表，说明其逻辑功能。

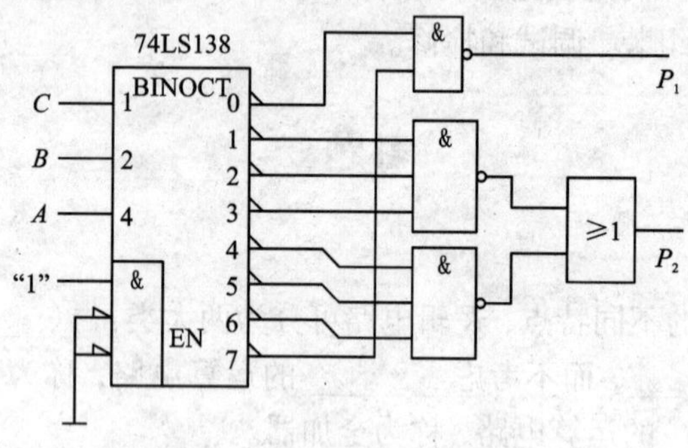

图 2 -33

2 -9 请通过网络查阅 3 片以上译码驱动集成电路，画出引脚图，列出功能表。

项目3　简易抢答器的制作

3.1　项目描述

本项目介绍的简易抢答器，可用于各类知识竞赛的抢答，当主持人按下开始抢答键时，参加抢答的四组选手按下代表自己组的按键，数码管显示的数字就是抢答成功的组号。通过本项目的学习与实践，可以让读者获得如下知识和技能：

图3-1　简易抢答器

1. 理解触发器的概念；掌握 *RS*、*JK*、*D* 等触发器的电路结构、工作原理、特点。

2. 掌握各种集成触发器的逻辑功能，能根据资料或网络查阅集成触发器的引脚功能，并能正确选用。

3. 进一步掌握贴片元件的焊接技术。

4. 学会利用仿真软件 Multisim 10 测试各类触发器的逻辑功能。

5. 学会制作、调试简易抢答器。

3.2 知识准备

要完成以上要求的简易抢答器电路的制作，需要具备以下一些相关的知识和技能，下面进行阐述。

在数字系统中，常常需要存储各种数字信息。触发器就是具有记忆功能，可以存储一位二进制代码的基本单元电路，也是构成时序逻辑电路不可缺少的重要部件。它具有两个特点：一是具有两个能自行保持的稳定状态，用来表示逻辑状态的 0 和 1，或二进制数的 0 和 1；二是根据不同的输入信号可将触发器输出置为 1 或 0 状态，当输入信号消失后，已转换的状态可长期保持下来，所以触发器常作为具有记忆功能的基本逻辑单元。

3.2.1 *RS* 触发器

3.2.1.1 基本 *RS* 触发器

1. 电路的组成和逻辑符号

由与非门构成基本 *RS* 触发器电路和逻辑符号如图 3 - 2 所示。

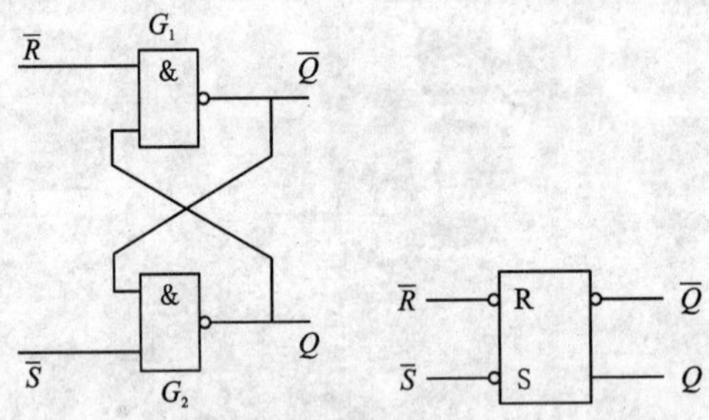

图 3 - 2 基本 *RS* 触发器逻辑电路和逻辑符号

$\overline{R}$ 和 $\overline{S}$ 为触发信号输入端，字母上面的非号表示低电平有效，在逻辑符号图中用小圆圈表示；Q 和 $\overline{Q}$ 端是触发器的输出端，在触发器输出稳定时，它们是一对输出状态相反的信号。输出端不加小圆圈表示 Q 端，加小圆圈表示 $\overline{Q}$ 端。基本 *RS* 触发器是各种触发器电路中结构形式最简单的一种，它也是许多复杂电路结构触发器的一个基本组成部分。

2. 逻辑功能分析

基本 *RS* 触发器的输出端 Q 与 $\overline{Q}$ 是在正常条件下能保持相反状态，即：$Q=0$、$\overline{Q}=1$ 和 $Q=1$、$\overline{Q}=0$ 两种状态。常将 $Q=1$、$\overline{Q}=0$ 的状态称为置位状态（“1”态），而将 $Q=0$、$\overline{Q}=1$ 的状态称为复位状态（“0”态）。下面分析基本 *RS* 触发器的工作过程。

该触发器有两个触发信号输入端，由两个与非门构成，与非门的运算特点为“有 0 出 1”，其具体的分析过程如下：

（1）当 $\overline{S}=0$、$\overline{R}=1$ 时，触发器置 1，即触发器为“1”态。

由于 $\overline{S}$ 为低电平，置 1 端有效，所以输出 $Q=1$。

（2）当 $\overline{S}=1$、$\overline{R}=0$ 时，触发器置 0，即触发器为“0”态。

由于 $\overline{R}$ 为低电平，置 0 端有效，所以输出 $Q=0$。

(3)当$\overline{S}=1$、$\overline{R}=1$时，触发器置保持原来状态。因为$\overline{R}$、$\overline{S}$为高电平，两个触发端都无效，所以保持原来的状态。这就是触发器的记忆功能。

(4)当$\overline{S}=0$、$\overline{R}=0$时，触发器状态不定。因为$\overline{R}$、$\overline{S}$都为低电平，两个"与非"门输出端都为"1"，即$Q=\overline{Q}=1$，这既不是"0"态，也不是"1"态。当$\overline{S}$、$\overline{R}$同时变为1时，由于G_1、G_2的电气性能差异，使得输出状态无法确定，可能是"0"态，也可能是"1"态，因此这种情况在使用中应该禁止出现。

3. 真值表

基本*RS*触发器的逻辑功能如表3-1所示。

表3-1　基本*RS*触发器的真值表

$\overline{R}$	$\overline{S}$	Q	逻辑功能
0	1	0	置0
1	0	1	置1
1	1	不变	保持
0	0	不定	

由上表可知，当$\overline{R}$端加低电平触发信号时，触发器为0态。因此，$\overline{R}$端为置0端，又称复位端。当$\overline{S}$端加低电平触发信号时，触发器为1态。因此，$\overline{S}$端为置1端，又称复位端。触发器在外加信号的作用下，状态发生了转换，称之为翻转。外加的信号称为触发脉冲。

在逻辑电路的分析中，还常采用波形图进行分析。所谓波形图就是反映触发器输入信号取值和输出状态之间对应关系的图形。

例3-1　基本*RS*触发器输入端$\overline{R}$、$\overline{S}$信号如图3-3所示，设触发器初始状态$Q=1$，试在$\overline{R}$、$\overline{S}$下方画出输出信号Q与$\overline{Q}$的波形。

解　先画出Q与$\overline{Q}$的初始状态波形，Q为高电平，$\overline{Q}$为低电平。再根据基本*RS*触发器的逻辑关系，就可以画出Q与$\overline{Q}$的波形图，如图3-3下方所示。

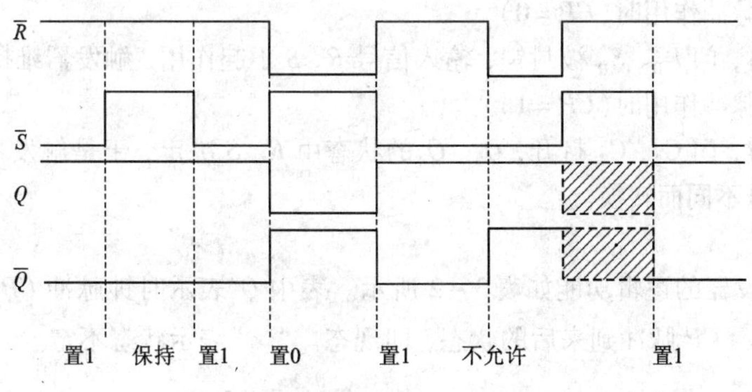

图3-3　基本*RS*触发器波形图

3.2.1.2 同步 *RS* 触发器

基本 *RS* 触发器的状态转换过程是直接由输入信号控制的，而在实际工作中，触发器的工作状态不仅要由触发输入信号决定，而且要求按照一定的节拍工作。为此，需要增加一个同步控制端引同步控制信号，通常将同步控制信号称为时钟脉冲控制信号，简称时钟信号，用 *CP* 表示。把受时钟控制的触发器统称时钟触发器。下面介绍时钟控制的 *RS* 触发器，又称为同步 *RS* 触发器。

1. 电路组成和逻辑符号

图 3-4 是同步 *RS* 触发器的逻辑电路图与逻辑符号，其中，与非门 G_1 和 G_2 构成基本 *RS* 触发器，与非门 G_3 和 G_4 构成控制门。*R* 和 *S* 是置 0 和置 1 信号的输入端，*CP* 是时钟脉冲输入端。$\overline{R}_D$、$\overline{S}_D$ 直接置 0、置 1 端，不使用时，应加高电平。它们不接受时钟脉冲 *CP* 的控制，所以称为异步置 0、置 1 端。

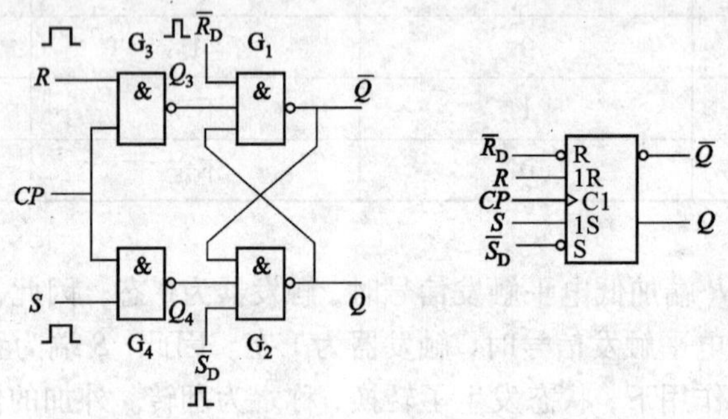

图 3-4　同步 *RS* 触发器逻辑图和逻辑符号

在同步 *RS* 触发器逻辑符号中，方框内的三角符号表示时钟脉冲的输入端，该处标有 C_1。图中 *R*、*S*、*CP* 端均无小圆圈，说明输入高电平有效，$\overline{R}_D$、$\overline{S}_D$ 端带小圆圈，说明输入低电平有效。

2. 工作原理

(1) 无时钟脉冲作用时 ($CP=0$)

当 $CP=0$ 时，门 $\overline{R}_D$、$\overline{S}_D$ 被封锁，输入信号 *R*、*S* 不起作用，触发器维持原状态。

(2) 有时钟脉冲作用时 ($CP=1$)

当 $CP=1$ 时，门 G_3、G_4 打开，Q_3、Q_4 的状态由 *R*、*S* 决定，于是触发器的状态也将随 *R*、*S* 端触发信号不同而转换。

3. 真值表

同步 *RS* 触发器的逻辑功能如表 3-2 所示。表中 Q_n 表示时钟脉冲 *CP* 到来前的状态，即原态；Q_{n+1} 表示 *CP* 脉冲到来后的状态，即现态。“×”表示状态不定。

表3－2　同步 *RS* 触发器真值表

时钟脉冲 *CP*	输入信号		输出状态	功能说明
	R	S	Q_{n+1}	
0	×	×	Q_n	保持
1	0	0	Q_n	保持
1	1	0	0	置0
1	0	1	1	置1
1	1	1	×	不允许

例3－2　如图3－5所示，同步 *RS* 触发器 $\overline{S}_D$ 端接电源 V_{CC}，输入信号 *CP*、*R*、*S* 波形已给定，试对应输入波形画出输出信号 *Q* 的信号波形。

解　触发器初始状态未给定，但当异步置0端 $\overline{R}_D$ 的低电平信号到来时，$Q=0$。此后，当第一个 *CP* 脉冲到来后，因为 $R=S=0$，所以触发器保持原状态不变，*Q* 仍为0。当第二个 *CP* 脉冲到来后，因为 *R* 为1，后跳变为0，但 *S* 始终为0，所以触发器继续保持0态不变。在第三个 *CP* 脉冲作用期间，$R=0$、$S=1$，于是触发器翻转为1态。可见，*Q* 状态由 *CP* 脉冲作用期间的 *R*、*S* 的状态决定。*Q* 的信号波形如图3－5下方所示。

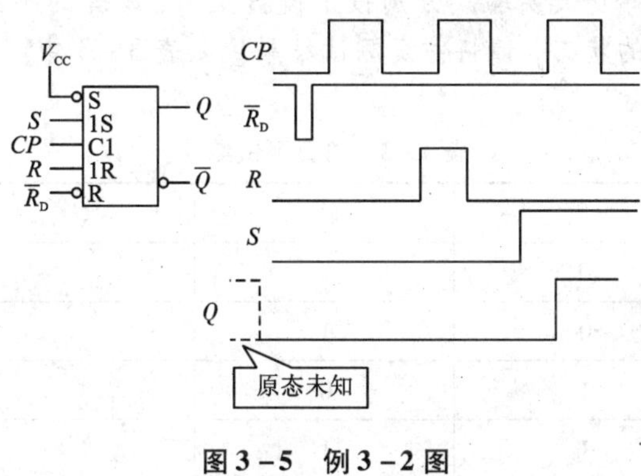

图3－5　例3－2图

3.2.2　仿真：基本 *RS* 触发器仿真实验

3.2.2.1　仿真目的

(1)通过仿真实验，熟悉基本 *RS* 触发器的逻辑功能。

(2)了解触发器的特点。

3.2.2.2　元器件选取

(1) +5V 电源和地：Place 菜单 →Component →Source→POWER_SOURCES，选取并放置电源 VCC(+5V)和地 GROUND。

(2)逻辑开关：Place Elector_Mechanical→SUPPLEMENTARY_CONTACTS，选取 SPDT_SB 开关。

(3)与非门：Place TTL→74LS，选取74LS00D。

(4)电阻：Place Basic→RESISTOR，选取1kΩ的电阻。

(5)逻辑探头：Place Indicators→PROBE_RED，选取逻辑探头。

3.2.2.3 **搭建测试电路**

按照图3-6搭建测试电路。

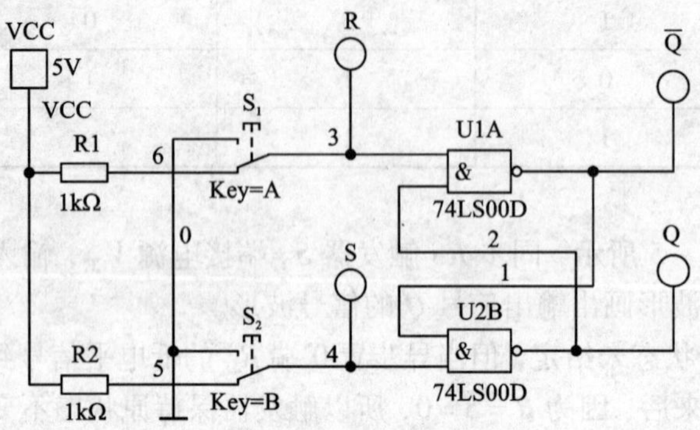

图3-6 基本*RS*触发器仿真电路

3.2.2.4 **仿真分析**

单击仿真开关，开始仿真实验。分别按下键盘上A、B键的不同组合，控制2个开关的状态，记下逻辑探头的状态，请将仿真测试结果填入表3-3中。

表3-3 仿真测试结果

R	S	Q_n	Q_{n+1}	$\overline{Q}_{n+1}$
0	0	0		
0	0	1		
0	1	0		
0	1	1		
1	0	0		
1	0	1		
1	1	0		
1	1	1		

3.2.2.5 **思考题**

(1)依据基本*RS*触发器的仿真测试，可以得到什么结论？

(2)为什么说基本*RS*触发器具有记忆功能？

3.2.3 *JK*触发器和*D*触发器

同步*RS*触发器为高电平触发，即在时钟脉冲*CP*为高电平期间，输入信号*R*、*S*起作用。因此，要求 CP 脉冲宽度不能过宽，否则，在 CP 高电平期间，若有干扰脉冲窜入，则易使触发器产生翻转，导致错误输出。我们把同一个 CP 脉冲期间触发器的状态发生多次翻转的现象，叫做空翻现象。为防止空翻现象的发生，下面介绍边沿触发器。

3.2.3.1　*JK* 触发器

1. 电路组成和逻辑符号

JK 触发器的电路组成和逻辑符号如图 3－7 所示。它由两个同步 *RS* 触发器组成，FF_1 为主触发器，FF_2 为从触发器；输出 $\overline{Q}$ 反馈至主触发器的 $\overline{S}_D$ 端，Q 反馈至主触发器的 $\overline{R}_D$ 端；主触发器输出端 Q_1、$\overline{Q}_1$ 分别接从触发器的输入端 S、R；把主触发器输入端 S 命名为 J 端，R 命名为 K 端。逻辑符号中 CP 端有小圆圈表示下降沿触发，无小圆圈为上升沿触发。

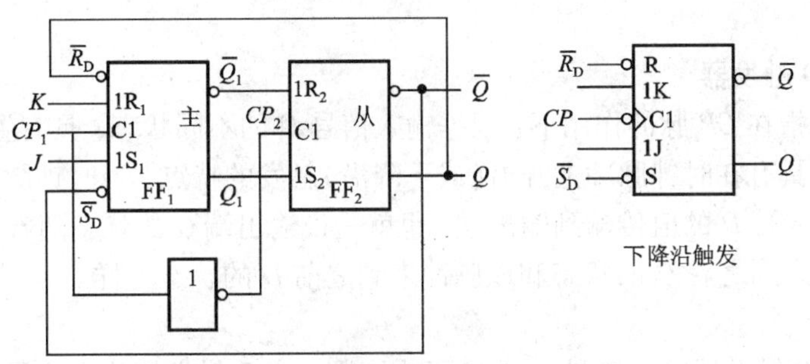

图 3－7　*JK* 触发器逻辑电路和逻辑符号

2. 逻辑功能

(1) $J=0$、$K=0$ 时，$Q_{n+1}=Q_n$

此时，主触发器被封锁，CP 脉冲到来后，触发器状态不翻转，$Q_{n+1}=Q_n$，输出保持原态不变。

(2) $J=1$、$K=0$ 时，$Q_{n+1}=1$

在时钟脉冲 CP 到来时，$J=1$、$K=0$，使主触发器处于 $Q_1=1$，$\overline{Q}_1=0$ 的状态；从触发器被封锁，输出状态不变。CP 的下降沿到来后，主触发器被封锁，保持 $Q_1=1$，$\overline{Q}_1=0$ 的状态不变；从触发器打开，接收主触发器 Q_1、$\overline{Q}_1$ 传送的信号，所以触发器状态为 1 态。

(3) $J=0$、$K=1$ 时，$Q_{n+1}=0$

在时钟脉冲 CP 到来时，$J=0$、$K=1$，使主触发器处于 $Q_1=0$，$\overline{Q}_1=1$ 的状态；从触发器被封锁，输出状态不变。CP 的下降沿到来后，主触发器被封锁，保持 $Q_1=0$，$\overline{Q}_1=1$ 的状态不变；从触发器打开，接收主触发器 Q_1、$\overline{Q}_1$ 传送的信号，从触发器被置 0，所以触发器状态为 0 态。

(4) $J=1$、$K=1$ 时，$Q_{n+1}=\overline{Q}_n$

当时钟脉冲到来时，$J=1$、$K=1$，使主触发器接收 $\overline{R}_D$、$\overline{S}_D$ 端的信号，而 $\overline{R}_D=Q$、$\overline{S}_D=\overline{Q}$，主触发器被置于与从触发器相反的状态。$CP=0$ 时，从触发器随主触发器变化。亦即当 CP 脉冲下降沿到来时，触发器状态发生翻转，即 $Q_{n+1}=\overline{Q}_n$，随着 CP 脉冲不断输入，触发器状态不断翻转，因而具有计数功能。

3. 真值表

JK 触发器的逻辑功能见表 3－4。

表 3－4 *JK* 触发器真值表

J	K	Q_{n+1}	逻辑功能
0	0	Q_n	保持
0	1	0	置 0
1	0	1	置 1
1	1	$\overline{Q}_n$	计数

3.2.3.2 *D* 触发器

D 触发器是指在 *CP* 脉冲作用下，根据输入信号 *D* 的不同状态，具有置 0、置 1 功能的电路。*D* 触发器具有在时钟脉冲上升沿（或下降沿）触发的特点，当时钟脉冲上升沿或下降沿时刻到来，输入端 *D* 的值传输到输出端，也就是说输出端 *Q* 的状态随着输入端 *D* 的值变化，即时钟脉冲来到之后 *Q* 的状态和该脉冲来到之前 *D* 的状态一样。

1. 电路符号

图 3－8 为 *D* 触发器电路符号，*CP* 端无小圆圈，该 *D* 触发器为上升沿触发。

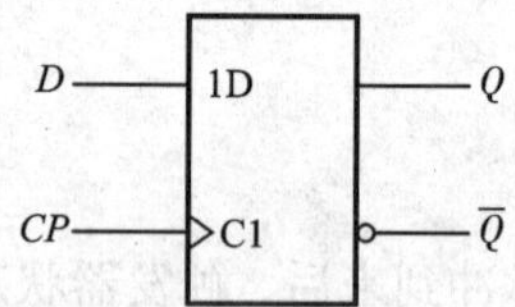

图 3－8 *D* 触发器电路符号

2. 逻辑功能

（1）$D=0$，*CP* 上升沿到来后，$Q_{n+1} = 0$，触发器置 0。

（2）$D=1$，*CP* 上升沿到来后，$Q_{n+1} = 1$，触发器置 1。

即 *D* 触发器的输出状态由输入信号 *D* 决定，$D=0$，置 0；$D=1$ 置 1。

3. 真值表

D 触发器真值表如表 3－5 所示。

表 3－5 *D* 触发器真值表

CP	Q_n	D	Q_{n+1}	逻辑功能
非上升沿	Q_n	×	Q_n	保持
	×	0	0	置 0
	×	1	1	置 1

例3－3　设D触发器初态为0，触发器的初始状态$Q=0$，输入信号CP、D的波形已给定，试对应输入波形画出输出信号Q的波形。

解　先画出Q的初始状态波形：Q为低电平。第一个CP脉冲上升沿到来时，$D=1$，触发器置1。第二个CP脉冲上升沿到来时，$D=0$，触发器置0。Q的信号波形如图3－9下方所示。

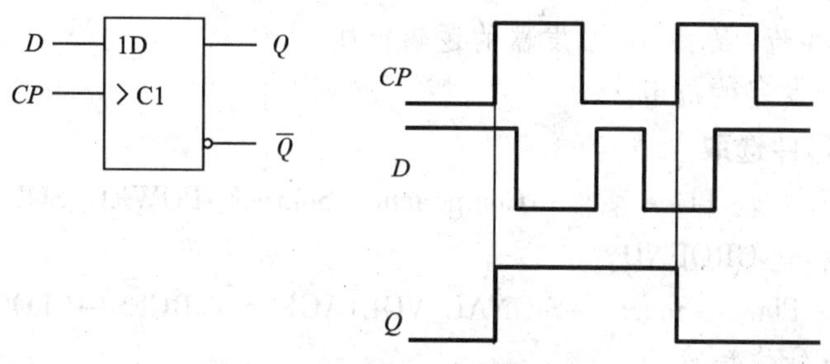

图3－9　例3－3图

4. 由D触发器构成的锁存器

锁存器是用来暂存数码的逻辑部件，其输出端的状态不会随输入端的状态变化而变化，仅在有锁存信号时输入的状态才被保存到输出，直到下一个锁存信号到来时才改变。典型的锁存器逻辑电路是D触发器电路。

下面介绍常见的8位D锁存器74LS373。74LS373的逻辑功能图如图3－10所示，它实质上是一个带三态缓冲输出的$8D$触发器。图中使能端S输入CP信号，$1D\sim 8D$为数据输入信号，$1Q\sim 8Q$为数据输出。输出控制端$\bar{E}$(管脚1)为1时，锁存器的输出呈高阻态。逻辑功能见表3－6。

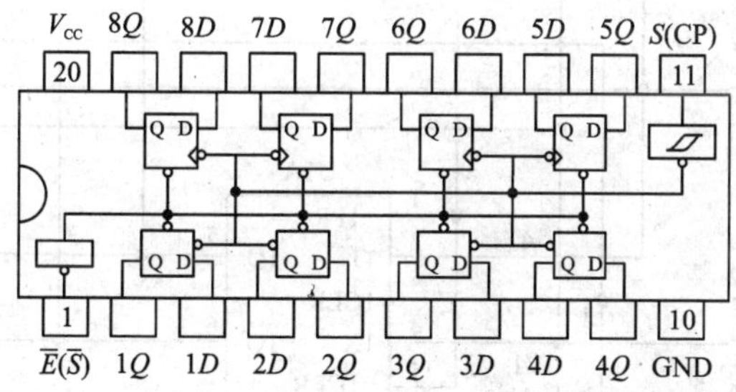

图3－10　74LS373 8D锁存器逻辑功能图

表3－6　74LS373逻辑功能

$\bar{E}$	S	D	Q_{n+1}
0	1	1	1
0	1	0	0
0	0	×	Q_n
1	×	×	高阻

由上可知，当 $\bar{E}=0$、$S=1$ 时，74LS373 输出端 $1Q\sim8Q$ 与输入端 $1D\sim8D$ 相同；当 S 为下降沿时，将输入数据锁存。

3.2.4 仿真：*JK* 触发器仿真实验

3.2.4.1 仿真目的

(1)通过仿真实验，熟悉 *JK* 触发器的逻辑功能。

(2)了解 *JK* 触发器的应用。

3.2.4.2 元器件选取

(1) +5V 电源和地：Place 菜单→Component→Source→POWER_SOURCES 选取并放置电源 VCC(+5V)和地 GROUND。

(2)时钟信号：Place→Source→SIGNAL_VOLTAGE_SOURCES→CLOCK_VOLTAGE，选取 200Hz、5V 的时钟信号源。

(3) *JK* 触发器：Place TTL→74LS，选取 74LS112D。

(4)逻辑探头：Place Indicators→PROBE，选取逻辑探头。

(5)逻辑分析仪：从虚拟仪器工具栏调取 XLA1。

(6)逻辑开关：Place Elector_Mechanical→SUPPLEMENTARY_CONTACTS，选取 SPDT_SB 开关。

3.2.4.3 搭建测试电路

按照图 3-11 搭建测试电路。

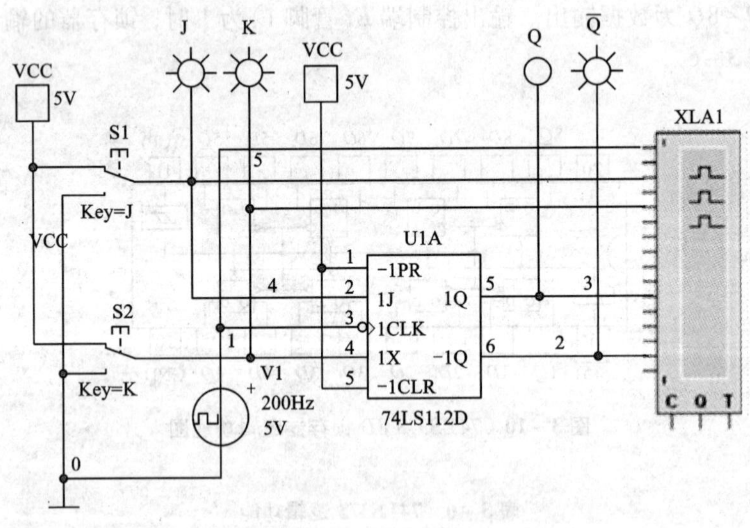

图 3-11 *JK* 触发器仿真电路

3.2.4.4 仿真分析

(1)单击仿真开关，激活电路，改变 S1、S2 两个逻辑开关的连接，观察 4 个逻辑探头的明暗变化，记录在表 3-7 中。

表 3-7　仿真测试结果

J	K	Q_n	CP	Q_{n+1}
0	0	0	↑(上升沿)	
			↓(下降沿)	
		1	↑(上升沿)	
			↓(下降沿)	
0	1	0	↑(上升沿)	
			↓(下降沿)	
		1	↑(上升沿)	
			↓(下降沿)	
1	0	0	↑(上升沿)	
			↓(下降沿)	
		1	↑(上升沿)	
			↓(下降沿)	
1	1	0	↑(上升沿)	
			↓(下降沿)	
		1	↑(上升沿)	
			↓(下降沿)	

(2)双击逻辑分析仪图标，打开逻辑分析仪的面板，设置合适的内部时钟信号，即可显示 JK 触发器的工作波形。

(3)观察并记录 JK 触发器的工作波形。

记录时钟脉冲下降沿与 Q 翻转的对应关系。

3.2.4.5　思考题

(1)当 $J=K=1$ 时，JK 触发器 Q 端输出信号与时钟脉冲信号之间存在什么关系？

(2)当 $J=K=0$ 时，JK 触发器 Q 端输出信号如何变化？

3.2.5　T 触发器和 T' 触发器

T 触发器和 T' 触发器没有实际产品，一般由其他触发器来构成。如用 JK 触发器转换为 T 触发器，如图 3-12 所示，将 JK 触发器的 J、K 端连在一起，称为 T 端。当 $T=0$ 时，时钟脉冲作用后触发器状态不变；当 $T=1$ 时，触发器具有计数逻辑功能，其真值表如表 3-8 所示。

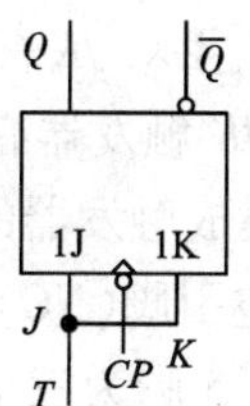

图 3-12　T 触发器

表 3－8　*T* 触发器真值表

CP	*T*	Q^n	Q^{n+1}
↓	0	0	0
↓	0	1	1
↓	1	0	1
↓	1	1	0

*T'*触发器则是将 *T* 触发器的输入端接高电平($T=1$)，每次 *CP* 作用后，触发器的输出状态变为与初态相反的状态。把这样的触发器称为 *T'*触发器，它的逻辑功能就是每来一个时钟脉冲，触发器翻转一次。

3.2.6　集成触发器

集成触发器和其他数字集成电路相同，可以分为 TTL 和 CMOS 电路两大类。通过查阅有关数字集成电路手册，可以得到各种类型的集成触发器的详细资料。对于普通使用者而言，必须熟悉常用的集成触发器型号、外引线排列图和各引出端的功能。

3.2.6.1　集成触发器引出端的功能、符号的意义说明

(1)字母符号上方加横线，表示加入低电平信号有效；不加横线，则表示高电平信号有效。

(2)两个触发器以上的多触发器集成器件，在它的输入、输出符号前，加同一数字，如 $1S_D$、$1R_D$、1*CP*、1*J*、1*K*、1*Q* 等，都属于同一触发器的引出端。

(3)GND 表示接地端，*NC* 为空脚，$\overline{CR}$(或 *CR*)表示总清零(即置零)端。

(4)TTL 电路的电源 V_{CC}一般为 +5 V，CMOS 电路的电源 V_{DD}通常在 +3 ~ +18 V 之间，V_{SS}接电源负极(通常电源负极接地)。

3.2.6.2　集成 *JK* 触发器

1. 集成主从 *JK* 触发器介绍

主从 *JK* 触发器有多种产品，以 TTL 数字集成电路 74 系列中 7472(74L72、74H72)为例，说明集成触发器的应用。主从 *JK* 触发器 7472 集成电路引脚功能如图 3－13 所示。图中 1 脚为空引脚(NC)；2 脚 $\overline{R}_D$ 为异步置 0 端，即当 $\overline{R}_D=0$ 时，直接将触发器输出 $Q=0$，$\overline{Q}=1$；3、4、5 脚为三个 *J* 信号输入端，三者是“与”关系；6 脚为 $\overline{Q}$ 输出端；7 脚为地端(接电源负极)；8 脚为 *Q* 输出端；9、10、11 脚为三个 *K* 信号输入端，也是“与”关系；12 脚为 *CP* 脉冲输入端，13 脚为 $\overline{S}_D$ 异步置 1 端，即当 $\overline{S}_D=0$ 时，直接将触发器输出 $Q=1$，$\overline{Q}=0$；14 脚为电源正极(V_{CC})接入端。

使用时，若 $\overline{R}_D$、$\overline{S}_D$ 不用，应接高电平(一般接电源正极)，三个 *J* 端和三个 *K* 端因为是

“与”关系，若不全用时，可并接或不用端接高电平，将其他引脚与外电路相连接，就可完成 JK 触发器的功能。

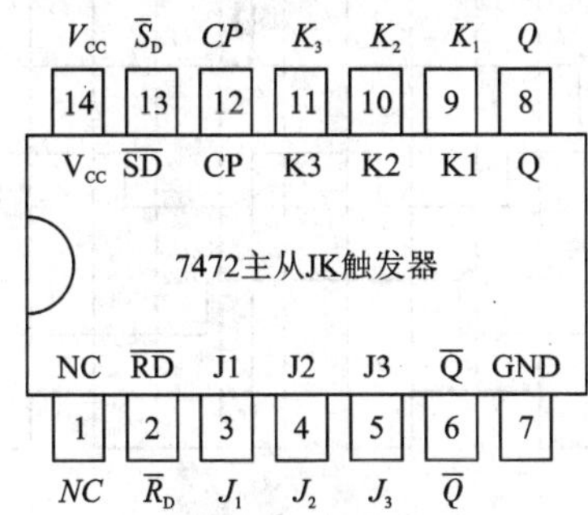

图 3－13　7472 主从 *JK* 触发器集成电路引脚功能图

2. 边沿 *JK* 触发器

由于主从 JK 触发器存在一次翻转问题，从电路上加以改进，制作成性能完善的边沿触发器，提高了触发器的可靠性，增强了抗干扰能力。所谓边沿触发器，就是触发器的次态仅由 CP 脉冲的上升沿（或下降沿）到达时刻的输入信号决定。而在此之前或之后输入状态的变化对触发器的次态无任何影响。

这里不再介绍边沿触发器的组成电路，以集成边沿 JK 触发器为例，介绍边沿 JK 触发器的工作原理和应用。集成边沿 JK 触发器也有多种产品，如 74 系列的 74112、74113 等。74112 的引脚功能如图 3－12 所示。

图 3－14　双 *JK* 触发器 74112 引脚功能图

在 74112 中集成了两个边沿 JK 触发器，1 开头的标号端是第一个 JK 触发器的相关引脚，2 开头的标号端是第二块 JK 触发器的相关引脚。74112 是下降沿触发的边沿触发器，也就是 CP 的下降沿时刻的 J、K 决定触发器的输出状态的变化。

以 74112 为例的边沿 JK 触发器的工作时序如图 3－15 所示。设初始状态 $Q=0$。从图中可以看出 CP 下降沿时刻的 J 和 K 值决定触发器的次态，由特性方程或状态转换表可计算出次态的值；

当异步复位端 $\overline{R}_D=0$ 时，$Q=0$；当异步置 1 端 $\overline{S}_D=0$ 时，$Q=1$。

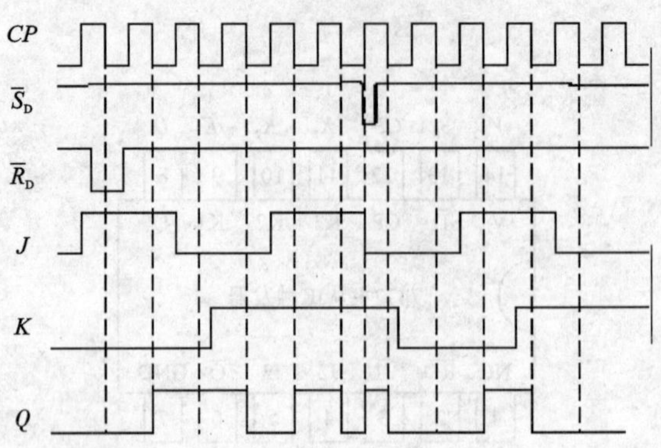

图 3-15 边沿 *JK* 触发器的工作时序举例

3.2.6.2 **集成 *D* 触发器**

集成 D 触发器有 TTL 电路和 CMOS 电路。TTL 电路如 74LS74，引脚排列如图 3-16 所示。74LS74 是一块双上升沿 D 触发器，图中 1、2 打头的引脚分别为第一块和第二块 D 触发器的引脚，D 端为输入端，Q 端为输出端，$\bar{Q}$ 端为反相输出端。$\bar{S}_D$ 是异步置"1"端（$\bar{S}_D=0$，置 $Q=1$），$\bar{R}_D$ 为置"0"端（$\bar{R}_D=0$，置 $Q=0$），平时 $\bar{S}_D$、$\bar{R}_D$ 不用时应置为高电平。

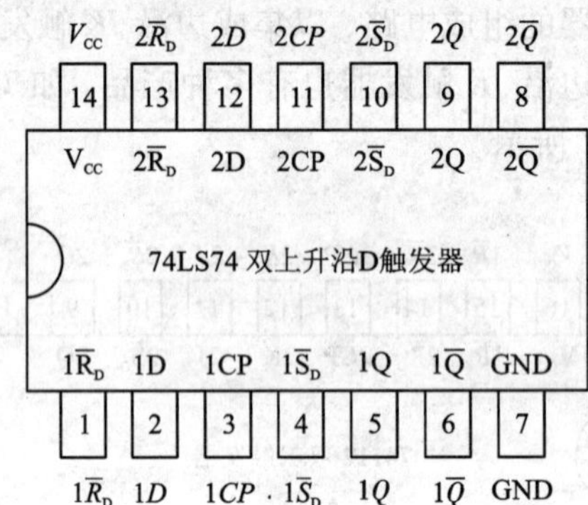

图 3-16 74LS74 双上升沿 *D* 触发器

3.2.7 仿真：集成 *D* 触发器仿真实验

3.2.7.1 **仿真目的**

(1) 通过仿真实验，熟悉集成 D 触发器的逻辑功能。

(2) 了解时钟脉冲的作用。

3.2.7.2 **元器件选取**

(1) +5V 电源和地：Place 菜单 →Component →Source→POWER_SOURCES 选取并放置电源 VCC(+5V) 和地 GROUND。

(2) 时钟信号：Place Source→SIGNAL_VOLTAGE_SOURCES→CLOCK_ VOLTAGE，选取 200Hz、5V 的时钟信号源。

(3)集成双 D 触发器：Place TTL→74LS，选取 74LS74D。

(4)逻辑探头：Place Indicators→PROBE_RED，选取逻辑探头。

(5)逻辑分析仪：从虚拟仪器工具栏调取 XLA1。

3.2.7.3 **搭建测试电路**

按照图 3-17 搭建测试电路。

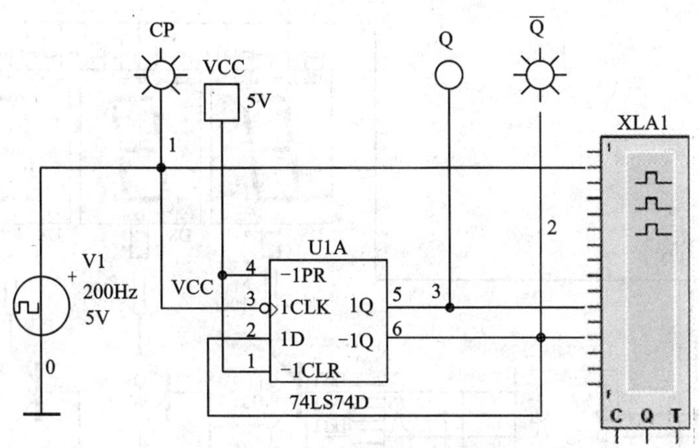

图 3-17 集成 *D* 触发器仿真电路

3.2.7.4 **仿真分析**

(1)单击仿真开关，激活电路，观察 3 个逻辑探头的明暗变化，验证 D 触发器的逻辑功能。

(2)双击逻辑分析仪图标，打开逻辑分析仪的面板，设置合适的内部时钟信号，即可显示 D 触发器的工作波形。

(3)观察 D 触发器的工作波形，记录时钟脉冲上升沿与 Q 和翻转的对应关系。

3.2.7.5 **思考题**

(1)D 触发器 Q 端输出信号与时钟脉冲信号之间存在什么关系？

(2)D 触发器 Q 端输出信号与 D 端存在什么关系？

3.3 任务实现

3.3.1 认识电路组成

简易抢答器由抢答控制电路、数据锁存器、输出显示器三部分组成，其组成方框图如图 3-18 所示。

电路原理图如图 3-19 所示，S_1、S_2、S_3、S_4、R_1、R_2、R_3、R_4、R_5、K_1 组成抢答控制电路，S_1、S_2、S_3、S_4、R_2、R_3、R_4、R_5 组成抢答电路，R_1、K_1 组成抢答器复位电路；U_1(74HC373)、U_2(74LS20)组成数据锁存电路；三极管 Q_1 ~ Q_4、数码管 DS_1 ~ DS_4 构成数码管显示电路。

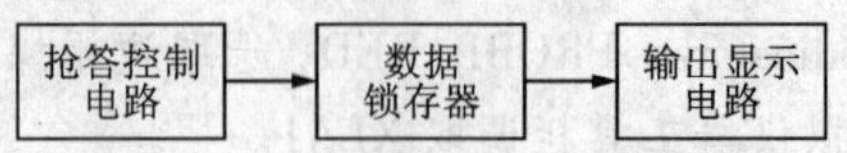

图 3-18 简易抢答器组成方框图

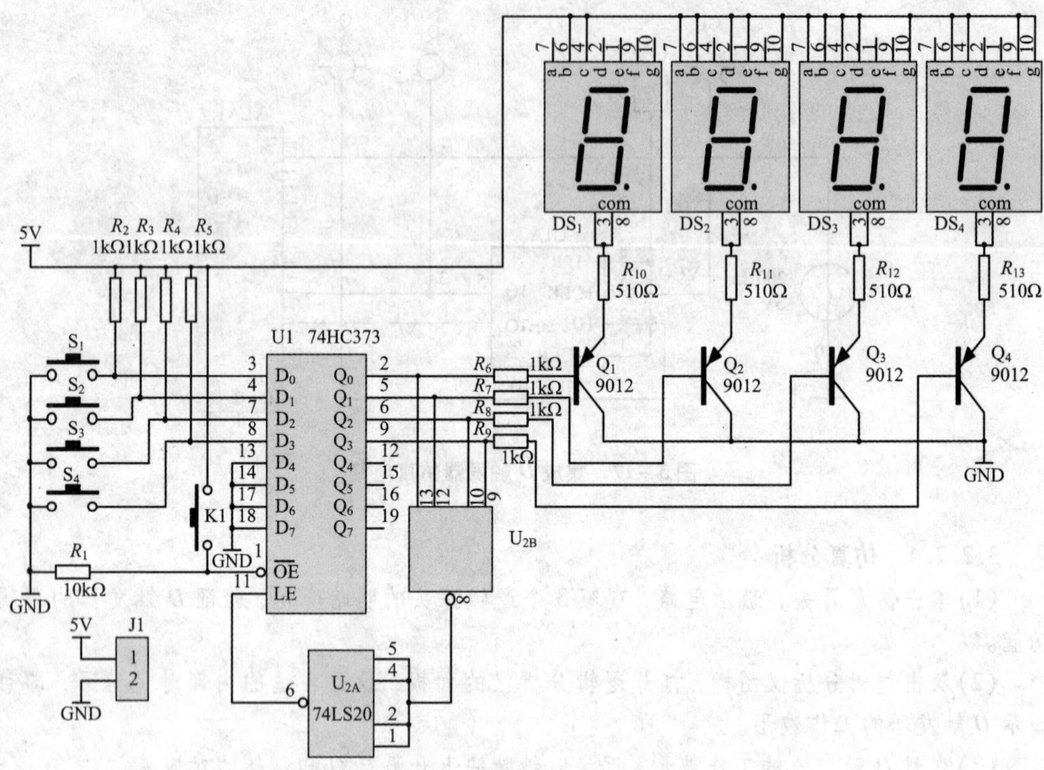

图 3-19 简易抢答器电路原理图

3.3.2 认识工作过程

四个数码管的连接情况：DS_1的 b、c 接高电平，只要公共阴极 3、8 脚为低电平，将显示数字“1”；DS_2的 a、b、d、e、g 接高电平，只要公共阴极 3、8 脚为低电平，将显示数字“2”；DS_3的 a、b、c、d、g 接高电平，只要公共阴极 3、8 脚为低电平，将显示数字“3”；DS_4的 b、c、f、g 接高电平，只要公共阴极 3、8 脚为低电平，将显示数字“4”。

抢答前电路状态：通电后在主持人按下 K_1(复位)按键，选手未按任何按键时，U_1的 1 脚输入为高电平，U_1所有的输出端为高阻态，导致 Q_1 ~ Q_4全部截止，数码管全部熄灭。由于 U_1所有的输出端为高阻态，U_{2B}的 9、10、12、13 脚为高电平，U_{2B}的输出为低电平；U_{2A}的 1、2、4、5 脚为低电平，U_{2A}的输出为高电平；U_1的 11 脚为高电平，主持人放开按键瞬间至选手未按任何按键，U_1的 3、4、7、8 脚输入为高电平，U_1的所有输出为高电平，Q_1 ~ Q_4仍然截止，数码管依旧全部熄灭。做好抢答前的准备。

抢答时电路状态：按下 S_1 ~ S_4 中的任一按键时，U_1 相应的脚为低电平，假设按下 S_1，U_1 第3脚为低电平，4、7、8脚为高电平，U_1 输出端2脚为低电平，5、6、9脚为高电平，Q_1 饱和导通，Q_2、Q_3、Q_4 截止，DS_1 显示数字"1"，DS_2、DS_3、DS_4 熄灭。另一方面 U_1 第3脚为低电平，4、7、8脚为高电平，经 U_{2B} 输出为高电平，U_{2A} 的第6脚输出为低电平至 U_1 第11脚（锁存允许端LE），使得 U_1 所有的输出端数据保持不变，即再按下其他抢答键无效。只有主持人再次按下 K_1 后才有机会再次抢答。

3.3.3　元器件的选用与检测

1. 元器件的选用

R_1 选用1/4W 插件碳膜电阻器；R_2 ~ R_{13} 选用0805贴片电阻；Q_1 ~ Q_4 选用9012三极管；K_1、S_1 ~ S_4 选用四角按键开关；DS_1 ~ DS_4 选用共阴极数码管；U_1 选用74HC373、U_2 选用74LS20贴片式集成电路。元器件清单见表3-9。

表3-9　简易抢答器元器件清单

序号	元件型号	参数	标号	数量	质量检测
1	电阻器	10 kΩ	R_1	1	实测：
2		1 kΩ	R_2 ~ R_9	8	实测：
3		510 Ω	R_{10} ~ R_{13}	4	实测：
4	三极管	9012	Q_1 ~ Q_4	4	引脚图：　　实测结果：
5	按键开关	6*6*5	K_1	1	引脚图：　　实测结果：
6		6*6*5	S_1 ~ S_4	4	
7	集成电路	74HC373	U_1	1	引脚图：
8		74LS20	U_2	1	引脚图：
9	数码管	SMA4205	DS_1 ~ DS_4	4	引脚图：　　实测结果：

2. 元器件的检测

按键开关测量：选择万用表二极管挡，两表笔接开关引脚，是否显示为1，按下按键是否鸣叫。也可用电阻挡检测。将测量情况填入表3-9。

其余元器件按照前面项目方法测量。将测量情况填入表3-9。

3.3.4　电路安装

1. 识读电路板

根据电路板实物，参考电路原理图清理电路，查看电路板是否有短路或开路的地方，熟悉各器件在电路板中的位置。简易抢答器的电路板如图3-20所示。

2. 安装原则

先小件后大件的顺序安装，即按贴片电阻、贴片集成电路、插件电阻、三极管、按键开关、数码管的顺序安装焊接。

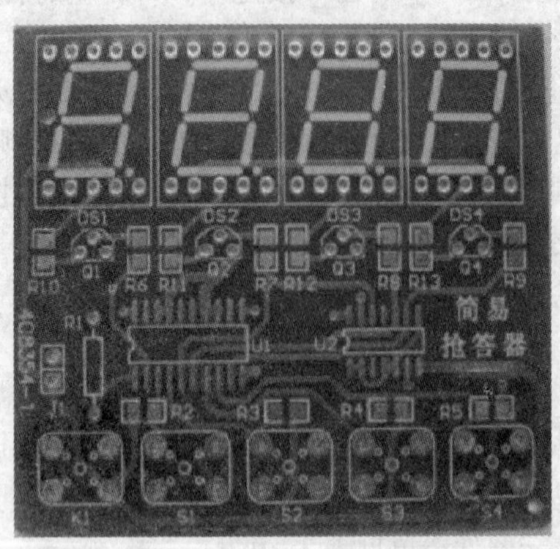

图 3-20　简易抢答器电路板图

3. 元器件安装

插件元器件参照项目 1 安装方法进行，贴片元器件参照项目 2 安装方法进行。

3.3.5　电路调试与检测

1. 电路调试

(1)安装结束，检查焊点质量(重点检查是否有错焊、漏焊、虚假焊、短路)，检查器件安装是否正确(重点检查三极管、数码管和集成电路)，方可通电。

(2)通电观察电路是否有异常现象(声响、冒烟)，如有应立即停止通电，找明原因。

(3)在无抢答按键按下时，按下 K_1 复位开关，各数码管均不发亮。

(4)复位后按下 S_1，DS_1 应显示数字"1"，复位后按下 S_2，DS_2 应显示数字"2"，复位后按下 S_3，DS_3 应显示数字"3"，复位后按下 S_4，DS_4 应显示数字"4"。

2. 电路检测

(1)用万用表测量无抢答键按下时按下 K_1 键后，下列各点电压值，完成表 3-10。

表 3-10　数据记录表一

	U_1									U_2		Q_1		Q_2		Q_3		Q_4	
	1	2	3	4	5	6	7	8	9	6	8	B	E	B	E	B	E	B	E
电压																			
逻辑																			

(2)用万用表测量按下 K_1 键后，再按下 S_1 键时，下列各点电压值，完成表 3-11。

表3-11　数据记录表二

	U_1									U_2		Q_1		Q_2		Q_3		Q_4	
	1	2	3	4	5	6	7	8	9	6	8	B	E	B	E	B	E	B	E
电压																			
逻辑																			

(3)用万用表测量按下 K_1 键后，再按下 S_2 键时，下列各点电压值，完成表3-12。

表3-12　数据记录表三

	U_1									U_2		Q_1		Q_2		Q_3		Q_4	
	1	2	3	4	5	6	7	8	9	6	8	B	E	B	E	B	E	B	E
电压																			
逻辑																			

(4)用万用表测量按下 K_1 键后，再按下 S_3 键时，下列各点电压值，完成表3-13。

表3-13　数据记录表四

	U_1									U_2		Q_1		Q_2		Q_3		Q_4	
	1	2	3	4	5	6	7	8	9	6	8	B	E	B	E	B	E	B	E
电压																			
逻辑																			

(5)用万用表测量按下 K_1 键后，再按下 S_4 键时，下列各点电压值，完成表3-14。

表3-14　数据记录表五

	U_1									U_2		Q_1		Q_2		Q_3		Q_4	
	1	2	3	4	5	6	7	8	9	6	8	B	E	B	E	B	E	B	E
电压																			
逻辑																			

3.4　考核评价

简易抢答器的制作评价标准见表3-15。

表 1-15 简易抢答器的制作评价标准

<table>
<tr><th>考核项目</th><th>评分点</th><th>分值</th><th>评分标准</th><th>得分</th></tr>
<tr><td rowspan="6">简易抢答器的制作</td><td>电路识图</td><td>5</td><td>能正确理解电路的工作原理，否则，视情况扣 1～5 分</td><td></td></tr>
<tr><td>电路板制作</td><td>30</td><td>按电路原理图制作出电路板，要求设计合理，美观，每错一处扣 1 分，扣完为止</td><td></td></tr>
<tr><td>元件质量判定</td><td>15</td><td>正确识别元件，每错一处扣 1 分，扣完为止</td><td></td></tr>
<tr><td>电路焊接</td><td>20</td><td>元器件引脚成型符合要求，元器件装配到位；装配高度、装配形式符合要求；外壳及紧固件装配到位，不松动，不压线。不符合要求每处扣 1 分</td><td></td></tr>
<tr><td>电路调试</td><td>15</td><td>正确使用仪器仪表；写出数据测试和分析报告。不能正确使用仪器仪表测量每次扣 3 分，数据测试错误每次扣 2 分，分析报告不完整或错误视情况扣 1～5 分，扣完为止</td><td></td></tr>
<tr><td>电路检修</td><td>15</td><td>通电工作正常，如有故障、进行排除，不能排除</td><td></td></tr>
<tr><td colspan="2">小计</td><td>100</td><td>视情况扣 1～15 分</td><td></td></tr>
<tr><td rowspan="5">职业素养与操作考核</td><td>学习态度</td><td>20</td><td>不参与团队讨论；不完成团队布置的任务；抄袭作业或作品；发现一次扣 2 分，扣完为止</td><td></td></tr>
<tr><td>学习纪律</td><td>20</td><td>每缺课 1 次扣 5 分；每迟到 1 次扣 2 分；上课玩手机、玩游戏、睡觉，发现一次扣 2 分，扣完为止</td><td></td></tr>
<tr><td>团队精神</td><td>20</td><td>不服从团队的安排；与团队成员间发生与学习无关的争吵；发现团队成员做得不好或不到位或不会的地方不指出、不帮助；团队或团队成员弄虚作假，每发现一次，此项计 0 分；其他项，每发现一次扣 2.5 分。扣完为止</td><td></td></tr>
<tr><td>操作规范</td><td>20</td><td>操作过程不符合安全操作规程；仪器设备的使用不符合相关操作规程；工具摆放不规范；物料、器件摆放不规范；工作台位台面不清洁、不按规定要求摆放物品；任务完成后不整理、清理工作台；任务完成后不按要求清扫场地内卫生；发现一项扣 2 分，扣完为止。如出现触电、火灾、人身伤害、设备损坏等安全事故，此项记 0 分</td><td></td></tr>
<tr><td>行为举止</td><td>20</td><td>着装不符合规定要求；随地乱吐、乱涂、乱扔垃圾（食品袋、废纸、纸巾、饮料瓶）等；在非吸烟区吸烟；语言不文明，讲坏话；每项扣 1～5 分，扣完为止</td><td></td></tr>
<tr><td colspan="2">小计</td><td>100</td><td></td><td></td></tr>
</table>

说明：①本项目的项目考核、职业素养及操作规范考核按 10% 比例折算计入总分；

②理论考核根据全学期训练项目对应的理论知识在期末进行考核，本项目占理论试卷的 20%，理论成绩按 10% 折算计入总分。

3.5 拓展提高

课题 1 在图 3-19 简易抢答器电路原理图中，若数码管改用共阳极数码管，要实现正常显示，三极管电路应如何变化？请画出采用共阳极数码管显示的简易抢答器电路原理图。

课题2　根据提供的简易密码锁电路原理图（如图3－21所示）和电子元件，绘制电路板图，进行电子元件器质量判别并对电路进行组装、调试和检修。

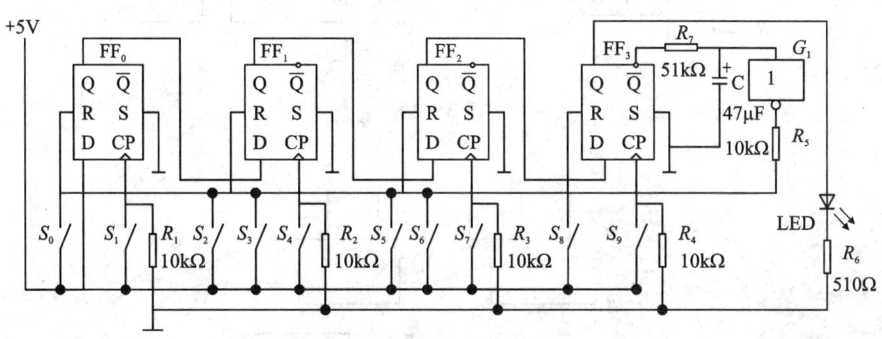

图3－21　简易密码锁

习题三

3－1　填空题

(1)触发器具有____个稳定状态，在输入信号消失后，它能保持________。

(2)在基本 RS 触发器中，输入端 $\overline{R}$ 能使触发器处于______状态，输入端 $\overline{S}$ 能使触发器处于______状态。

(3)同步 RS 触发器状态的改变是与__________信号同步的。在 CP 有效期间，若同步触发器的输入信号发生多次变化时，其输出状态也会相应产生多次变化，这种现象称为___________。

(4)在 CP 脉冲和输入信号作用下，JK 触发器能够具有______、______、______和______的逻辑功能。在 CP 脉冲有效期间，若 $J=K=0$ 时，触发器状态______；若 $J=\overline{K}$ 时，触发器______或______；若 $J=K=1$ 时，触发器状态______。

(5)在 CP 脉冲有效期间，D 触发器的输出状态由__________决定。

(6)同步触发器属______触发的触发器；主从触发器属______触发的触发器。

(7)集成触发器引出端字母符号上方加横线，表示加入________有效；不加横线，则表示高电平信号有效；GND 表示______端，NC 为____，$\overline{CR}$（或 CR）表示__________端。

(8)两个触发器以上的多触发器集成芯片，在它的输入、输出符号前，加同一数字，如 $1S_D$、$1R_D$、$1CP$、$1J$、$1K$、$1Q$ 等，都属于__________的引出端。

3－2　画出如图3－22所示由或非门组成的基本 RS 触发器的输出端 Q、$\overline{Q}$ 的波形，输入端 S_D、R_D 的波形如图中所示。（设初始状态 $Q=0$）

3－3　同步 RS 触发器与基本 RS 触发器比较起来有何特点？CP、R、S 的波形见图3－23，请对应画出 Q 的波形（设初始状态 $Q=0$）。

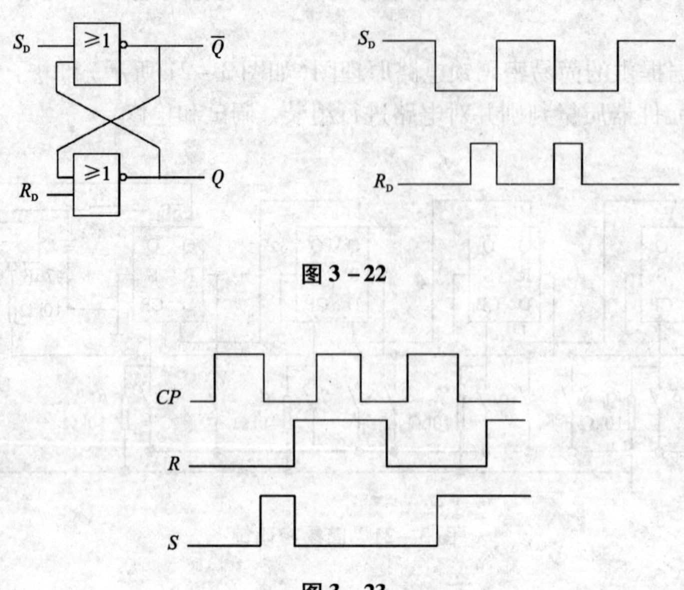

图 3-22

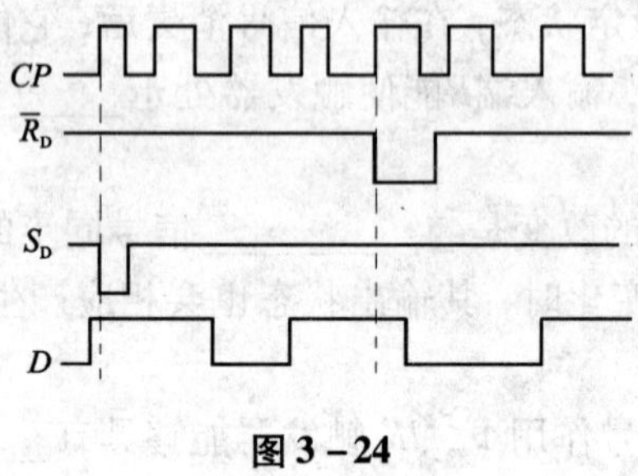

图 3-23

3-4 如图 3-24 所示的是上升沿翻转的带清零端$\overline{R}_D$ 和预置数端$\overline{S}_D$ 的 D 触发器的输入波形，画出相应输出 Q 的波形（设初始态 Q 为 0）。

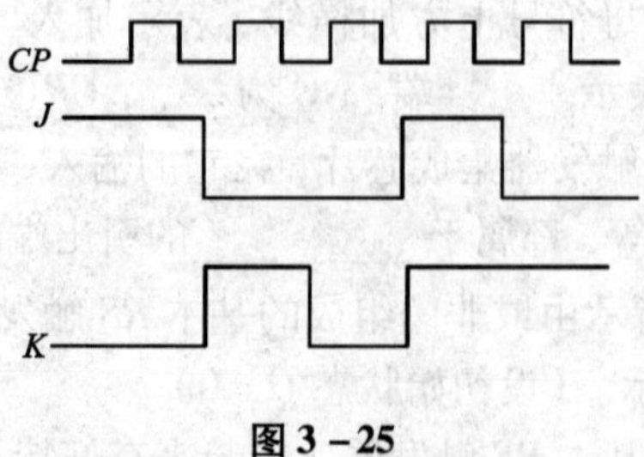

图 3-24

3-5 如图 3-25 所示为对应下降沿翻转的 JK 触发器 J、K、CP 的波形，试画出 Q、$\overline{Q}$ 端对应的波形（设初始态 Q 为 0）。

图 3-25

项目4　声控式防盗报警器的制作

4.1　项目描述

本项目介绍的声控式防盗报警器，是利用声音(脚步声和物体的振动声、撞击声等)作为触发信号的报警器，可用于库房、蔬菜、果园等场所的防盗报警。通过本项目的学习与实践，可以让读者获得如下知识和技能：

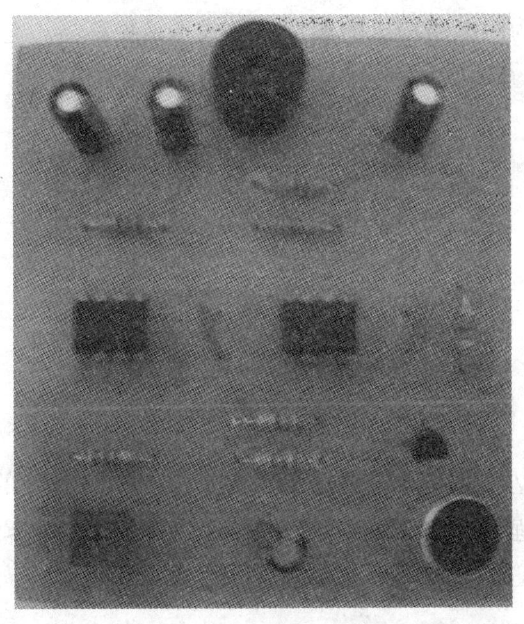

图4-1　声控式防盗报警器

1. 了解脉冲产生和整形电路的电路结构、工作原理、特点。

2. 能根据资料查阅了解集成单稳态触发器、施密特触发器的外引线排列、引脚功能和逻辑功能，并能正确选用。

3. 掌握555电路各引脚功能及其典型应用。

4. 会使用555电路组成脉冲产生和整形电路。

5. 学会利用仿真软件Multisim 10观测脉冲产生和整形电路的工作波形。

6. 会制作、调试声控式防盗报警器。

4.2 知识准备

要完成以上要求的声控式防盗报警器的制作，需要具备以下一些相关的知识和技能，下面进行阐述。

脉冲波形是数字电路或系统中最常用的信号。脉冲波形的获取，通常采用两种方法：一种是利用脉冲信号产生器直接产生；另一种是对已有的信号进行变换，使之成为能够满足电路或系统要求的标准的脉冲信号。

4.2.1 多谐振荡器

多谐振荡器可以产生连续的、周期性的脉冲波形。它是一种自激振荡电路。多谐振荡器有两个暂稳态，没有稳态，工作过程中在两个暂稳态之间按照一定的周期周而复始地依次翻转，从而产生连续的、周期性的脉冲波形。

4.2.1.1 门电路构成多谐振荡器

1. 电路组成

图4－2所示电路为门电路构成的典型对称式多谐振荡器。它由两个反相器(TTL或CMOS)和外接电阻、电容组成。一般有 $R_1=R_2=R$，$C_1=C_2=C$。

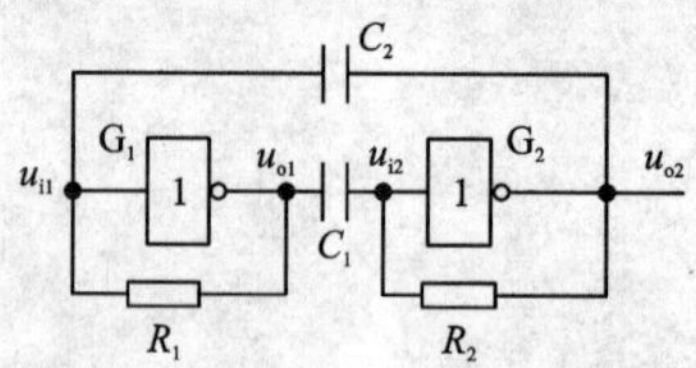

图4－2 对称式多谐振荡器

2. 工作原理

接通电源后，由于左右两部分电路总是存在差异，假设门 G_2 的输出 u_{o2} 高一些，通过 C_2 的耦合使 u_{i1} 信号增强，经过 G_1 的作用，将使 u_{o1} 下降。由于电容两端电压不能突变，u_{o1} 的下降就会通过 C_1 传递给 G_2，使 u_{i2} 也下降，再经 G_2 的作用，使 u_{o2} 得到进一步升高。这是一个正反馈过程：

$$u_{i1}\uparrow \rightarrow u_{o1}\downarrow \rightarrow u_{i2}\downarrow \rightarrow u_{o2}\uparrow$$

从而迅速使得 u_{o1} 跳变为低电平，u_{o2} 跳变为高电平，电路进入第一个暂稳态。与此同时，u_{o2} 经 R_2 给 C_1 充电，C_2 则经 R_1 放电。

这个暂稳态也不会维持多久。随着 C_1 的充电，u_{i2} 逐渐上升，当 u_{i2} 升高到 G_2 的阈值电压 V_{TH} 时，u_{o2} 开始下降，并引起另一个正反馈过程：

$$u_{i2}\uparrow \rightarrow u_{o2}\downarrow \rightarrow u_{i1}\downarrow \rightarrow u_{o1}\uparrow$$

使得 u_{o2} 迅速跳变为低电平，u_{o1} 跳变为高电平，电路转入第二个暂稳态。同时，C_1 经 R_2 放电，C_2 经 R_1 充电。

第二个暂稳态同样不会维持多久。随着 C_2 的充电，u_{i1}逐渐上升，当 u_{i1}升高到 G_1 的阈值电压 V_{TH}时，电路又会迅速返回到第一个暂稳态。由此电路不停地在两个暂稳态之间振荡，输出矩形脉冲电压波形，如图 4－3 所示。

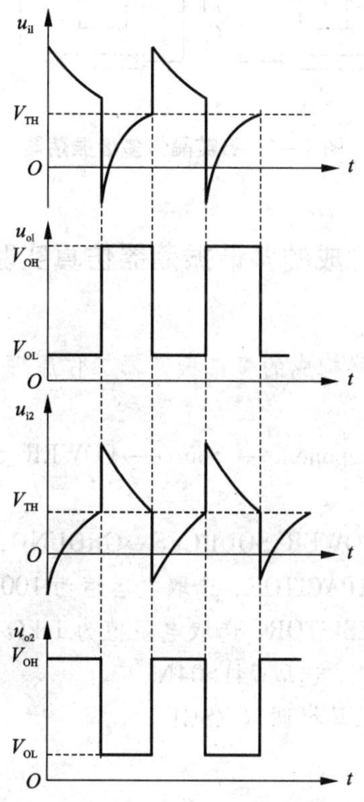

图 4－3　振荡电路中各点电压波形

3. 振荡周期 T 的估算

周期可由下式估算

$$T \approx 1.4RC$$

其中，$R_1 = R_2 = R$，$C_1 = C_2 = C$

从上式可以看出，通过改变 R 和 C 的取值，可以改变振荡周期。

4.2.1.2　*石英晶体多谐振荡器*

上面所介绍用 RC 构成的多谐振荡器，由于半导体元件参数、阻容元件参数受温度的影响，同时门电路的转换电平也会受温度和电源波动等因素的影响，所以振荡频率稳定性较差。为了获得频率稳定度更高的脉冲信号，必须采取稳频措施，常采用在反馈回路中串入石英晶体，构成石英晶体多谐振荡器，电路如图 4－4 所示。

图 4－4 电路结构与图 4－2 相似，石英晶体跨接在 G_2 的输出端与 G_1 的输入端之间，对于频率为 f_s的信号分量来说，晶体呈串联谐振状态，其等效阻抗很小且为纯阻性，因而形成正反馈，电路振荡频率完全取决于石英晶体固有的串联谐振频率 f_s。

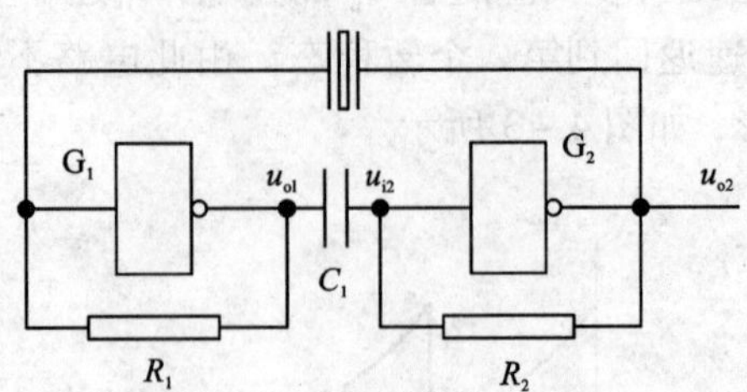

图 4 - 4　石英晶体多谐振荡器

4.2.2　仿真：门电路构成的多谐振荡器仿真实验

4.2.2.1　仿真实验目的

通过仿真实验，熟悉门电路构成的多谐振荡器工作原理。

4.2.2.2　元器件选取

(1)电源：Place 菜单→Component → Source→POWER_SOURCES→DC_POWER，选取电源并设置电压为 5V。

(2)接地：Place Source→POWER_SOURCES→GROUND，选取电路中的接地。

(3)电容：Place Basic→CAPACITOR，选取电容值为 100 nF 的电容。

(4)电阻：Place Basic→RESISTOR，选取电阻值为 1 kΩ 的电阻。

(5)非门：Place TTL→74LS，选取 74LS04N。

(6)示波器：从虚拟仪器工具栏调取 XSC1。

4.2.2.3　搭建仿真电路

按照图 4 - 5 搭建仿真电路。

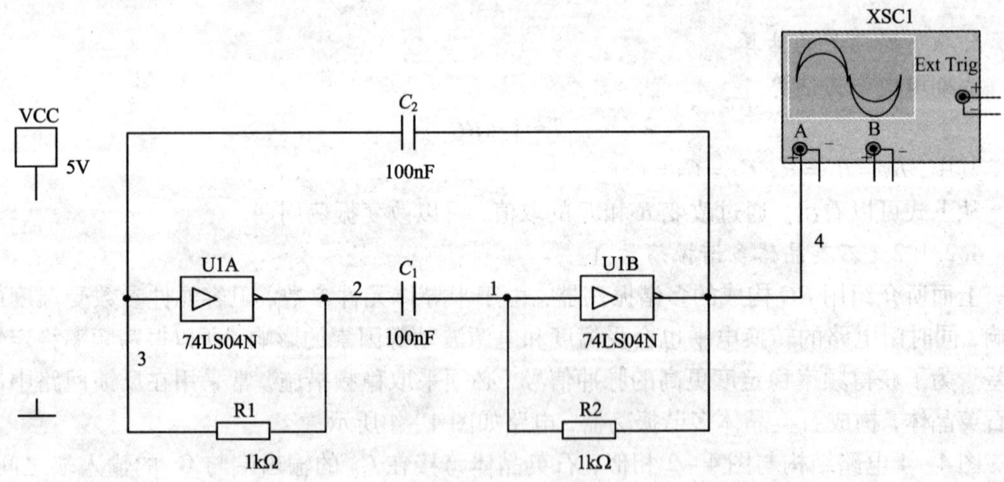

图 4 - 5　门电路构成的多谐振荡器仿真电路

4.2.2.4 仿真分析

(1)单击仿真开关，激活电路，双击示波器图标，打开示波器面板，即可观测图4－6所示的门电路构成的多谐振荡器的工作波形。

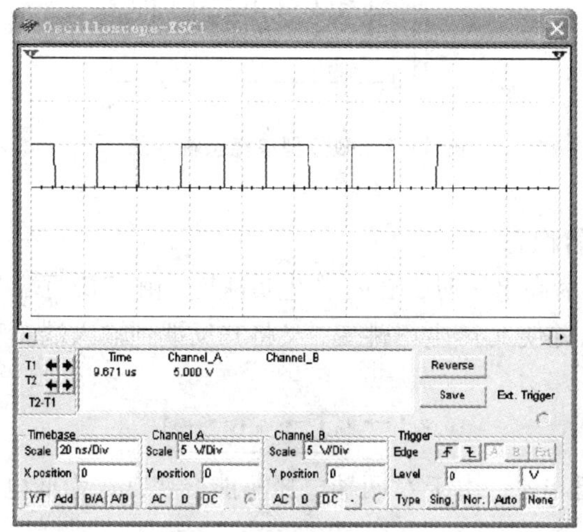

图4－6 门电路构成的多谐振荡器工作波形

(2)利用示波器提供的游标测量线，测量示波器显示的输出波形周期 T。

4.2.2.5 思考题

(1)利用公式 $T\approx1.4RC$，计算输出波形的周期 T。

(2)将测量的输出波形周期 T 与用公式计算的输出波形周期 T 进行比较，情况怎样？

4.2.3 单稳态触发器

单稳态触发器的特点：

(1)电路只有一个稳态，而另有一个状态是暂稳态。

(2)在外界触发脉冲作用下，电路能从稳态翻转到暂稳态，在暂稳态维持一段时间以后，又自动返回到稳态；

(3)暂稳态维持时间的长短取决于电路本身的参数，与触发脉冲的宽度和幅度无关。

单稳态触发器在数字电路中常用于脉冲整形、定时和延时电路。

4.2.3.1 微分型单稳态触发器

1. 电路组成

图4－7是用CMOS门电路和 RC 微分延时电路组成的单稳态触发器，称为微分型单稳态触发器。u_i 为输入触发脉冲，高电平触发。

2. 工作原理

(1)稳定状态

无触发信号输入($u_i=0$)时，输入端为低电平，电源 V_{CC} 通过 R 为 G_2 输入端加上高电平，因此，u_o 为低电平，并加到 G_1 的另一输入端，使 u_{o1} 输出为高电平。电容 C 两端电压接近0，这是电路的稳态。在触发信号到来之前，电路一直保持这一稳态。

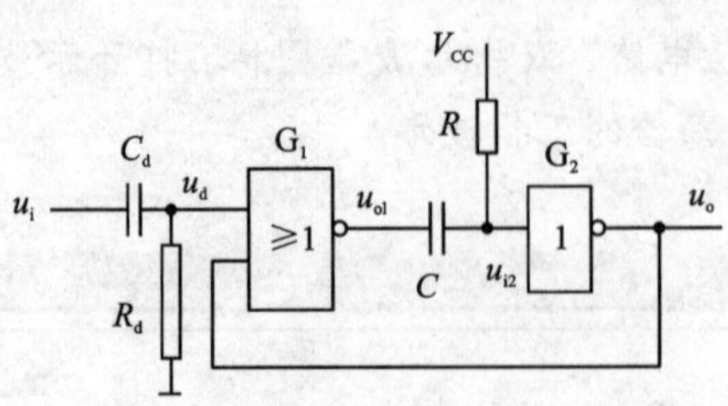

图 4－7　微分型单稳态触发器

(2)触发电路进入暂稳态

当外加触发信号 u_i 为高电平时，使 u_{o1} 产生负跳变，由于 C 两端电压不能突变，使 G_2 输入电压 u_{i2} 产生负跳变，并使 u_o 产生正跳变，又将其反馈到输入端。于是，电路产生如下正反馈过程。

$$u_d\uparrow \rightarrow u_{o1}\downarrow \rightarrow u_{i2}\downarrow \rightarrow u_o\uparrow$$

结果迅速使 u_{o1} 为低电平，由于 C 两端电压不能突变，u_{i2} 为低电平，使 u_o 输出高电平，电路进入暂稳态。

(3)自动翻转

当 u_{o1} 为低电平时，电源 V_{CC} 经 R 向 C 充电，电容 C 两端电压逐渐升高，即 u_{i2} 升高。当 u_{i2} 上升到 V_{TH} 时，u_o 下降，u_{i1} 下降，u_{o1} 上升，又进一步使 u_{i2} 上升，电路又产生另一个正反馈过程。正反馈过程迅速使 u_{o1} 输出高电平，u_o 输出低电平。

$$u_{i2}\uparrow \rightarrow u_o\downarrow \rightarrow u_{o1}\uparrow$$

(4)恢复过程

如果这时触发脉冲已消失(u_d 已回到低电平)，则 u_o 输出低电平，u_{o1} 输出高电平，这时电容 C 经 R 放电，使 C 上电压恢复到稳态时的初始值 $u_C=0$。电路恢复到稳定状态，这一过程称为恢复过程。

再输入触发正脉冲信号时，电路便重复上述过程。根据以上的分折，画出电路中各点的电压波形如图 4－8 所示。

3. 输出脉冲宽度的估算

从上面分析和图 4－7 可知，输出脉冲宽度 t_W 就是暂稳态维持的时间，即：

$$t_W \approx 0.7RC$$

4.2.3.2　集成单稳态触发器

集成单稳态触发器有 TTL 和 CMOS 集成电路的产品，可用上升沿或下降沿触发，还具有置零和温度补偿等功能，工作稳定性能好，得到广泛应用。下面以 TTL 集成单稳态触发器 74121 为例说明。

1. 引脚图及各引脚的作用

TTL 集成单稳态触发器 74121 引脚如图 4－9 所示。图中 C_{EXT} 和 R_{EXT}/C_{EXT} 脚之间外接定时电容 C；若使用集成电路内部电阻，则 R_{INT} 端接电源 V_{CC}；若要提高脉冲宽度，可在 R_{EXT}/C_{EXT} 端与电源之间外接电阻 R，若外接可调电阻，脉冲宽度可调(也可接在 R_{INT} 与电源

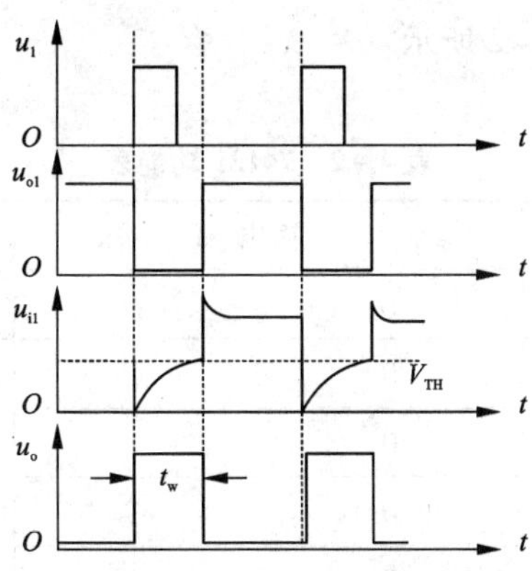

图4-8　微分型单稳态触发器的工作波形

间）。74121各引脚的作用如表4-1。

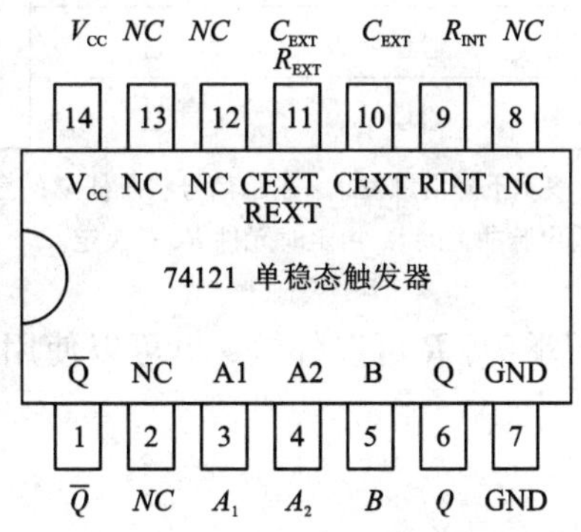

图4-9　74121引脚图

表4-1　74121引脚作用

引脚名	作　用
A_1、A_2	下降沿触发输入端
B	上升沿触发输入端
Q、$\overline{Q}$	输出端
R_{INT}	外接电源，内部接时间常数电阻（也可外接电阻）
C_{EXT}	外接电容端
R_{EXT}/C_{EXT}	与C_{EXT}端外接电容，也可再接电阻到电源实现t_W可调
V_{CC}	电源正极
GND	地（电源负极）
NC	空脚

2. 74121 的逻辑功能

74121 的逻辑功能如表 4 - 2 所示。

表 4 - 2　74121 功能表

输入			输出		说明
A_1	A_2	B	Q	$\overline{Q}$	
0	×	1	0	1	稳态
×	0	1	0	1	
×	×	0	0	1	
1	1	×	0	1	
1	↓	1	⊓	⊔	暂稳态
↓	1	1	⊓	⊔	
↓	↓	1	⊓	⊔	
0	×	↑	⊓	⊔	
×	0	↑	⊓	⊔	

功能说明：↑表示上升沿触发，↓表示下降沿触发，×表示信号状态任意；表中后五行表示加了触发电压，电路翻转为暂稳态。暂稳态时间的长短，即输出脉冲宽度 t_W 由定时元件 R、C 决定。

图 4 - 10 为 74121 的应用举例，R 可以外接，也可以使用内部电阻，此时脉冲宽度 $t_W \approx 0.7RC$。

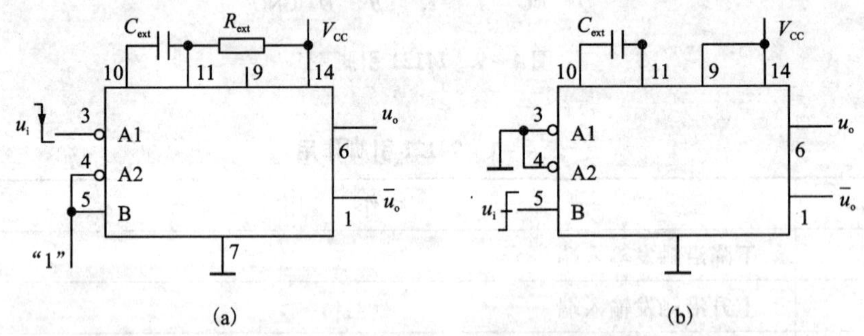

图 4 - 10　74121 的外部连接方法

(a)使用外部电阻 R_{ext}(下降沿触发)；(b)使用内部电阻 R_{int}(上升沿触发)

4.2.3.3　单稳态触发器的应用

1. 脉冲信号整形

脉冲信号的整形就是把波形不规则的脉冲信号输入到单稳态触发器，在输出端获得具有一定的宽度和幅度、前后沿都比较陡峭的矩形脉冲，如图 4 - 11 所示。

2. 脉冲信号延时

单稳态触发器在输入信号 u_i 的下降沿被触发，输出一个正脉冲信号。此时输出信号

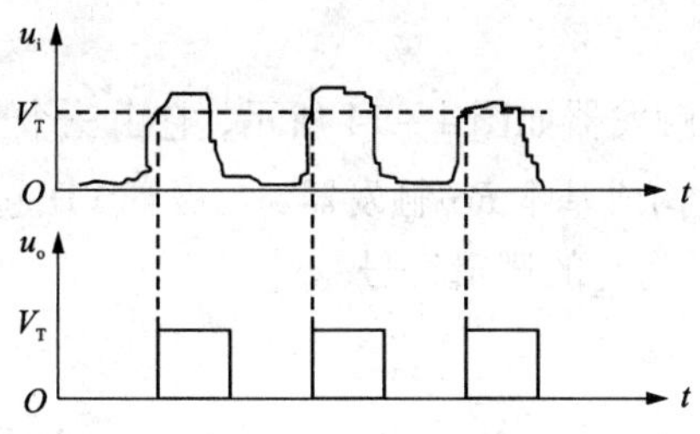

图4－11　单稳态触发器的整形作用

的下降沿比输入信号的下降沿延迟了 t_W 时间，如图4－12所示，改变 RC 时间常数可改变延时时间。

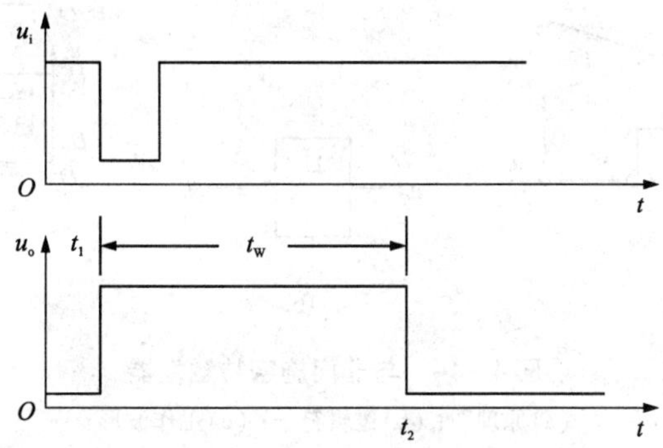

图4－12　单稳态触发器的延时作用

3. 定时控制

利用电路的暂稳态脉冲信号可控制电子开关在规定时间动作，达到定时的目的，如图4－13所示。这种功能使单稳态触发器可用于自动熄灭路灯开关、电子照相机延时自动拍照电路。

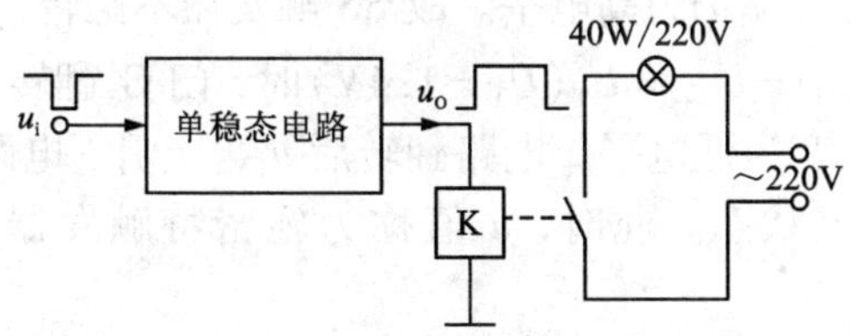

图4－13　单稳态触发器的定时作用

4.2.4　施密特触发器

施密特触发器是脉冲波形变换中经常使用的一种电路，利用它可以将正弦波、三角波以及其他一些周期性的脉冲波形变换成边沿陡峭的矩形波。另外，它还可以用作脉冲鉴幅、比较器。

4.2.4.1 用门电路组成的施密特触发器

1. 电路组成

用与非门构成的施密特触发器如图 4 - 14 所示，它由三个与非门 G_1、G_2、G_3 和一个二极管 VD 组成。其中 G_1、G_2 构成基本 *RS* 触发器，二极管 VD 起到电平移位作用，用来产生回差电压。图 4 - 14(b)所示为它的逻辑符号。

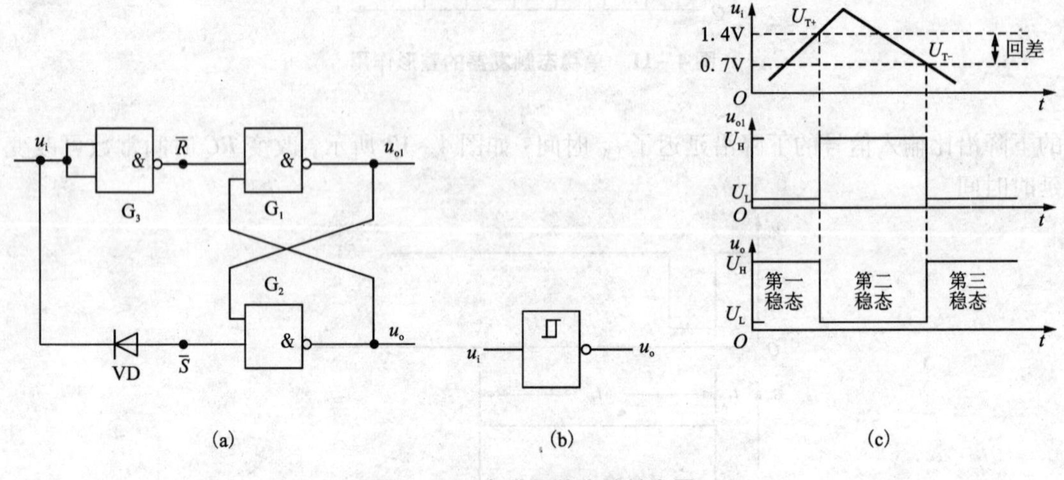

图 4 - 14 与非门施密特触发器

(a)原理图；(b)逻辑符号；(c)工作波形

2. 工作原理

假设输入信号 u_i 为三角波，与非门的开门电平为 1.4V，二极管的导通电压 U_D 为 0.7V，下面结合图 4 - 8(c)进行讨论。

(1) 当输入电压 $u_i=0$ 时，$\bar{R}=1$，$\bar{S}=0$，电路输出 u_o为高电平，这是施密特触发器的第一种稳定状态。

(2) u_i逐步上升，只要 $u_i<1.4$V，尽管 $\bar{S}$ 端电位达到并超过门 G_2的阀值电压 U_T($U_T=1.4$V)，但门 G_3不翻转使 $\bar{R}$ 端仍为高电平。故 *RS* 触发器不翻转，而维持在第一种稳态。

(3) 当 u_i继续上升到 $u_i=U_{T+}=U_T$($U_T=1.4$V)时，门 G_3翻转使 $\bar{R}=0$，*RS* 触发器状态发生翻转，使电路输出 u_o变为低电平。电路翻转后 u_i再上升，电路状态保持不变，这是施密特触发器的第二种稳定状态。此时，u_i 值称为施密特触发器的上限触发电平。常用"U_{T+}"表示。

(4) 当 u_i上升到最大值而下降时，若 u_i下降到 U_T，门 G_3翻转，$\bar{R}=1$。由于 $\bar{S}$ 端接二极管 VD 正极，所以它的电位仍高于 V_T，故 *RS* 触发器不翻转，施密特触发器维持在第二种稳定状态。

(5) 当 u_i继续下降到 $u_i=U_{T-}=U_T-U_D$(0.7V)时，$\bar{S}=0$，*RS* 触发器状态发生翻转。施密特触发器又进入第一种稳定状态。此时，u_i值称为施密特触发器的下限触发电平，常用"U_{T-}"表示。

3. 回差特性

由上述分析可知，对于图 4 - 10 所示的施密特触发器，输入电平 u_i上升到 U_{T+}电平时，触发器状态发生翻转，输出下降到低电平。输入电压回降到 U_{T+} 电平时，触发器却不翻转回初始状态。待 u_i 继续下降至 U_{T-} 时，才翻转至高电平。这种现象被称为施密特触发器的回差特性。U_{T+} 与 U_{T-} 的差值 ΔU_T 称为回差电压或滞后电压，即

$$\Delta U_T = U_{T+} - U_{T-}$$

显然，图 4－10 所示施密特触发器的回差电压为：

$$\Delta U_T = U_{T+} - U_{T-} = U_T - (U_T - U_D) = U_D = 0.7\text{V}$$

因此，图 4－10 所示施密特触发器的缺点是回差电压太小，且不能调整。

根据上限触发电平 U_{T+} 与下限触发电平 U_{T-} 定义，可以画出施密特触发器的回差特性曲线，也称为电压传输特性曲线，如图 4－15 所示。实际应用时，可根据要求在电路上采取措施，增大或减小回差电压。

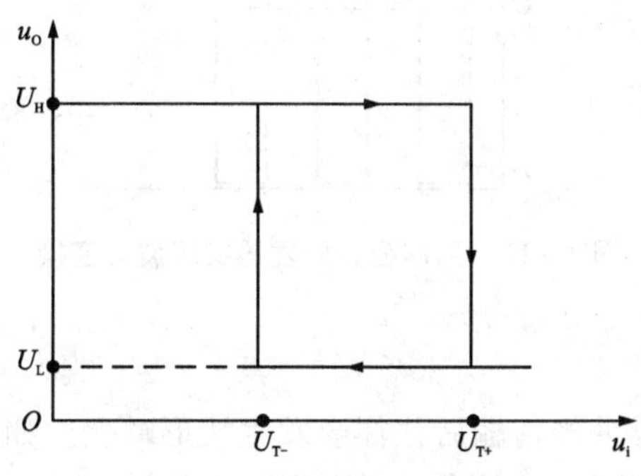

图 4－15　回差特性曲线

4.2.4.2　集成施密特触发器

集成施密特触发器产品中，国产 TTL 施密特触发器有六反相器，如 CT74LS14；国产 CMOS 施密特触发器有 CC4093 四 2 输入施密特与非门。图 4－16 为上述两种施密特触发器的引脚图。

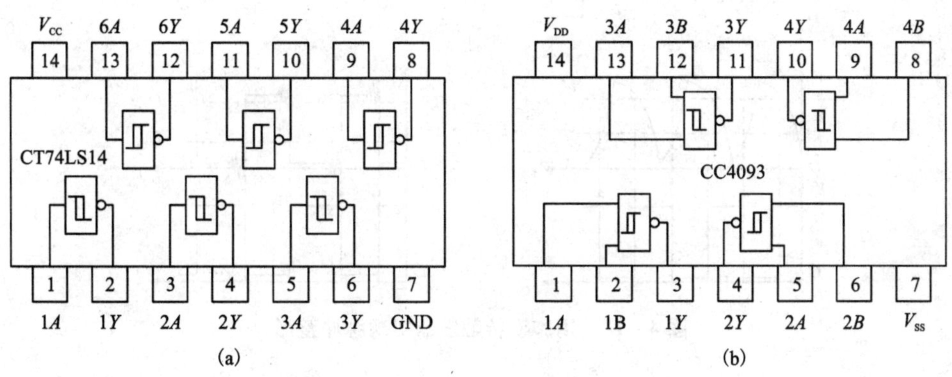

图 4－16　CT74LS14、CC4093 引脚图

(a) CT74LS14；(b) CC4093

4.2.4.3　施密特触发器的应用

1. 用于波形变换

利用施密特触发器状态转换过程中的正反馈作用，可以把边沿变化缓慢的周期性信号变换为边沿很陡的矩形脉冲信号。

如图 4－17 的例子中，输入信号是由直流分量和正弦分量叠加而成的，只要输入信号的幅度大于 U_{T+}、U_{T-}，即可在施密特触发器的输出端得到同频率的矩形脉冲信号。

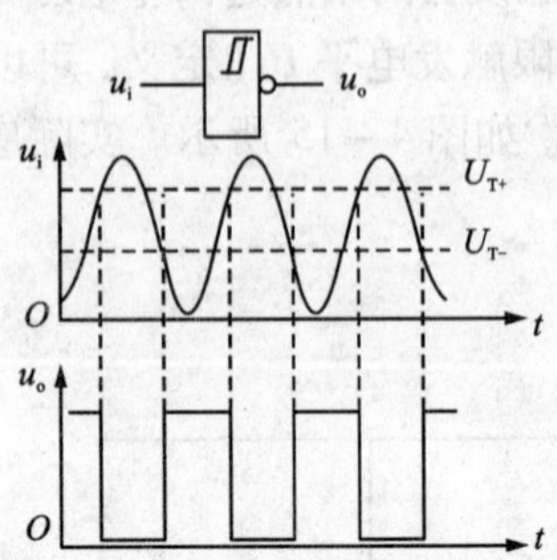

图 4－17　用施密特触发器实现波形变换

2. 用于脉冲整形

在数字系统中，矩形脉冲经传输后往往会发生波形畸变。如传输线上电容较大时，波形的上升沿和下降沿会明显变坏；当传输线较长，而且接收端的阻抗与传输线的阻抗不匹配时，在波形的上升沿和下降沿将产生振荡现象；当其他脉冲信号通过导线间的分布电容或公共电源线叠加到矩形脉冲信号上时，信号上将出现附加的噪声等。都可以利用施密特触发器进行整形，从而获得比较理想的矩形脉冲波形。由图 4－18 所示，只要施密特触发器的 U_{T+} 和 U_{T-} 设置得合适，均能收到满意的整形效果。

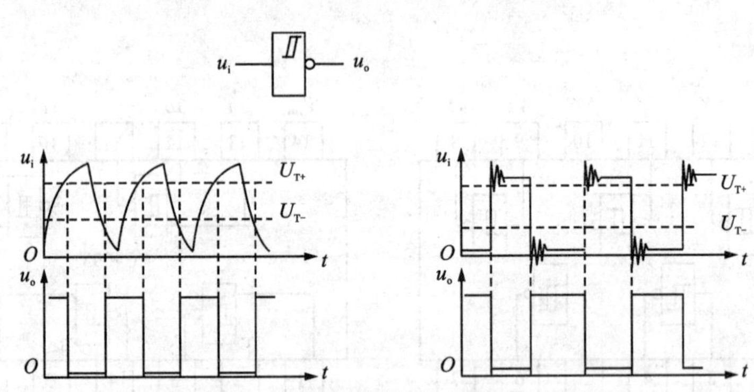

图 4－18　用施密特触发器实现脉冲整形

3. 用于脉冲幅度鉴别

当输入信号为一系列幅度不等的脉冲加到施密特触发器时，只有那些幅度大于 U_{T+} 的脉冲才会在输出端产生输出信号。因此，施密特触发器能将幅度大于 U_{T+} 的脉冲选出，具有脉冲鉴幅的能力，如图 4－19 所示。

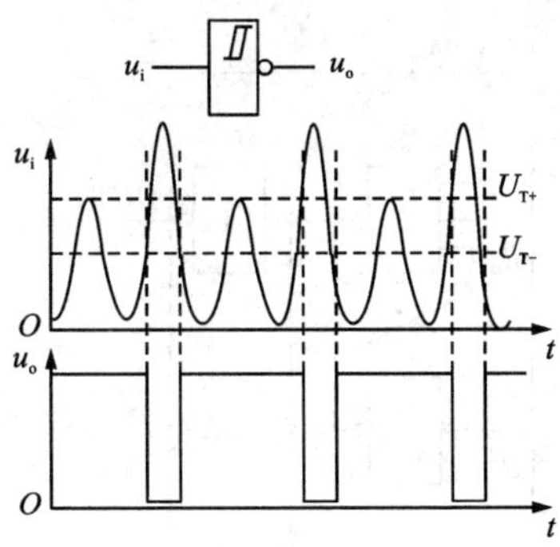

图 4－19　用施密特触发器鉴别脉冲幅度

4.2.5　555 定时器及应用

555 定时器是一种多用途的单片中规模集成电路。该电路使用灵活、方便，只需外接少量的阻容元件就可以构成单稳、多谐和施密特触发器。因而在波形的产生与变换、测量与控制、家用电器和电子玩具等许多领域中都得到了广泛的应用。

4.2.5.1　555 定时器

1. 电路组成

图 4－20 是双极型 5G555 定时器的逻辑电路图。从原理电路可以看出，它是一个由模拟电路和数字电路共同组成的集成电路。其内部包含有两个电压比较器 A_1 和 A_2（包括电阻分压电路）、G_1 和 G_2 组成的基本 RS 触发器、集电极开路的放电管 V 和缓冲输出级 G_3。由于比较器的分压电路由三个 5 kΩ 的电阻构成，所以称之为 555 电路。

2. 工作原理

比较器 A_1 的同相端由分压电阻提供 $U_{R1}=\frac{2}{3}V_{CC}$ 作基准电压，反相端 TH 称阈值输入端。A_2 的反相端分压电阻提供 $U_{R2}=\frac{1}{3}V_{CC}$ 作基准电压，同相端 $\overline{TR}$ 端称触发输入端。V_{CO} 为控制端，用于外接 V_{CO} 改变内部分压器分压值。$\bar{R}_D$ 端为置 0 端，$\bar{R}_D=0$ 时，输出端（OUT）输出电压 u_o 为低电平，正常工作时 $\bar{R}_D$ 端必须为高电平。

设 TH 和 $\bar{R}_D$ 端的输入电压分别为 u_{i1} 和 u_{i2}。555 定时器的工作过程如下：

当 $u_{i1}>U_{R1}$、$u_{i2}>U_{R2}$ 时，比较器 A_1 和 A_2 的输出 $u_{o1}=0$、$u_{o2}=1$，基本 RS 触发器被置 0，即 $Q=0$、$\overline{Q}=1$，输出 $u_o=0$，同时 V 导通。

当 $u_{i1}<U_{R1}$、$u_{i2}<U_{R2}$ 时，比较器 A_1 和 A_2 的输出 $u_{o1}=1$、$u_{o2}=0$，基本 RS 触发器被置 1，即 $Q=1$、$\overline{Q}=0$，输出 $u_o=1$，同时 V 截止。

当 $u_{i1}<U_{R1}$、$u_{i2}>U_{R2}$ 时，比较器 A_1 和 A_2 的输出 $u_{o1}=1$、$u_{o2}=1$，基本 RS 触发器保持原状态不变。

综上所述，555 定时器的功能如表 4－3 所示。

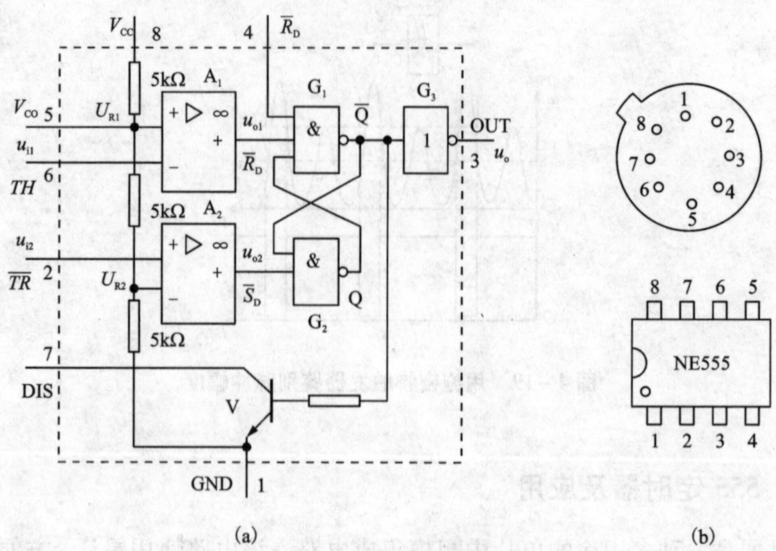

图 4-20 555 定时器的电路组成

(a)电路组成；(b)外形

表 4-3 555 定时器的功能表

输入			输出	
$\bar{R}_D$	$TH(u_{i1})$	$\overline{TR}(u_{i2})$	u_o	V 状态
0	×	×	0	导通
1	$>\frac{2}{3}V_{CC}$	$>\frac{1}{3}V_{CC}$	0	导通
1	$<\frac{2}{3}V_{CC}$	$>\frac{1}{3}V_{CC}$	不变	不变
1	×	$<\frac{1}{3}V_{CC}$	1	截止

4.2.5.2 555 定时器的应用

1. 用 555 定时器构成的多谐振荡器

用 555 组成多谐振荡器，就是将 555 电路构成施密特触发器（TH 端和 $\overline{TR}$ 端接在一起），再外接具有时间常数的反馈回路组成多谐振荡器。基本多谐振荡器电路如图 4-21 所示。振荡器的振荡周期 T 和频率 f 由下式进行估算。

$$T \approx 0.7(R_1+2R_2)C$$

$$f=\frac{1}{T}=\frac{1}{0.7(R_1+2R_2)C}$$

2. 用 555 定时器构成的单稳态触发器

(1)电路构成

将定时器 555 的触发输入端 $\overline{TR}$ 作为触发信号 u_i 输入端，放电管 V 的集电极 DIS 端和阈

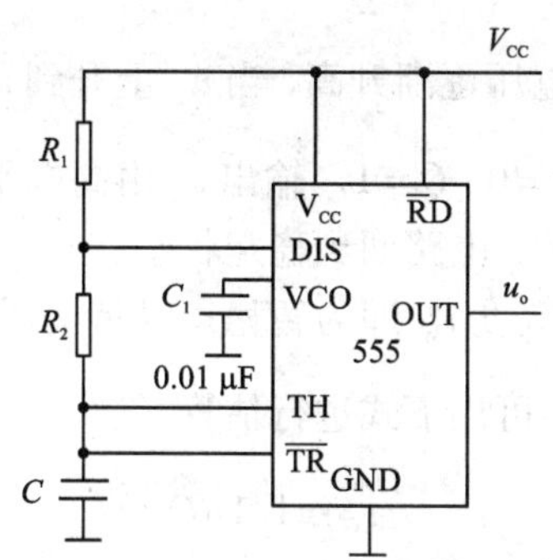

图4-21　用555组成多谐振荡器

值输入端*TH*接在一起，然后与定时元件*R*、*C*相接，便构成了单稳态触发器。电路如图4-22所示。

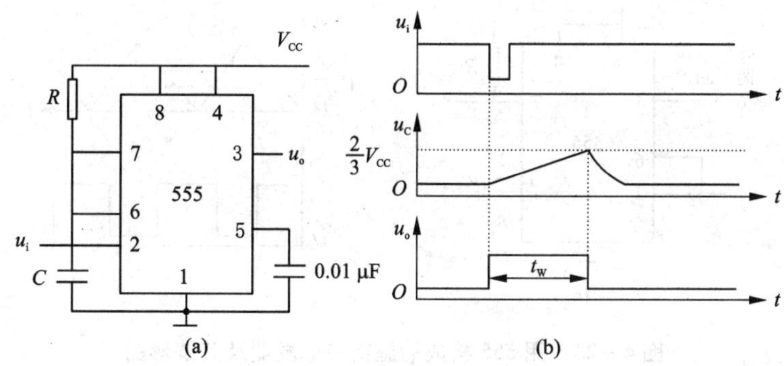

图4-22　用555组成的单稳态触发器电路及波形图

(a)电路；(b)波形

(2)工作原理

以图4-15(b)中输入触发信号u_i为例，分析电路的工作原理。

①稳定状态

电路在接通电源后，V_{CC}经*R*对电容*C*充电，u_C电压升高，当上升到$u_C \geq \frac{2}{3}V_{CC}$时，比较器$A_1$输出为0，而此时$u_i$为高电平，且$u_i > \frac{1}{3}V_{CC}$，电压比较器$A_2$输出为1，基本*RS*触发器为置0状态，$\overline{Q}=1$，三极管V导通，电容*C*经V放电，电路进入稳定状态。

②触发进入暂稳态

当输入u_i由高电平V_{IH}跳变到小于$\frac{1}{3}V_{CC}$低电平时，比较器A_2输出为0，*RS*触发器置1，即$Q=1$、$\overline{Q}=0$，输出u_o由低电平跳变为高电平V_{OH}。同时，三极管V截止，电源V_{CC}经*R*对*C*充电，电路进入暂稳态。在暂稳态期间内，u_i回到高电平。

③自动返回稳定状态

随着电容充电，电容 C 上电压逐渐升高，当 u_C 上升到 $u_C \geqslant \frac{2}{3}V_{CC}$ 时，比较器 A_1 的输出为0，基本 RS 触发器置0，即 $Q=0$、$\overline{Q}=1$。输出 u_o 由高电平跳变到低电平。同时三极管V导通，电容 C 经V放电使 $u_C \approx 0$，电路回到稳定状态。

单稳态触发器的输出脉冲宽度 t_W 即为暂稳态维持的时间，它实际上为电容 C 上的电压 u_C 从0充到 $\frac{2}{3}V_{CC}$ 所需时间，可用下式进行估算

$$t_W \approx 1.1RC$$

3. 用555定时器构成的施密特触发器

(1)电路组成

将555定时器的阈值输入端 TH 和触发输入端 $\overline{TR}$ 连在一起，作为触发信号 u_i 输入端，从OUT端输出 u_o，就构成了施密特触发器，电路如图4－23所示。

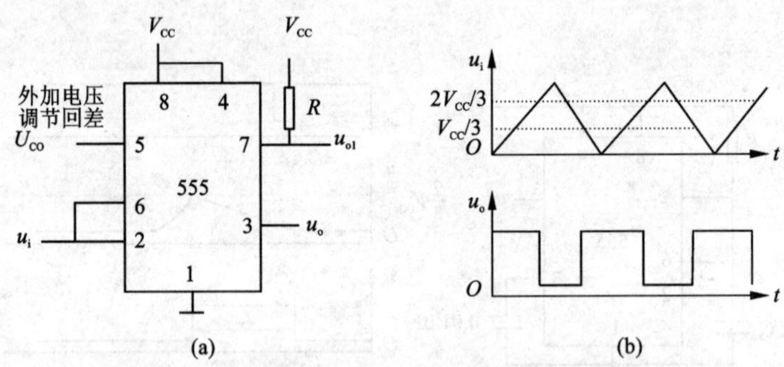

图4－23 用555构成的施密特触发器及其波形图

(a)电路图；(b)波形图

为了提高基准电压的稳定性，常在 U_{CO} 控制端对地接一个0.01 μF的滤波电容。

(2)工作原理

为了分析方便，假设输入图4－24所示锯齿波信号。

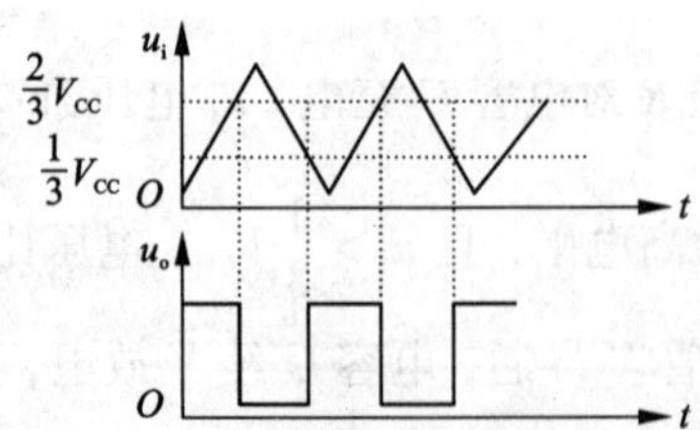

图4－24 施密特触发器的工作波形

①当 $u_i < \frac{1}{3}V_{CC}$ 时，电压比较器 A_1 和 A_2 的输出 $u_{o1}=1$，$u_{o2}=0$，基本 RS 触发器置1，即输出为高电平。

当$\frac{1}{3}V_{CC}<u_i<\frac{2}{3}V_{CC}$时，电压比较器$A_1$和$A_2$的输出$u_{o1}=1$，$u_{o2}=1$，基本$RS$触发器保持原状态不变。

②当$u_i \geqslant \frac{2}{3}V_{CC}$时，电压比较器$A_1$和$A_2$的输出$u_{o1}=0$，$u_{o2}=1$，基本$RS$触发器置0，即$Q=0$、$\overline{Q}=1$，输出由高电平跳变到低电平。此后$u_i$上升到$V_{CC}$，然后再降低，但在未降到$\frac{1}{3}V_{CC}$以前，电路输出状态不变。

③当$u_i \leqslant \frac{1}{3}V_{CC}$时，基本$RS$触发器置1，即$Q=1$、$\overline{Q}=0$，输出$u_o$由低电平跳变到高电平。此后$u_i$下降到0，然后再升高，但在未达到$\frac{2}{3}V_{CC}$以前，电路输出状态不变。

由以上分析可知，施密特触发器的正向阈值电压为$\frac{2}{3}V_{CC}$，电路的负向阈值电压为$\frac{1}{3}V_{CC}$，所以施密特触发器的回差电压ΔU_T为

$$\Delta U_T = U_{T+} - U_{T-} = \frac{1}{3}V_{CC}$$

4.2.6　仿真：555多谐振荡器仿真实验

4.2.6.1　仿真实验目的

(1)通过仿真实验，熟悉555多谐振荡器的功能。

(2)了解555多谐振荡器的应用。

4.2.6.2　元器件选取

(1)电源：Place 菜单→Compenent→Source→POWER_SOURCES→DC_POWER，选取电源并设置电压为5V。

(2)接地：Place Source→POWER_SOURCES→GROUND，选取电路中的接地。

(3)电容：Place Basic→CAPACITOR，选取电容值为10nF的电容。

(4)电阻：Place Basic→RESISTOR，选取电阻值为1kΩ、72 kΩ的电阻。

(5)时基电路555：Place Mixed→TIMER，选取LMC555CH。

(6)示波器：从虚拟仪器工具栏调取XSC1。

4.2.6.3　搭建仿真电路

按照图4－25搭建仿真电路。

4.2.6.4　仿真分析

(1)单击仿真开关，激活电路，双击示波器图标，打开示波器面板，即可观测图4－26所示555多谐振荡器的工作波形。

(2)利用示波器提供的游标测量线，测量示波器显示的输出波形低电平时间和高电平时间。

4.2.6.5　思考题

(1)利用公式计算555多谐振荡器输出波形的低电平时间、高电平时间和周期。

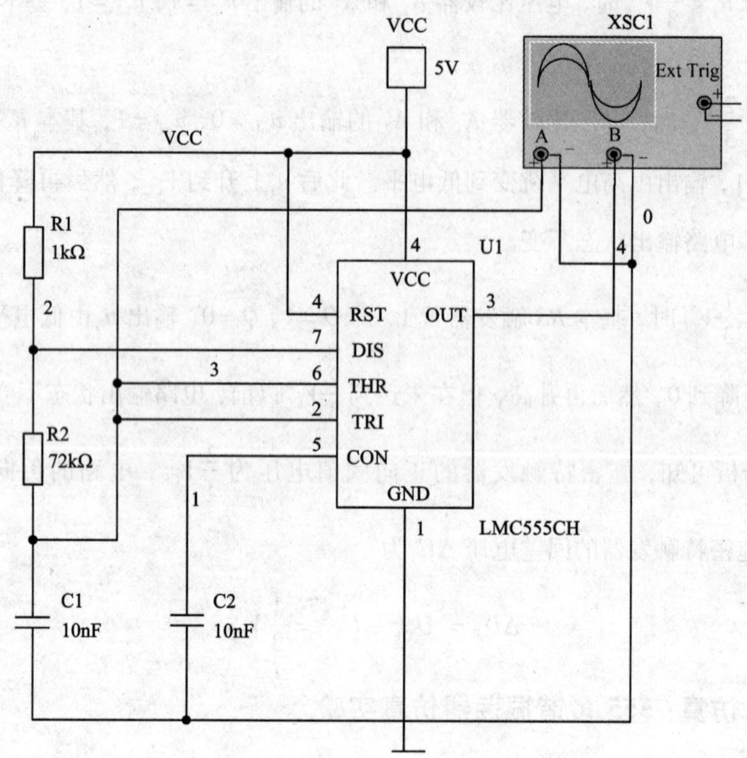

图 4-25 555 多谐振荡器仿真电路

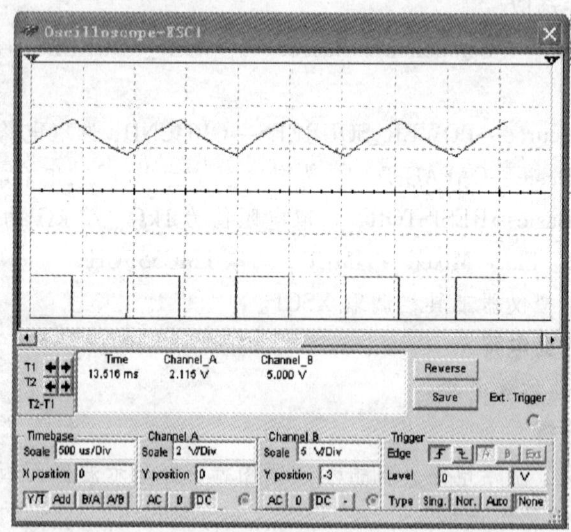

图 4-26 555 多谐振荡器的工作波形

(2)将测量的输出波形宽度与公式计算的输出波形宽度进行比较，情况怎样?

4.2.7　仿真：555 单稳态触发器仿真实验

4.2.7.1　仿真实验目的

(1)通过仿真实验，熟悉 555 单稳态触发器的功能。

(2)了解单稳态触发器的应用。

4.2.7.2　元器件选取

(1)电源：Place 菜单→Component→Source→POWER_SOURCES→DC_POWER，选取电源并设置电压为 5V。

(2)接地：Place Source→POWER_SOURCES→GROUND，选取电路中的接地。

(3)电容：Place Basic→CAPACITOR，选取电容值为 10nF、100nF 的电容。

(4)电阻：Place Basic→RESISTOR，选取电阻值为 5kΩ 的电阻。

(5)时基电路 555：Place Mixed→TIMER，选取 LMC555CH。

(6)函数信号发生器：从虚拟仪器工具栏调取 XFG1。

(7)示波器：从虚拟仪器工具栏调取 XSC1。

4.2.7.3　搭建仿真电路

按照图 4－27 搭建仿真电路并设置好函数信号发生器。

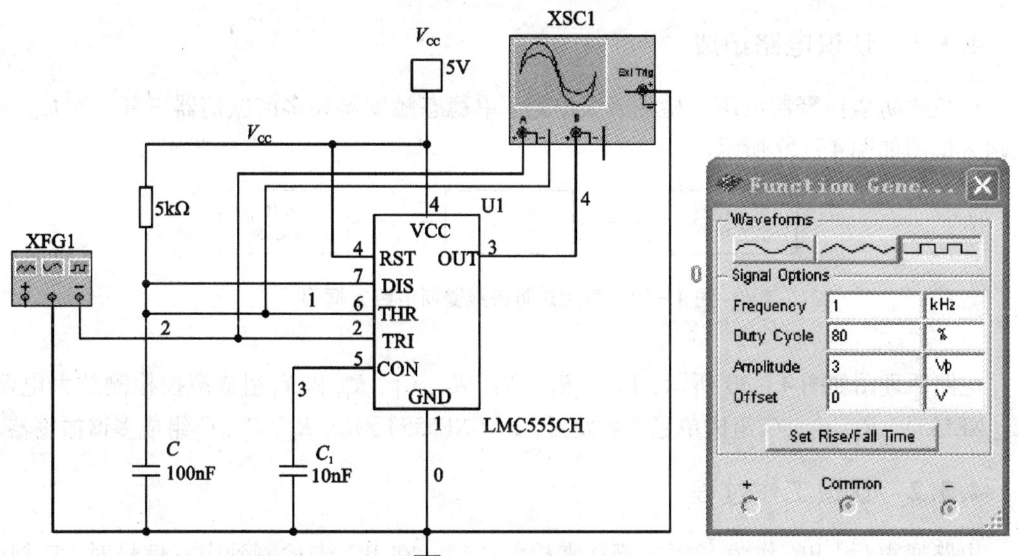

图 4－27　555 单稳态触发器仿真电路及函数信号发生器面板图

4.2.7.4　仿真分析

(1)单击仿真开关，激活电路，双击示波器图标，打开示波器面板，即可观测图 4－28 所示的 555 单稳态触发器的工作波形。

(2)利用示波器提供的游标测量线，测量示波器显示的输出波形宽度。

4.2.7.5　思考题

(1)利用公式 $t_W \approx 1.1RC$，计算输出波形宽度。

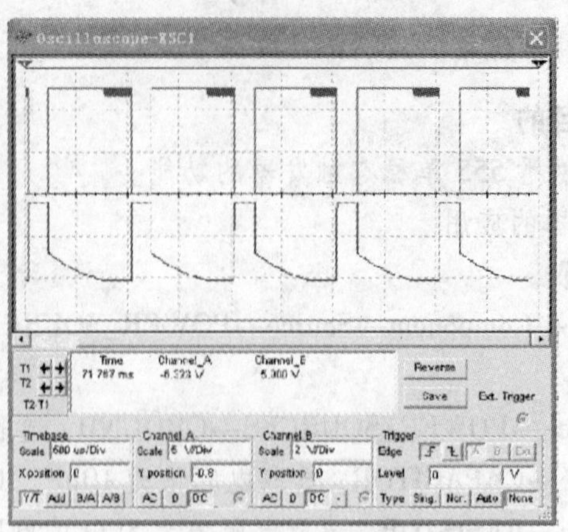

图 4－28 555 单稳态触发器的工作波形

(2)将测量的输出波形宽度与公式计算的输出波形宽度进行比较，情况怎样？

4.3 任务实现

4.3.1 认识电路组成

声控式防盗报警器由声控检测放大电路、单稳态触发器和多谐振荡器三部分组成。其电路方框图如图 4－29 所示。

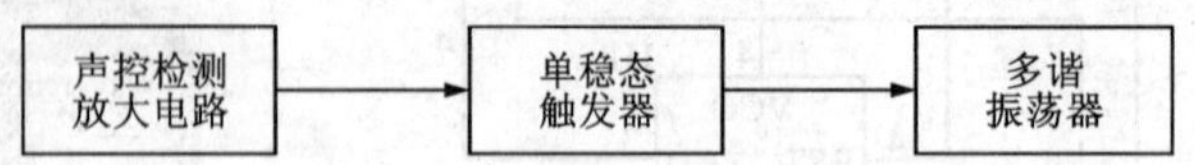

图 4－29 声控式防盗报警器电路方框图

电路原理图如图 4－30 所示，BC_1、R_1 ~ R_3、R_7、C_1、R_{P1}和 V_1组成声控检测放大电路，IC_1(NE555)、R_4、C_6、C_2组成单稳态触发器，IC_2(NE555)、R_5、R_6、C_3、C_5组成多谐振荡器。

4.3.2 认识工作过程

电路通电后，BC_1作为音频传感器来检测盗情。在 BC_1未检测到声音信号时，三极管 V_1截止，集电极为高电平，单稳态触发器 IC_1电路处于稳态，IC_1的 3 脚输出低电平，多谐振荡器 IC_2不振荡，扬声器 BL_1不发声。

当有窃贼走近 BC_1的监控区行窃时，BC_1将检测到的声音信号变换为电信号，此信号经 V_1放大后产生低电平触发信号，使单稳态触发器电路 IC_1受触发而翻转，IC_1电路由稳态变为暂稳态，IC_1的 3 脚由低电平变为高电平，多谐振荡器 IC_2振荡工作，BL_1发出报警声。与此同时，C_2通过 IC_1的 7 脚内电路快速放电后，又经 R_4充电。当 C_2充电结束(约 2 min)后，单稳态触发器 IC_1电路翻转，恢复为稳态，IC_1的 3 脚由高电平变为低电平，多谐振荡器停振，BL_1停止发声，报警器又进入警戒状态。调整 RP_1的阻值，可改变声控的灵敏度。

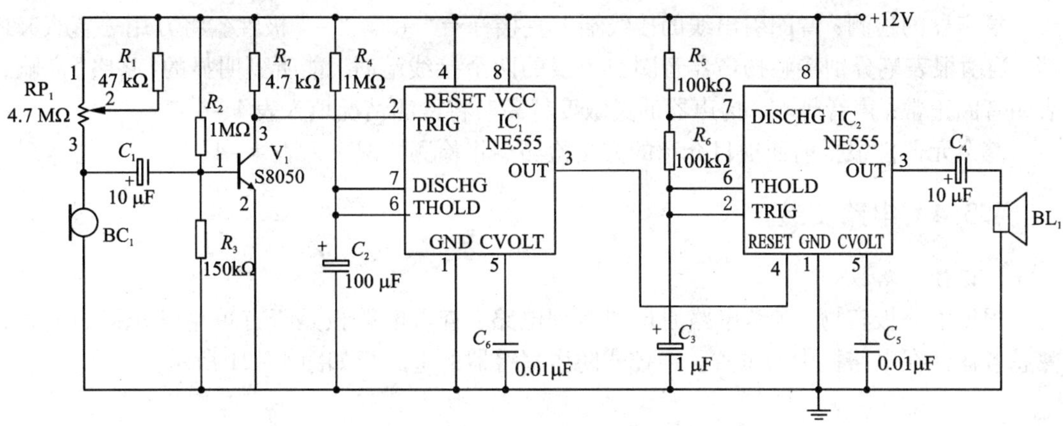

图4－30　声控式防盗报警器的原理图

4.3.3　元器件的选用与检测

1. 元器件的选用

R_1 ~ R_7选用1/4W金属膜电阻器或碳膜电阻器；R_{P1}选用3362P可变电阻器；C_1、C_2、C_3、C_4均选用耐压值为25V的电解电容器，C_5、C_6选用瓷片电容；V_1选用S8050晶体三极管；IC_1、IC_2选用NE555时基集成电路。BL_1选用0.5W、8Ω的电动式扬声器；BC_1选用5＊7 mm电容式驻极体话筒。元器件清单见表4－4。

表4－4　声控式防盗报警器元器件清单

序号	元件型号	参数	标号	数量	质量检测
1	电阻器	47 kΩ	R_1	1	实测：
2		1 MΩ	R_2、R_4	2	实测：
3		150 kΩ	R_3	1	实测：
4		100 kΩ	R_5、R_6	2	实测：
5		4.7 kΩ	R_7	1	实测：
6	电位器	4.7 MΩ	RP_1	1	引脚图：　　　实测结果：
6	电解电容器	10μF/25V	C_1、C_4	2	实测：
7		100μF/25V	C_2	1	实测：
8		1μF/25V	C_3	1	实测：
9	瓷片电容	0.01 μF	C_5、C_6	2	实测：
10	三极管	S8050	V_1	1	引脚图：　　　实测结果：
11	集成电路	NE555	IC_1、IC_2	2	引脚图：
12	驻极体话筒	5＊7 mm	BC_1	1	正负极性：　　　实测结果：
13	扬声器	0.5W、8Ω	BL_1	1	正负极性：　　　实测结果：

2. 元器件的检测

扬声器的检测：音圈引出线的接线端上直接标有“+”、“-”极性。将万用表置 $R\times1$ 挡，当两根表笔分别接触扬声器音圈引出线的两个接线端时，能听到明显的“咯咯”声响，表明音圈正常；声音越响，扬声器的灵敏度越高。将检测情况填入表4-4。

其余元器件根据前面项目介绍的方法检测。将检测情况填入表4-4。

4.3.4 电路安装

1. 识读电路板

根据电路板实物，参考电路原理图清理电路，查看电路板是否有短路或开路的地方；熟悉各器件在电路板中的位置。声控式防盗报警器的电路板如图4-31所示。

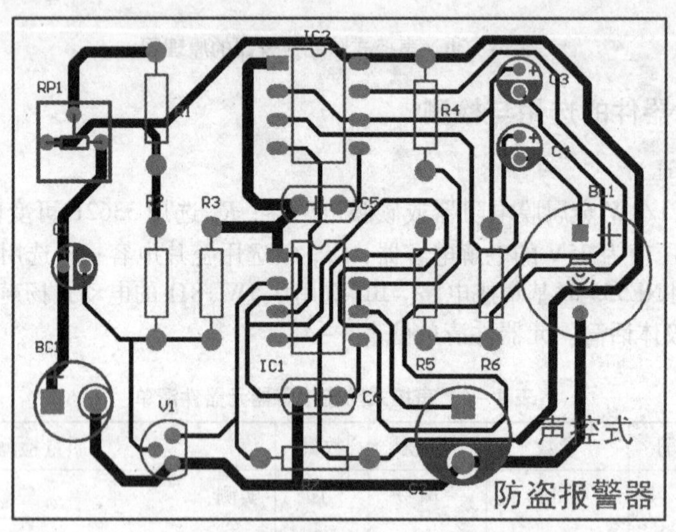

图4-31 声控式防盗报警器PCB图

2. 安装原则

先小件后大件的顺序安装，即按电阻器、瓷片电容器、电解电容器、电位器、三极管、集成电路的顺序安装焊接。

3. 元器件安装

参照项目1插件元器件安装方法进行安装。

4.3.5 电路调试与检测

1. 电路调试

(1)安装结束，检查焊点质量(重点检查是否有错焊、漏焊、虚假焊、短路)，检查器件安装是否正确(重点检查电解电容、三极管和集成电路)，方可通电。

(2)通电观察电路是否有异常现象(声响、冒烟)，如有应立即停止通电，找明原因。

(3)无干扰时扬声器应无声音。

(4)有干扰时扬声器应发出报警声音。

(5)调节 RP_1 可调节灵敏度。

2. 电路检测

在监控与报警两种情况下检测 NE555 的各脚电位，记录在表 4－5、表 4－6 中。特别关注 2 脚与 3 脚电位值的变化，并说明其变化规律。

表 4－5　NE555 集成电路各脚电压(监控状态)

检测点	1	2	3	4	5	6	7	8
IC_1								
IC_2								

表 4－6　NE555 集成电路各脚电压(报警状态)

检测点	1	2	3	4	5	6	7	8
IC_1								
IC_2								

4.4　考核评价

声控式防盗报警器的制作评价标准见表 4－7。

表 4－7　声控式防盗报警器的制作评价标准

考核项目	评分点	分值	评分标准	得分
声控式防盗报警器的制作	电路识图	5	能正确理解电路的工作原理，否则，视情况扣 1～5 分	
	电路板制作	30	按电路原理图制作出电路板，要求设计合理，美观，每错一处扣 1 分，扣完为止	
	元件质量判定	15	正确识别元件，每错一处扣 1 分，扣完为止	
	电路焊接	20	元器件引脚成型符合要求，元器件装配到位；装配高度、装配形式符合要求；外壳及紧固件装配到位，不松动，不压线。不符合要求每处扣 1 分	
	电路调试	15	正确使用仪器仪表；写出数据测试和分析报告。不能正确使用仪器仪表测量每次扣 3 分，数据测试错误每次扣 2 分，分析报告不完整或错误视情况扣 1～5 分，扣完为止	
	电路检修	15	通电工作正常，如有故障、进行排除，不能排除	
小计		100	视情况扣 1～15 分	

续表 4－7

考核项目	评分点	分值	评分标准	得分
职业素养与操作考核	学习态度	20	不参与团队讨论；不完成团队布置的任务；抄袭作业或作品；发现一次扣 2 分，扣完为止	
	学习纪律	20	每缺课 1 次扣 5 分；每迟到 1 次扣 2 分；上课玩手机、玩游戏、睡觉，发现一次扣 2 分，扣完为止	
	团队精神	20	不服从团队的安排；与团队成员间发生与学习无关的争吵；发现团队成员做得不好或不到位或不会的地方不指出、不帮助；团队或团队成员弄虚作假，每发现一次，此项计 0 分；其他项，每发现一次扣 2.5 分。扣完为止	
	操作规范	20	操作过程不符合安全操作规程；仪器设备的使用不符合相关操作规程；工具摆放不规范；物料、器件摆放不规范；工作台位台面不清洁、不按规定要求摆放物品；任务完成后不整理、清理工作台；任务完成后不按要求清扫场地内卫生；发现一项扣 2 分，扣完为止。如出现触电、火灾、人身伤害、设备损坏等安全事故，此项记 0 分	
	行为举止	20	着装不符合规定要求；随地乱吐、乱涂、乱扔垃圾（食品袋、废纸、纸巾、饮料瓶）等；在非吸烟区吸烟；语言不文明，讲坏话；每项扣 1～5 分，扣完为止	
小计		100		

说明：①本项目的项目考核、职业素养及操作规范考核按 10% 比例折算计入总分；

②理论考核根据全学期训练项目对应的理论知识在期末进行考核，本项目占理论试卷的 16%，理论成绩按 8% 折算计入总分。

4.5 拓展提高

课题 1 在图 4－30 所示声控式防盗报警器电路中：

(1) 调节电位器 R_{P1}，能否改变报警器监控范围？为什么？

(2) 改变单稳态触发器定时元件 R_4 或者 C_2 的参数，能否改变延时时间？为什么？

(3) 改变多谐振荡器定时元件 R_5、R_6 或 C_3 的参数，能否改变多谐振荡器输出频率，即改变报警音调与节奏？为什么？

课题 2 根据提供的模拟“知了”声电路原理图和电子元件（图 4－32），绘制电路板图，进行电子元件质量判别并对电路进行组装、调试和检修。

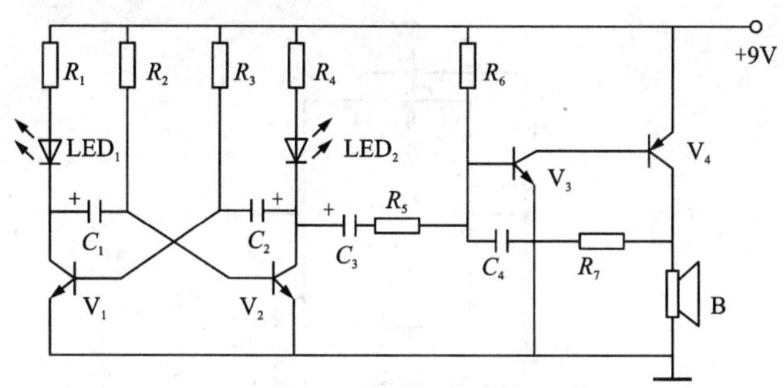

图4-32　模拟"知了"声电路原理图

习题四

4-1　填空题

(1)多谐振荡电路没有__________，电路不停地在两个__________之间转换，因此又称________。

(2)由门电路组成的多谐振荡器有多种电路形式，但它们均具有如下共同特点：首先，电路中含有__________，如门电路、电压比较器、BJT等。这些器件主要用来产生__________；其次，具有__________，将输出电压恰当地反馈给开关器件使之改变输出状态；另外，还有，利用*RC*电路的充、放电特性可实现__________，以获得所需要的振荡频率。在许多实用电路中，反馈网络兼有__________作用。

(3)单稳态触发器的工作原理是：没有触发信号时，电路处于一种__________。外加触发信号，电路由__________翻转到__________。电容充电时，电路由__________自动返回至__________。

(4)为了实现高的频率稳定度，常采用__________振荡器；单稳态触发器受到外触发时进入__________。

(5)施密特触发器除了可作矩形脉冲整形电路外，还可以作为__________、__________。

(6)集成555定时器的*TH*端、$\overline{TR}$端的电平分别大于$\frac{2}{3}V_{CC}$和$\frac{1}{3}V_{CC}$，定时器的输出状态是__________。

(7)用555定时器构成的施密特触发器的回差电压可表示为__________，用555定时器构成的施密特触发器的电源电压为15V时，其回差电压ΔU_T为______V。

4-2　单稳态触发器的特点有哪些？

4-3　施密特触发器具有什么特点？

4-4　图4-33是555定时器组成的何种电路？

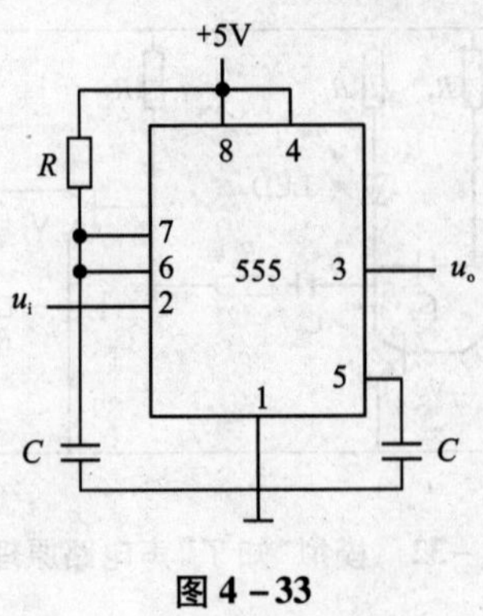

图 4-33

4-5 555 定时器应用很广，图 4-34 是一种对其的外接电路，这种电路名称是什么？有什么基本功能？

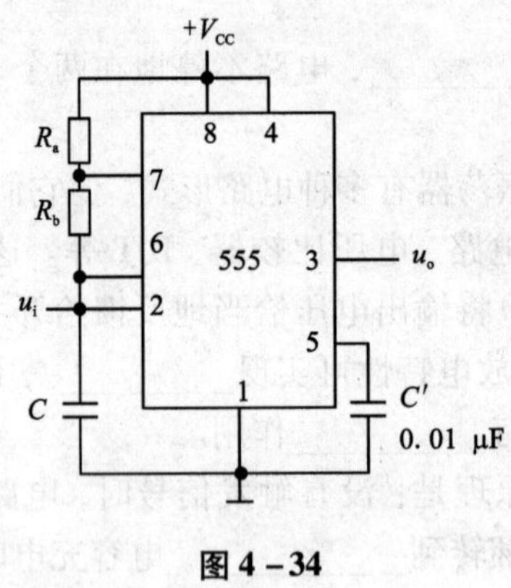

图 4-34

4-6 画出 555 定时器组成的施密特触发器。

项目5　简易数字秒表的制作

5.1　项目描述

本项目介绍的简易数字秒表，是利用时基集成电路 NE555、二－十进制同步加法计数器 CD4518、七段数码管译码驱动器 CD4511、半导体数码管 SM4205 等设计制作而成的。该秒表显示的最大数值是 99 s，通过按钮的控制可实现“时间”开始、暂停和保持。通过本项目的学习与实践，可以让读者获得如下知识和技能：

图5－1　简易数字秒表

1. 掌握时序逻辑电路的分析方法。

2. 理解寄存器、计数器等时序逻辑电路的工作原理和逻辑功能，能熟练分析计数器等常用时序逻辑电路。

3. 了解寄存器、计数器等中规模集成电路的使用方法，能查阅资料了解器件的外引线排列、引脚功能和逻辑功能，并能正确选用。

4. 学会利用仿真软件 Multisim 10 测试常用时序逻辑电路的逻辑功能。

5. 能分析和排除数字逻辑电路中出现的一般性故障。

6. 学会制作、调试简易数字秒表。

5.2 知识准备

要完成以上要求的简易数字秒表的制作，需要具备以下一些相关的知识和技能，下面进行阐述。

5.2.1 时序逻辑电路的基本知识

按照逻辑功能和电路组成的不同，数字电路可以分成组合逻辑电路和时序逻辑电路两大类。组合逻辑电路在项目 2 数显逻辑笔的制作中我们已经学习了。组合逻辑电路的特点是：任何时刻的输出状态直接由当时的输入状态所决定。时序逻辑电路与组合逻辑电路不同，它在任一时刻的输出，不仅取决于该时刻的输入；而且还与电路原来的状态有关。从电路的组成区分，组合逻辑电路不含任何具有存储功能的触发器，而时序逻辑电路则包含触发器。其实，项目 3 竞赛抢答器的制作中我们就开始接触了时序逻辑电路。触发器就是最简单的时序逻辑电路。

为进一步说明时序逻辑电路的特点，我们给出图 5－2(a)所示的简单的时序逻辑电路，试分析在相同的输入信号作用下，仅仅初始状态不同，会有怎样的结果。

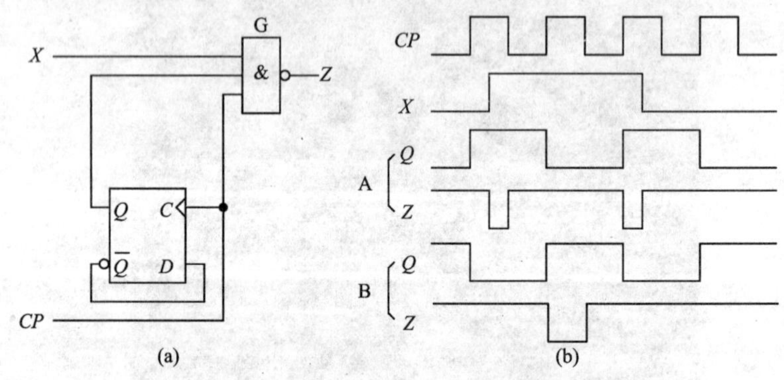

图 5－2 简单时序逻辑电路

(a)电路；(b)工作波形图

此电路可分成两部分。一是由与非门 G 构成的组合逻辑电路，这部分电路的输入信号有三个：两个外部输入的信号 X、CP，一个内部输入的信号 Q，而 Z 是它的输出信号，同时也是整个时序电路的输出。另一部分是由接成计数状态的 D 触发器构成的存储电路，CP 是其输入，Q 是它的内部输出。设输入信号 X、时钟脉冲 CP 的波形如图 5－1(b)所示，这样可以作出 D 触发器初态为 0 时，对应输入信号 X、时钟脉冲 CP 的 Q 和输出 Z 的波形，如图中A组所示；如果D触发器初态为1，则可以作出相应的B组波形图。对比A、B组输出Z的波形，二者是完全不同的。

从上述的一例可以说明，时序逻辑电路的输出不仅仅与当时的输入信号有关，而且还与存储电路的初始状态有关。

图5-3所示的是时序逻辑电路的方框原理图。从图中可见，它分为两大块，一是组合逻辑电路（如本例的与非门G），另一是存储电路（如本例中的D触发器）。对组合电路的分析方法，在分析时序电路时仍然适用。但是，存储电路的状态对输出的影响，必须加以考虑。

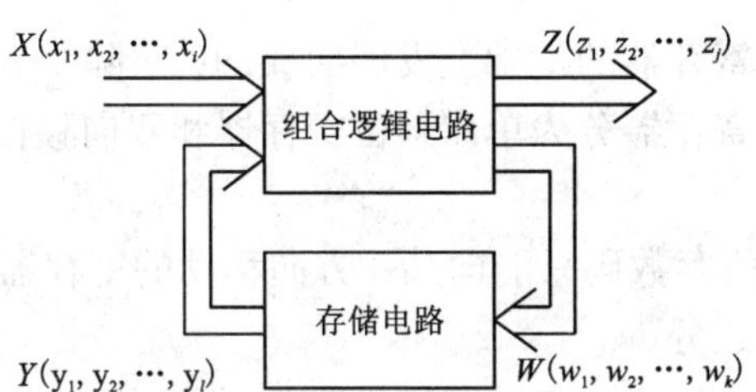

图5-3　时序逻辑电路框图

5.2.2　寄存器

寄存器是一种重要的数字逻辑部件，广泛应用于数字电路系统，特别是计算机中。它由触发器组成，具有接收、暂存、传递数码和指令等功能。一个触发器有两种稳态，可以存储一位二进制数码，因此n位数码寄存器应由n个触发器组成。凡具有置0和置1两种功能的触发器都可作为寄存器使用。当然，许多寄存器还需加上由门电路构成的控制电路，以保证信号的接收和清除。

1. 数码寄存器

数码寄存器是简单的寄存器，只具有接收、暂存数码和清除原有数码的功能。图5-4所示的是用D触发器组成的四位数码寄存器。四个触发器的时钟脉冲输入端连接在一起，作为接收数码的控制端。$D_0 \sim D_3$为寄存器的数码输入端，$Q_0 \sim Q_3$是数据输出端。各触发器的复位端（直接置0端）连接在一起，作为寄存器的总清零端$\overline{CR}$，高电平有效。

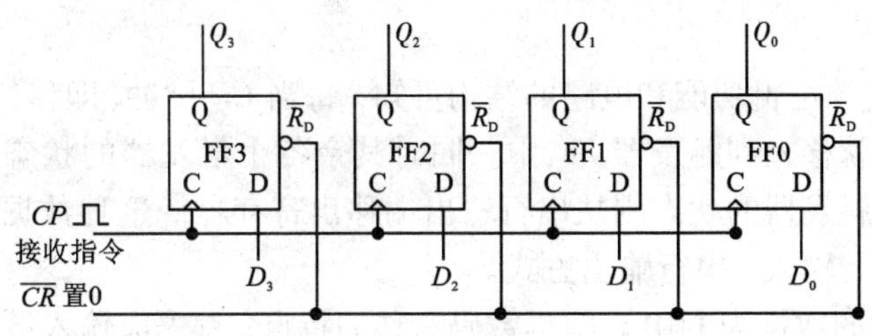

图5-4　数码寄存器

数码寄存器工作过程如下：

寄存数码前，寄存器应清零。输入$\overline{CR}=0$，寄存器清除原有数码，$Q_0 \sim Q_3$均为0态。

寄存数码时，使$\overline{CR}=1$，若存入的数码是1010，则寄存器的输入$D_3D_2D_1D_0$对应输入端为1010。由于D触发器的逻辑功能$Q^{n+1}=D$，因此，当接收指令脉冲CP的上升沿一到，各D触发器的状态与输入端状态相同，即$Q_3Q_2Q_1Q_0$就变为1010，四位数码便存放到了寄存器中。此时，只要$CR=0$，$CP=0$，寄存器就处于保持状态。这样，就完成了接收并暂存数码的功能。

不难看出，这种寄存器在接收数码时，各位数码是同时输入；将来输出数码，也是同时输出。因此，这种寄存器被称为并行输入、并行输出数码寄存器。

2. 移位寄存器

移位寄存器是在数码寄存器的基础上发展而成的，它除了有存放数码的功能外，还具有数码移位的功能。移位寄存器分为单向移位寄存器和双向移位寄存器两大类。

(1) 单向移位寄存器

在移位脉冲作用下，所存数码只能向某一方向移动的寄存器叫单向移位寄存器。又有左移寄存器和右移寄存器之分。

图5-5是用D触发器组成的四位右移寄存器的逻辑图。其中FF_3是最高位触发器，FF_0是最低位触发器，从左到右依次排列。每个高位触发器的输出端Q与低一位触发器的输入端D相接。整个电路只有最高位触发器FF_3的输入端D接收输入的数码，各个触发器的CP端连在一起作为移位脉冲的控制端，受同一CP脉冲控制。

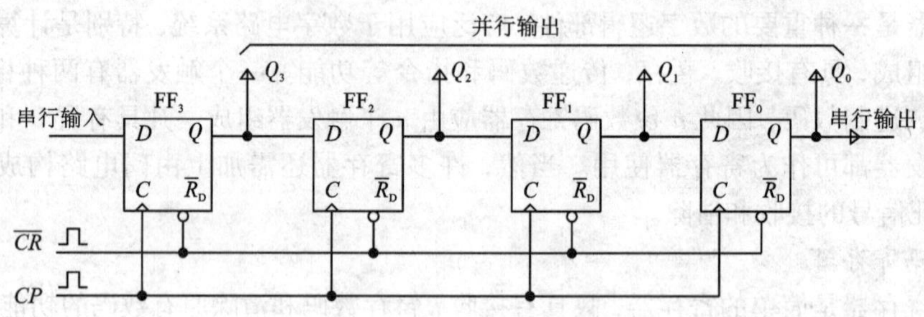

图5-5 四位右移寄存器

右移寄存器工作过程如下：

接收数码前，寄存器应清零。令$\overline{CR}=0$，则各位触发器均为0态。接收数码时，应使$\overline{CR}=1$。

根据D触发器的逻辑功能和电路的结构可知，每当CP脉冲（即移位脉冲）的上升沿到来后，输入的数码就移入到触发器FF_3中。同时其余各个触发器的状态，也移入到低一位触发器中，最低位触发器的状态则从串行输出端移出寄存器。这种数据逐位输入、逐位输出的方式，称为串行输入、串行输出方式。

假设串行存入的数据为1101。根据数码右移的特点，首先应输入最低位D_0，然后由低位到高位，依次输入。

当输入为最低位$D_0=1$时：在第一个CP脉冲上升沿到来后，D_0移入FF_3，$Q_3=1$，而其他三个触发器保持0态不变。寄存器的状态为$Q_3Q_2Q_1Q_0=1000$；

输入为数码 $D_1=0$ 时：当第二个 CP 脉冲上升沿到来后，D_1 移到 FF_3 中，而 $Q_3=1$ 则移到 FF_2 中，此时 $Q_2=1$。Q_1、Q_0 仍为0态。寄存器的状态变为 $Q_3Q_2Q_1Q_0=0100$；

输入为数码 $D_2=1$ 时：当第三个 CP 脉冲上升沿到来后，D_2 移入 FF_3，$Q_3=0$ 移到 FF_2 中，$Q_2=1$ 移入 FF_1，而 FF_0 仍为0态。寄存器状态为 $Q_3Q_2Q_1Q_0=1010$；

输入为数码 $D_3=1$ 时：和上述情况相同，第四个 CP 脉冲上升沿到来后，D_3 移入 FF_0 中，其余各位触发器依次右移，结果 $Q_3Q_2Q_1Q_0=1101$。

综上分析，经过四个移位脉冲 CP 的作用后，四位数码 $D_3D_2D_1D_0=1101$ 就全部移入到寄存器中。表5－1是移位脉冲 CP 作用下的四位右移寄存器的状态表。

表5－1　四位右移寄存器状态表

CP 脉冲	输入	输出			
		Q_3	Q_2	Q_1	Q_0
0	0	0	0	0	0
1	1	1	0	0	0
2	0	0	1	0	0
3	1	1	0	1	0
4	1	1	1	0	1

从四个触发器的输出端 $Q_3\sim Q_0$ 可以同时输出四位数码，即并行输出。又可以从最低位 FF_0 的输出端 Q_0 处输出，只需要连续送入四个 CP 脉冲，存放的四位数码将从低位到高位，依次从串行输出端 Q_0 处输出，这就是串行输出方式。可见，右移寄存器具有串行输入、串行输出的功能。图5－6是它的工作波形图。

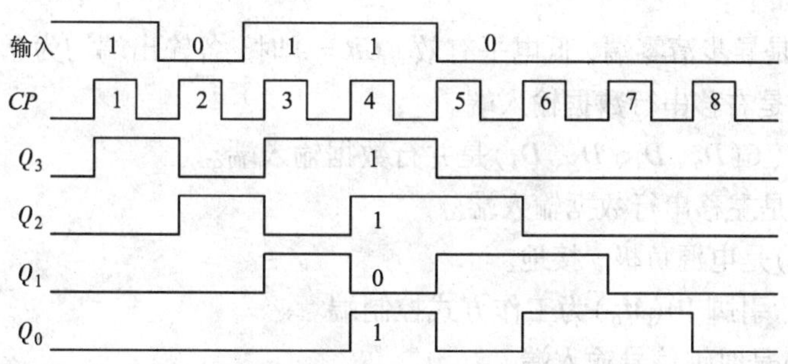

图5－6　四位右移寄存器工作波形图

从图5－5可看出，右移寄存器的结构特点是：最高位触发器接收输入数码，数码由高位触发器移向低位触发器。而左移寄存器正好相反：最低位触发器接收输入数码，数码由低位触发器移向高位触发器。图5－7所示是由四个 D 触发器构成的左移寄存器。它又如何工作？请读者自行分析。

(2)双向移位寄存器

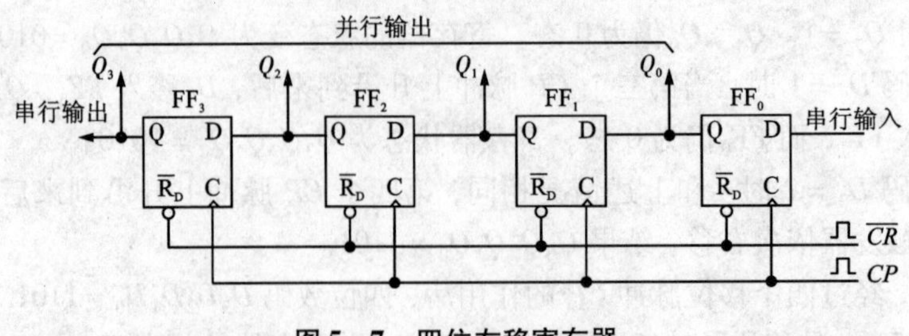

图 5－7　四位左移寄存器

在数字电路中，常需要寄存器按不同的控制信号，能够向右移位或者向左移位。具有既能右移又能左移两种工作方式的寄存器，称为双向移位寄存器。双向移位寄存器除了具有双向移位功能外，常常还有置数、保持、清除等功能。

集成四位双向移位寄存器 CT74LS194 的外引线排列如图 5－8 所示。

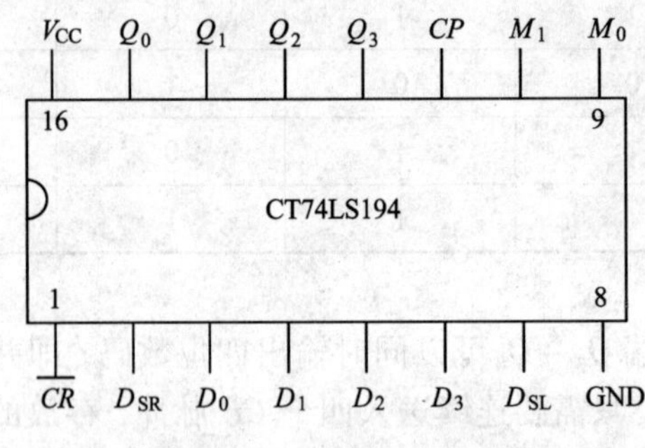

图 5－8　CT74LS194 引脚图

各引脚功能如下：

引脚 1($\overline{CR}$)是异步清零端，低电平有效，$\overline{CR}=0$ 时，各输出端均为 0。

引脚 2(D_{SR})是右移串行数据输入端。

引脚 3、4、5、6(D_0、D_1、D_2、D_3)是并行数据输入端。

引脚 7(D_{SL})是左移串行数据输入端。

引脚 8(GND)是电源负极，接地。

引脚 9(M_1)、引脚 10(M_0)为工作方式控制端。

引脚 11(CP)是时钟信号输入端。

引脚 12、13、14、15(Q_3、Q_2、Q_1、Q_0)是寄存器的输出端。

引脚 16(V_{CC})是电源正极。

寄存器的不同功能：保持、右移、左移及并行输入取决于引脚 9(M_1)、引脚 10(M_0)的不同取值；$M_1M_0=00$ 时，寄存器中存入的数据保持不变；$M_1M_0=01$ 时，寄存器为右移工作方式，D_{SR}为右移串行输入端；$M_1M_0=10$ 时，寄存器为左移工作方式，D_{SL}为左移串行输入端；$M_1M_0=11$ 时，寄存器为并行输入方式，即在 CP 脉冲的作用下，将输入到 $D_0\sim D_3$端的数据，同时存入寄存器中。

常用的移位寄存器还有74HC91、74HC95、74HC164、74HC165、74HC166等TTL型和CC4014、CC4015、CC4021等CMOS型集成电路。

5.2.3 仿真：移位寄存器仿真实验

5.2.3.1 仿真实验目的

(1)通过仿真实验，熟悉双向移位寄存器74LS194D的逻辑功能。

(2)了解移位寄存器的应用。

5.2.3.2 元器件选取

(1)电源：Place菜单→Component→Source→POWER_SOURCES→DC_POWER，选取电源并设置电压为5V。

(2)接地：Place Source→POWER_SOURCES→GROUND，选取电路中的接地。

(3)双向移位寄存器：Place TTL→74LS，选取74LS194D。

(4)逻辑探头：Place Indicators→PROBE_RED，选取逻辑探头。

(5)逻辑开关：Place Elector_Mechanical→SUPPLEMENTARY_CONTACTS，选取SPDT_SB开关。

5.2.3.3 搭建测试电路

按照图5-9搭建测试电路。

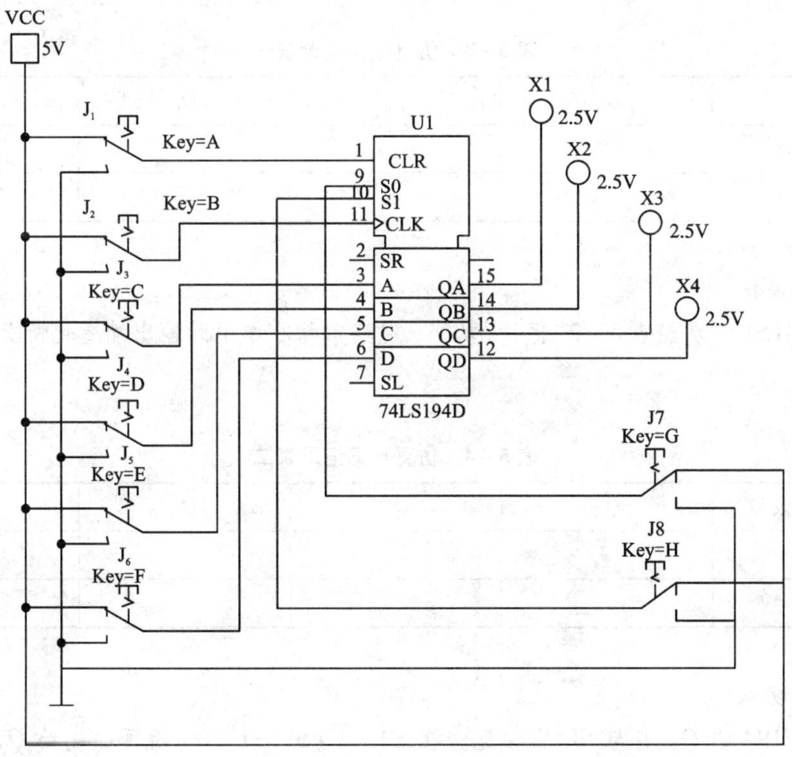

图5-9　移位寄存器仿真电路

5.2.3.4 仿真分析

1. 并行输入

开启仿真开关，根据 74LS194 功能表 5－2，用 J1 实现“异步清 0”功能；再根据“并行输入”功能要求，将 S1、S0 使能端置于“1、1”状态，A、B、C、D 数据输入端分别设为“1011”，观察 CLK 端加单脉冲 CP 时，输出端指示灯变化情况，并填写表 5－3。

表 5－2 74LS194 功能表

输入						输出				功能说明
CLR	CLK	S1	S0	SL	SR	Q_A^{n+1}	Q_B^{n+1}	Q_C^{n+1}	Q_D^{n+1}	
0	×	×	×	×	×	0	0	0	0	异步清 0
1	1	0	1	×	0	0	Q_A^n	Q_B^n	Q_C^n	右移
1	1	0	1	×	1	1	Q_A^n	Q_B^n	Q_C^n	右移
1	1	1	0	0	×	Q_B^n	Q_C^n	Q_D^n	0	左移
1	1	1	0	1	×	Q_B^n	Q_C^n	Q_D^n	1	左移
1	1	1	1	×	×	A	B	C	D	并行输入
1	1	0	0	×	×	Q_A^n	Q_B^n	Q_C^n	Q_D^n	保持

表 5－3 仿真数据记录表一

脉冲输入	Q_A	Q_B	Q_C	Q_D
未加脉冲				
加单脉冲				

2. 动态保持

根据 74LS194 功能表 5－2“保持”功能，观察单脉冲作用时输出端变化情况，并填写表 5－4。

表 5－4 仿真数据记录表二

脉冲输入	Q_A	Q_B	Q_C	Q_D
未加脉冲				
加单脉冲				

3. 左移功能

将 74LS194 的 Q_A 端与 SL 端相连。在 S0＝1、S1＝1 的情况下，先给 Q_A～Q_D 送数“0011”，再启动仿真开关，然后根据 74LS194 功能表 5－2“左移输入 0”功能要求（即 SL＝0），观察当 CP 脉冲作用时输出端指示灯变化情况，并填写表 5－5；再给 Q_A～Q_D 送数“1100”，然后根据 74LS194 功能表 5－2“左移输入 1”功能要求（即 SL＝1），观察当 CP 脉冲作用时输出端指示灯变化情况，并填写表5-6。

表5-5　仿真数据记录表三

脉冲 CLK 输入	Q_A	Q_B	Q_C	Q_D
0	0	0	1	1
1				
2				
3				
4				
5				

表5-6　仿真数据记录表四

脉冲 CLK 输入	Q_A	Q_B	Q_C	Q_D
0	1	1	0	0
1				
2				
3				
4				
5				

4. 右移功能

将74LS194的 Q_A 端与SR端相连。仿照左移功能步骤观察当CP脉冲作用时输出端指示灯变化情况，并填写表5-7和表5-8。

表5-7　仿真数据记录表五

脉冲 CLK 输入	Q_A	Q_B	Q_C	Q_D
0	0	0	1	1
1				
2				
3				
4				
5				

表 5-8　仿真数据记录表六

脉冲 CLK 输入	Q_A	Q_B	Q_C	Q_D
0	1	1	0	0
1				
2				
3				
4				
5				

4.2.3.5　**思考题**

(1)双向移位寄存器 74LS194D 有什么用途?

(2)双向移位寄存器 74LS194D 的工作过程与时钟脉冲有什么关系?

5.2.4　计数器

能实现统计输入脉冲个数的电路称为计数器。在数字系统中使用得最多的时序电路是计数器。计数器不仅能用于对时钟脉冲计数，还可以用于分频、定时、产生节拍脉冲序列以及进行数字运算等。

计数器种类很多：按计数进制不同分为二进制、十进制、N 进制计数器；按计数过程中计数器的数值增减可分加法计数器、减法计数器、可逆计数器；按计数器中的触发器是否同时翻转分类，可以把计数器分为同步计数器和异步计数器两种。二进制计数器是各种计数器的基础。

5.2.4.1　二进制计数器

1.二进制同步加法计数器

在同步计数器中，计数脉冲送到各触发器时钟脉冲输入端，在计数脉冲到来时，所有需要翻转的触发器能在同一时间翻转。即触发器的状态变化与计数脉冲同步，缩短了总的传输延迟时间，提高了计数器的工作频率。

图 5-10 所示电路是由三个 T 触发器组成的三位同步二进制加法计数器。从电路图中可以看出，计数脉冲 CP 传送到各触发器时钟脉冲输入端，组成了同步计数器，各个触发器的 T 端逻辑关系分别为：$T_1=1$(T_1悬空)，$T_2=Q_1$，$T_3=Q_2Q_1$。

工作过程如下：

计数器工作前应先清零。令$\overline{CR}=0$，$Q_3Q_2Q_1=000$。然后使$\overline{CR}=1$，开始计数工作。

对于 T_1触发器，因 $T_1=1$，触发器处于计数状态，在每个 CP 计数脉冲下降沿，T_1触发器均翻转一次。

$T_2=Q_1$，当 $Q_1=1$ 时，在 CP 计数脉冲下降沿到来时，Q_2触发器计数翻转；当 $Q_1=0$ 时，Q_2触发器保持原态不变。

$T_3=Q_2Q_1$，只有当 $Q_1=Q_2=1$ 且 CP 计数脉冲下降沿到来时，Q_3触发器才计数翻转，否则 Q_3就保持原态不变。计数器的工作波形如图 5-11 所示。

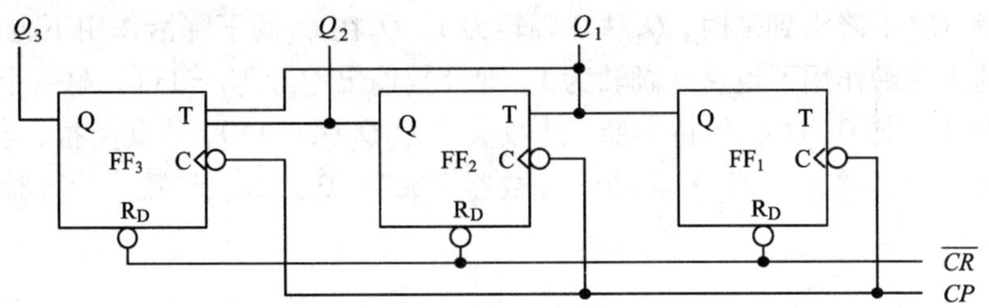

图 5-10　三位同步二进制加法计数器

从波形图中可以看出：计数器从 $Q_3Q_2Q_1=000$ 开始计数，当第一个 CP 下降沿到来时，计数输出 $Q_3Q_2Q_1=001$，第二个 CP 下降沿到来时，计数输出 $Q_3Q_2Q_1=010$，依此类推，当第七个 CP 下降沿到来时，计数输出 $Q_3Q_2Q_1=111$，当第八个 CP 下降沿到来时，计数输出又回到 $Q_3Q_2Q_1=000$。至此，完成了 0～7 的二进制加法计数过程。

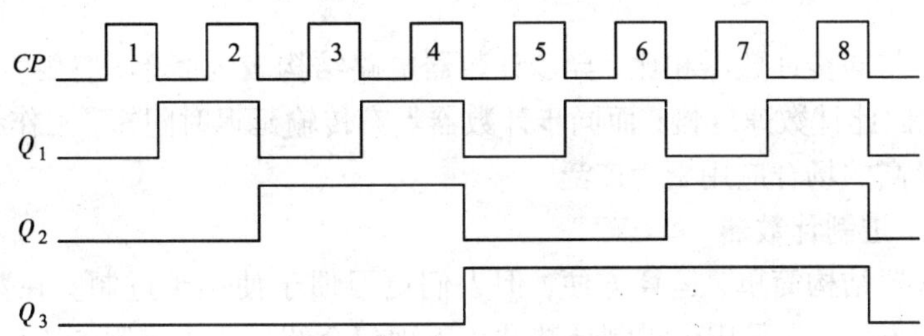

图 5-11　三位同步二进制加法计数器工作波形图

2. 二进制异步减法计数器

如图 5-12 所示，电路由三个 T 触发器组成，低位的 Q 与高一位的 CP 端相连，所有触发器 T 端悬空，相当于接高电平，即 $T=1$。因此，每个触发都处于计数状态，只要时钟脉冲 CP 信号由 1 变 0，触发器的状态就翻转。

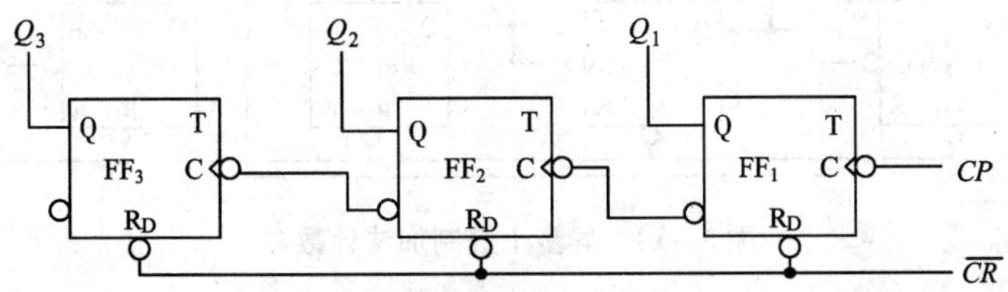

图 5-12　二进制异步减法计数器

工作过程如下：

计数器工作前应先清零。令 $\overline{CR}=0$，$Q_3Q_2Q_1=000$。然后使 $\overline{CR}=1$，开始计数工作。

当低位触发器的输出状态 Q 由 0 变 1、$\overline{Q}$ 由 1 变 0 时，高一位触发器的 CP 端将收到负跳变脉冲，触发器的状态就翻转。而低位触发器的输出状态 Q 由 1 变 0 时，高一位触发器收到正跳变脉冲而不翻转。

当第一个 CP 下降沿到来时，Q_1从 0 翻转为 1，Q_2在 Q_1的下降沿作用下也从 0 翻转为 1，Q_3在 Q_2的下降沿作用下也从 0 翻转为 1，即计数输出 $Q_3Q_2Q_1=111$。第二个 CP 下降沿到来时，Q_1从 1 翻转 0，Q_3Q_2保持不变，计数输出 $Q_3Q_2Q_1=110$，依此类推，当第八个 CP 下降沿到来时，计数输出 $Q_3Q_2Q_1=000$，计数器完成 7 ~ 0 的减法计数。计数器的工作波形图如图 5 – 13 所示。

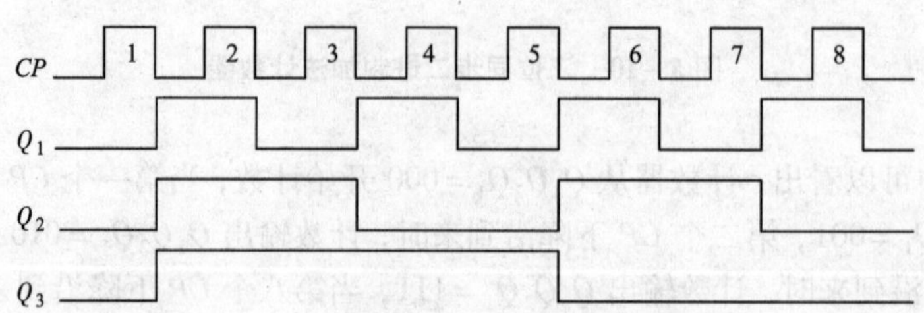

图 5 – 13　二进制异步减法计数器工作波形图

异步计数器与同步计数器相比，异步计数器电路结构较为简单，各触发器状态的改变是逐位进行的，因此计数速度慢；而同步计数器具有传输延迟时间短，工作频率高的特点，在计数速度要求高的场合应用更为广泛。

5.2.4.2　十进制计数器

二进制计数器结构简单，运算方便，但人们更习惯于使用十进制。在数字式仪表中，为了显示读数的方便，常采用十进制计数器。下面仅介绍异步十进制加法计数器。

如图 5 – 14 所示电路为异步十进制加法计数器逻辑图。它由四个主从 JK 触发器组成，每个触发器的电路特点是：当 FF_1 的 $J_1=\overline{Q}_3=1$ 时，在 Q_0由 1 变 0 时，FF_1翻转；当 $Q_3=0$ 时，FF_1置 0；第四位触发器 FF_3的 $J_3=Q_1Q_2$，$CP=Q_0$，当 $Q_1=Q_2=1$，且 Q_0由 1 变 0 时，FF_3才能翻转；当 $Q_1=Q_2=0$ 时，FF_3置 0。

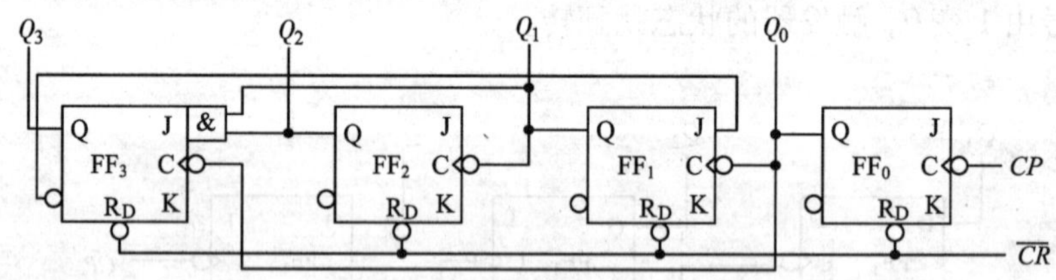

图 5 – 14　异步十进制加法计数器

工作过程如下：

计数前，电路应清零，使 $Q_3=Q_2=Q_1=Q_0=0$。在 FF_3翻转之前(即计数到“8”以前)，$J_0=K_0=J_1=K_1=J_2=K_2=1$，$FF_2$、$FF_1$、$FF_0$三级触发器都处于计数触发状态。

当第一个计数脉冲 CP 到来后，FF_0的状态由 0 变 1。而 CP 到来前，Q_0、Q_1、Q_2均为 0，所以 CP 到来后，FF_1、FF_2、FF_3 保持 0 态不变。计数器的状态为 0001。

当第二个计数脉冲 CP 到来后，FF_0的状态由 1 变 0，即 $Q_0=0$。而 CP 到来前，$Q_0=1$，

Q_1、Q_2均为0，所以*CP*到来后，FF_1的时钟脉冲*C*端接收Q_0的负跳变发生翻转，$Q_1=1$，FF_2、FF_3继续保持0态不变。计数器的状态为0010。

按此规律，直到第七个*CP*脉冲到来后，计数器的状态变为0111。

当第八个*CP*脉冲到来后，FF_0由1变0，Q_0输出的负跳变使FF_1由1变0；Q_1的负跳变又使Q_2也由1变0，Q_2的负跳变又使Q_3也由1变0；在Q_0输出的负跳变时，因$J_3=Q_1Q_2=1$，故使Q_3由0变1，这时计数器变成1000状态。

第九个*CP*脉冲使FF_0翻转，计数器为1001状态。第十个*CP*脉冲输入后，Q_0由1翻转到0，并送给FF_1、FF_3的*CP*端为一个下降沿信号。FF_1因$J_1=\overline{Q_3}=0$，故FF_0置0而状态不变；FF_3则因$K_3=1$，$J_3=Q_1Q_2=0$，Q_3由1翻转到0。于是计数器由1001回到0000状态。实现了二－十进制的计数。此时Q_3输出一个由1变0的下降沿进位时钟脉冲，从而完成了一位十进制计数的全过程。

计数器的工作波形如图5－15所示。

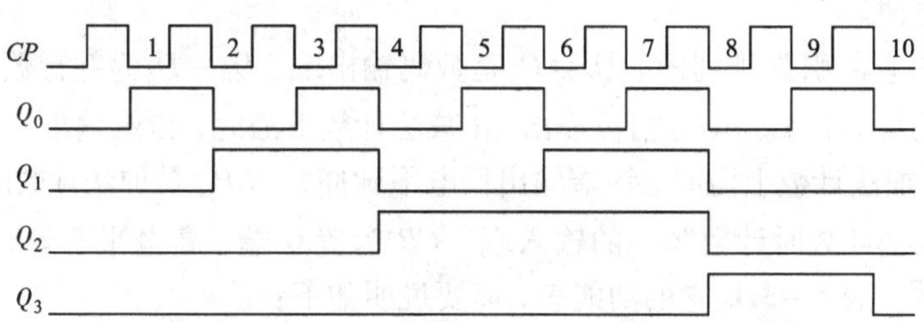

图5－15　异步十进制加法计数器工作波形图

5.2.4.3　集成计数器

1. 集成计数器简介

随着集成技术的迅速发展，集成计数器的应用已十分普遍。计数器集成化后，在集成电路上同时增加一些门和控制端，使计数器的功能更加完善，使用更为方便。表5－9列出了几种常用的集成计数器。目前集成计数器的规格多、品种全。从表中可看出，各种产品在时钟输入、清零、置数、使能控制等方式上各有不同。

表5－9　几种常用计数器

型号	工作方式	计数顺序	位数、进制	触发脉冲	清零	预置
74LS160	异步	加法	十进制	↑	异步、低	异步、低
74LS190	同步	加、减	十进制	↑	无	异步、低
74LS192	同步	双*CP*可逆	十进制	↑	异步、高	异步、低
74LS568	同步	加、减	4位十进制	↑	异/同、低	无
74LS93	异步	加	4位二进制	↓	异步、高	无
74LS161	同步	加	4位二进制	↓	异步、低	异步、低
74LS191	同步	加、减	4位二进制	↑	无	异步、低

续表 5 - 9

型号	工作方式	计数顺序	位数、进制	触发脉冲	清零	预置
74LS193	同步	双 *CP* 可逆	4 位二进制	↑	异步、高	异步、低
74LS290	异步	加	二、五、十	↓	异步、高	异步、低
74LS196	异步	加	二、五、十	↓	异步、低	异步、低
CD4518	同步	加	双十进制	↑↓	异步、高	无
CD4060	同步	加	14 位二进制	↓	异步、低	无
CD4040	同步	加	12 位二进制	↓	异步、低	无

2. 集成计数器 74LS193

CT74LS193 是四位同步二进制可逆计数器，它具有预置数码、加减可逆的同步计数功能，应用十分方便。

图 5 - 16 是它的引脚排列图。$Q_0 \sim Q_3$ 是数码输出端，$D_0 \sim D_3$ 为并行数据输入端（D_0 表示最低位，D_3 为最高位）。$\overline{BO}$ 是借位输出端（减法计数下溢时，该端输出低电平脉冲），$\overline{CO}$ 是进位输出端（加法计数上溢时，该端输出低电平脉冲）。CP_+ 是加法计数时计数脉冲的输入端，CP_- 为减法计数时计数脉冲的输入端。CR 为置 0 端，高电平有效。$\overline{LD}$ 为置数控制端，低电平有效。表 5 - 3 是它的功能表，简要说明如下：

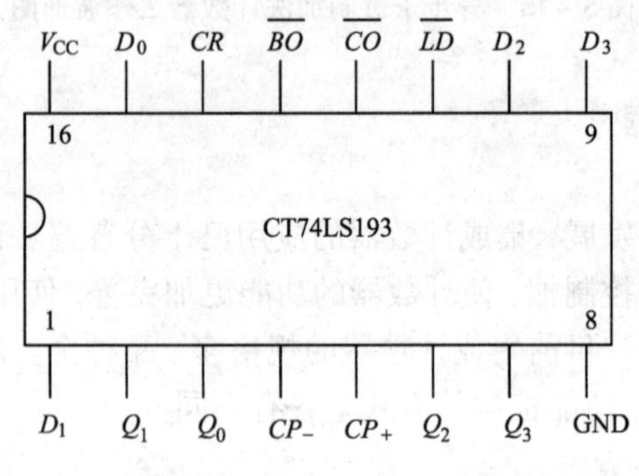

图 5 - 16　CT74LS193 引脚图

①$CR = 1$ 时，不论 CP_+、CP_- 以及 $D_0 \sim D_3$ 为何种状态，计数器清零，$Q_3Q_2Q_1Q_0 = 0000$。

②$CR = 0$、$\overline{LD} = 0$ 时，不论 CP_+、CP_- 的状态如何，计数器作置数操作，输出端 $Q_0 \sim Q_3$ 的状态与数据输入端的状态相同，达到预置数码的目的。

③$CR = 0$、$\overline{LD} = 1$ 时，若计数脉冲从 CP_+ 输入，计数器进行加法计数；若计数脉冲从 CP_- 输入，计数器进行减法计数。可见，它具有加减可逆计数功能。无论哪种方式计数，都是同步进行的。

表5－10　CT74LS193功能表

输入								输出			
CR	$\overline{LD}$	CP_+	CP_-	D_0	D_1	D_2	D_3	Q_0	Q_1	Q_2	Q_3
1	×	×	×	×	×	×	×	0	0	0	0
0	0	×	×	d_0	d_1	d_2	d_3	d_0	d_1	d_2	d_3
0	1	↑	1	×	×	×	×	加法计数			
0	1	1	↑	×	×	×	×	减法计数			

注：表中×表示任意(或0或1)，↑表示脉冲上升沿(正跳变触发)

3. 集成计数器CD4518

CD4518是双BCD(8421编码)十进制加法计数器。它具有双十进制计数、保持、清零等多种功能。CD4518中的每一个计数器都是由四个D触发器和一些控制门电路组成。电源电压为3～18V。

其引脚排列如图5－17所示。$Q_{3a}Q_{2a}Q_{1a}Q_{0a}$为第一个十进制计数器的输出端，CP_a、$\overline{CP_a}$为第一个计数器的时钟脉冲输入端，CP_a为上升沿触发，$\overline{CP_a}$为下降沿触发。$Q_{3b}Q_{2b}Q_{1b}Q_{0b}$为第二个十进制计数器的输出端，CP_b、$\overline{CP_b}$为第二个计数器的时钟脉冲输入端，CP_b为上升沿触发，$\overline{CP_b}$为下降沿触发。CR为复位端，高电平有效。

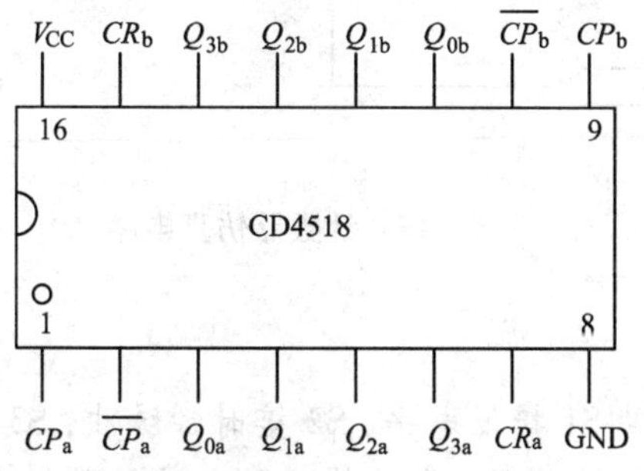

图5－17　CD4518引脚图

5.2.5　仿真：计数器仿真实验

5.2.5.1　仿真实验目的

(1)通过仿真实验，熟悉74LS192D的逻辑功能。

(2)了解74LS192D的应用。

5.2.5.2　元器件选取

(1)电源：Place菜单→Component→Sourcc→POWER_SOURCES→DC_POWER，选取电源并设置电压为5V。

(2)接地：Place Source→POWER_SOURCES→GROUND，选取电路中的接地。

(3)时钟信号：Place Source→SIGNAL_VOLTAGE_SOURCES→CLOCK_ VOLTAGE，选

取 1 kHz、5V 的时钟信号源。

(4)集成计数器：Place TTL→74LS，选取 74LS192D。

(5)反相器：Place TTL→74LS，选取 74LS04D。

(6)逻辑探头：Place Indicators→PROBE，选取逻辑探头。

(7)逻辑开关：Place Elector_Mechanical→SUPPLEMENTARY_CONTACTS，选取 SPDT_SB 开关。

(8)数码显示管：Place Indicators→HEX_DISPLAY，选取 DCD_HEX 数码显示管。

5.2.5.3 搭建仿真电路

按照图 5-18 搭建仿真电路。

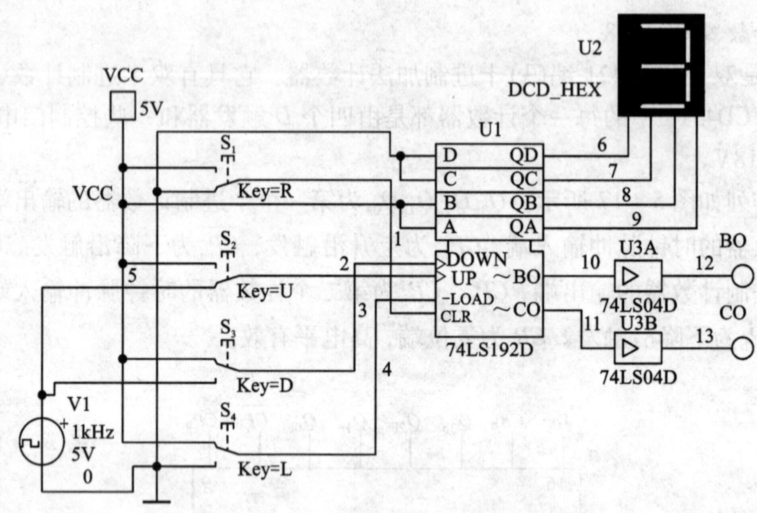

图 5-18 计数器仿真电路

5.2.5.4 仿真分析

(1)调整各逻辑开关，使 S1 接低电平，S2 接时钟脉冲，S3 接高电平，S4 接高电平，打开仿真开关，激活电路，此时计数器工作在十进制加法计数模式，由 9→0 时，"~CO"端产生进位信号，进位逻辑探头亮。

(2)逻辑开关 S1、S4 保持不变，S2、S3 换接位置，再打开仿真开关，激活电路，此时计数器工作在十进制减法计数模式，由 0→9 时，"~BO"端产生借位信号，借位逻辑探头亮。

(3)将逻辑开关 S4 接低电平，此时计数器工作在异步预置数模式，若输入端 DCBA = 0011 不变化，打开仿真开关，激活电路，此时数码管固定显示 3。

5.2.5.5 思考题

(1)为什么说 74LS192D 是同步十进制可逆计数器？

(2)74LS192D 除了计数功能外，还具有什么功能？

5.3　任务实现

5.3.1　认识电路组成

简易秒表电路由秒信号发生器、十进制计数器、译码驱动器、数码显示器和控制电路组成。其电路组成方框图如图5－19所示。

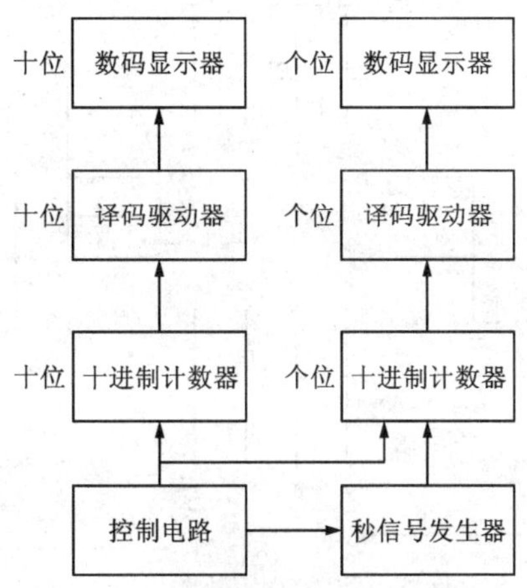

图5－19　简易数字秒表方框图

电路原理图如图5－20所示，IC_1（NE555）、C_1、C_2、R_1、R_2器件组成秒信号发生器，IC_2（CD4518）、R_{17}组成十进制计数器，IC_3、IC_4（CD4511）组成译码驱动器，DS_1、DS_2（SM4205）、R_3～R_{16}组成数码显示器，按键S_1、S_2组成控制电路。

5.3.2　认识工作过程

1. 秒信号产生

IC_1（NE555）、C_1、C_2、R_1、R_2器件组成多谐振荡器，振荡频率由C_1、R_1、R_2参数决定，其计算公式是$f=1.4/(R_1+2R_2)C_1$，根据电路参数可得振荡频率是1 Hz，即周期为1秒，多谐振荡器振荡信号从IC_1第3脚输出送到控制开关S_2，S_2的功能是控制秒表的暂停与开始。

2. 秒计数

IC_2的9、10、11、12、13、14、15脚构成个位十进制加法器，9、10脚分别为上升沿和下降沿触发时钟端，将10脚接高电平，秒信号从9脚输入（上升沿触发），计数输出BCD码从11、12、13、14脚输出，其中14脚为最高位端，11脚为最低位端，14脚信号还为十位十进制加法器提供时钟信号。

IC_2的1、2、3、4、5、6、7脚构成十位十进制加法器，1、2脚分别为上升沿和下降沿触发时钟端，将1脚接低电平，14脚来的进位信号从2脚输入（下降沿触发），计数输出BCD码从3、4、5、6脚输出，其中6脚为最高位端，3脚为最低位端。

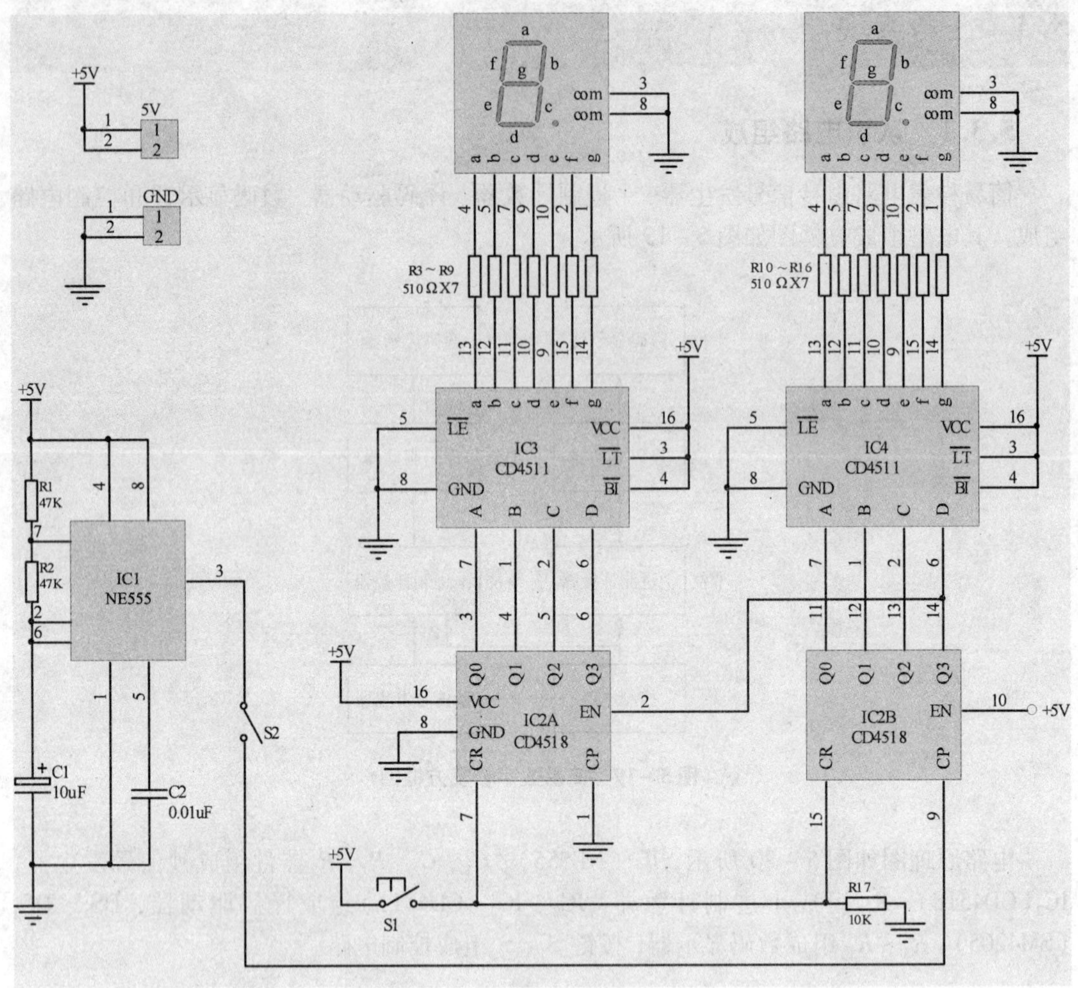

图 5－20　简易数字秒表电路原理图

IC_2的 7、15 脚为计数器的复位端，高电平有效，S_1未按下时，计数器正常计数，按下时计数器清零，两位数码管显示的数字是 00。

3. 译码及数码显示

IC_3、IC_4（CD4511）4 脚是消隐输入控制端，当$\overline{BI}=0$时，不管其他输入端状态如何，七段数码管均处于熄灭（消隐）状态，不显示数字。3 脚是测试输入端，当$\overline{BI}=1$，$\overline{LT}=0$时，译码输出全为 1，不管输入 $DCBA$ 状态如何，七段均发亮，显示“8”。它主要用来检测数码管是否损坏。5 脚是锁定控制端，当$\overline{LE}=0$时，允许译码输出。$\overline{LE}=1$时译码器是锁定保持状态，译码器输出被保持在$\overline{LE}=0$时的数值。图中将 4 脚、3 脚接高电平、5 脚接低电平，CD4511 处在正常译码状态。

CD4511 的 7、1、2、6 脚分别为 8421BCD 码输入端；13、12、11、10、9、15、14 脚分别为译码输出端，输出为高电平 1 有效，驱动共阴极数码管。IC_3为十位译码驱动，IC_4为个位译码驱动。

SM4205型号八段共阴极数码管，DS_1显示十位数字，DS_2显示个位数字。R_3 ~ R_{16}为限流电阻。

5.3.3　元器件的选用与检测

1. 元器件的选用

R_1 ~ R_{17}选用金属膜电阻器；C_1选用耐压值为16V的电解电容器，C_2选用瓷片电容器；S_1选用6＊6＊5按键，S_2选用8＊ 8自锁开关；IC_1选用NE555集成电路，IC_2选用CD4518，IC_3、IC_4选用CD4511；数码管选用SM4205。元器件清单见表5－11。

表5－11　简易数字秒表元器件清单

序号	元件型号	参数	标号	数量	质量检测	
1	电阻器	10 kΩ	R_{17}	1	实测：	
2		47 kΩ	R_1、R_2	2	实测：	
3		510 Ω	R_3 ~ R_{16}	14	实测：	
4	电解电容	10 μF/25V	C_1	1	实测：	
5	瓷片电容	0.01 μF	C_2	1	实测：	
6	数码管	SM4205	DS_1、DS_2	2	实测：	
7	小按键	6＊6＊5	S_1	1	引脚图：	实测结果：
9	自锁开关	8＊ 8	S_2	1	引脚图：	实测结果：
10	三极管	S8050	V_1	1	引脚图：	实测结果：
11	集成电路	NE555	IC_1	1	引脚图：	实测结果：
12		CD4518	IC_2	1	引脚图：	实测结果：
13		CD4511	IC_3、IC_4	2	引脚图：	实测结果：

2. 元器件的检测

根据前面项目介绍的方法进行检测。将检测情况填入表5－11。

5.3.4　电路安装

1. 识读电路板

根据电路板实物，参考电路原理图清理电路，查看电路板是否有短路或开路地方，熟悉各器件在电路板中的位置。简易数字秒表的器件布局如图5－21所示。

2. 安装原则

先小件后大件的顺序安装，即按电阻器、瓷片电容器、电解电容器、集成电路的顺序安装焊接。

3. 元器件安装

参照项目1插件元器件安装的方法进行安装。

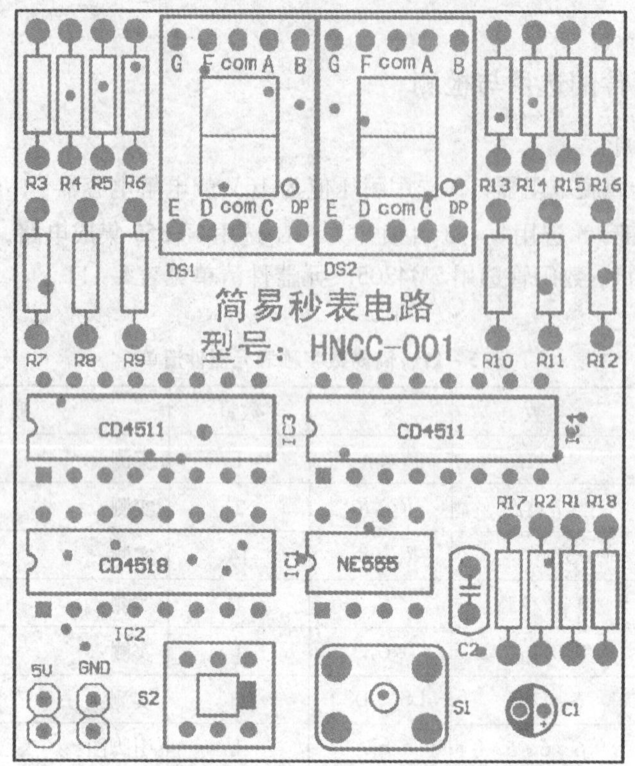

图 5-21　简易数字秒表的 **PCB** 器件布局图

5.3.5　电路调试与检测

1. 电路调试

（1）安装结束，检查焊点质量（重点检查是否有错焊、漏焊、虚假焊、短路），检查器件安装位置是否正确（重点检查集成电路和数码管），方可通电。

（2）通电观察各数码管是否有显示，若某个数码管无显示，则检查该数码管的共阴极是否接触良好，相应的译码驱动电路 CD4511 电源和地是否接好。若某个数码管中的某个笔段无显示或常亮不灭，则应检查该笔段对应的驱动引脚是否存在对电源或地短路或开路。

（3）有显示而不计数，则应检查振荡电路是否已经工作，可用示波器观察 IC_1 第 3 脚 IC_2 第 9 脚波形。

（4）若计数不准则应检查 C_1、R_1、R_2 参数是否准确。

2. 电路检测

（1）用示波器测出 IC_1 的 3 脚和 6 脚波形，完成表 5-12。

表5－12　NE555 波形检测

IC_1	波形	周期	幅值
3脚			
6脚			

（2）当计数到某一数时（如47），按下 S_2 使电路暂停计数，测出 IC_2、IC_3、IC_4 下列引脚电压，完成表5－13、表5－14；并分析推导，完成表5－15。

表5－13　CD511、CD4518 参数检测表一

	IC_2				IC_3							十进制数
	Q3（14）	Q2（13）	Q1（12）	Q0（11）	a（13）	b（12）	c（11）	d（10）	e（9）	f（15）	g（14）	
电压												
逻辑												

表5－14　CD511、CD4518 参数检测表二

	IC_2				IC_4							十进制数
	Q3（6）	Q2（5）	Q1（4）	Q0（3）	a（13）	b（12）	c（11）	d（10）	e（9）	f（15）	g（14）	
电压												
逻辑												

表5－15　CD511、CD4518 参数检测表三

十进制数	IC_2				IC_3						
	Q3（14）	Q2（13）	Q1（12）	Q0（11）	a（13）	b（12）	c（11）	d（10）	e（9）	f（15）	g（14）
0											
1											
2											
3											
4											
5											
6											
7											
8											
9											

5.4 考核评价

简易秒表的制作评价标准见表 5-16。

表 5-16 简易秒表的制作评价标准

<table>
<tr><th>考核项目</th><th>评分点</th><th>分值</th><th>评分标准</th><th>得分</th></tr>
<tr><td rowspan="6">简易秒表的制作</td><td>电路识图</td><td>5</td><td>能正确理解电路的工作原理，否则，视情况扣 1~5 分</td><td></td></tr>
<tr><td>电路板制作</td><td>30</td><td>按电路原理图制作出电路板，要求设计合理，美观，每错一处扣 1 分，扣完为止</td><td></td></tr>
<tr><td>元件质量判定</td><td>15</td><td>正确识别元件，每错一处扣 1 分，扣完为止</td><td></td></tr>
<tr><td>电路焊接</td><td>20</td><td>元器件引脚成型符合要求，元器件装配到位；装配高度、装配形式符合要求；外壳及紧固件装配到位，不松动，不压线。不符合要求每处扣 1 分</td><td></td></tr>
<tr><td>电路调试</td><td>15</td><td>正确使用仪器仪表；写出数据测试和分析报告。不能正确使用仪器仪表测量每次扣 3 分，数据测试错误每次扣 2 分，分析报告不完整或错误视情况扣 1~5 分，扣完为止</td><td></td></tr>
<tr><td>电路检修</td><td>15</td><td>通电工作正常，如有故障、进行排除，不能排除</td><td></td></tr>
<tr><td colspan="2">小计</td><td>100</td><td>视情况扣 1~15 分</td><td></td></tr>
<tr><td rowspan="5">职业素养与操作考核</td><td>学习态度</td><td>20</td><td>不参与团队讨论；不完成团队布置的任务；抄袭作业或作品；发现一次扣 2 分，扣完为止</td><td></td></tr>
<tr><td>学习纪律</td><td>20</td><td>每缺课 1 次扣 5 分；每迟到 1 次扣 2 分；上课玩手机、玩游戏、睡觉，发现一次扣 2 分，扣完为止</td><td></td></tr>
<tr><td>团队精神</td><td>20</td><td>不服从团队的安排；与团队成员间发生与学习无关的争吵；发现团队成员做得不好或不到位或不会的地方不指出、不帮助；团队或团队成员弄虚作假，每发现一次，此项计 0 分；其他项，每发现一次扣 2.5 分。扣完为止</td><td></td></tr>
<tr><td>操作规范</td><td>20</td><td>操作过程不符合安全操作规程；仪器设备的使用不符合相关操作规程；工具摆放不规范；物料、器件摆放不规范；工作台位台面不清洁、不按规定要求摆放物品；任务完成后不整理、清理工作台；任务完成后不按要求清扫场地内卫生；发现一项扣 2 分，扣完为止。如出现触电、火灾、人身伤害、设备损坏等安全事故，此项记 0 分</td><td></td></tr>
<tr><td>行为举止</td><td>20</td><td>着装不符合规定要求；随地乱吐、乱涂、乱扔垃圾（食品袋、废纸、纸巾、饮料瓶）等；在非吸烟区吸烟；语言不文明，讲坏话；每项扣 1~5 分，扣完为止</td><td></td></tr>
<tr><td colspan="2">小计</td><td>100</td><td></td><td></td></tr>
</table>

说明：①本项目的项目考核、职业素养及操作规范考核按 10% 比例折算计入总分；

②理论考核根据全学期训练项目对应的理论知识在期末进行考核，本项目占理论试卷的 20%，期末理论成绩按 10% 折算计入总分。

5.5　拓展提高

课题1　60 s秒表设计制作。

图5－20所示简易数字秒表计数电路计数为0至99，请运用所学知识将其变成为0至59。要求：只能用一片74LS00，且不得影响S_2控制秒表的暂停与开始。

课题2　根据提供的简易广告跑灯电路原理图(如图3－22所示)和电子元件，绘制电路板图，进行电子元件质量判别并对电路进行组装、调试和检修。

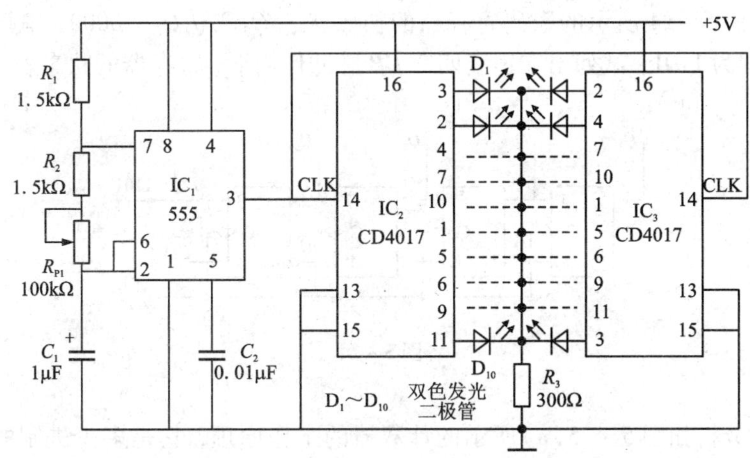

图5－22　简易广告跑灯电路原理图

习题五

5－1　填空题

(1)时序逻辑电路与组合逻辑电路不同，它在任一时刻的输出，不仅取决于该时刻的____；而且还与电路的____状态有关。

(2)寄存器是一种重要的数字逻辑部件，它具有____、____、____数码等功能，一个触发器能存放____位二进制数码，存放N位二进制数码需____个触发器。

(3)移位寄存器按数码移动方向的不同分____寄存器和____寄存器，其中输入和输出方式有______、______、______和______四种。

(4)计数器除了具有计数功能外，还具有______、______、______等功能。按进制不同可分为________、________、________进制计数器等。

(5)简易数字秒表由____________、____________、____________、__________和________电路组成。

5－2　如图5－23所示的数码寄存器，若电路原来状态为$Q_2Q_1Q_0=101$，而输入数码为$d_2d_1d_0=011$，那么CP脉冲到来后，电路状态作何变化？

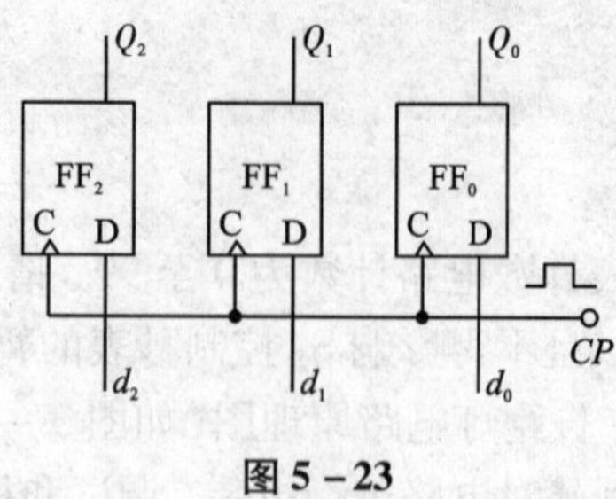

图 5-23

5-3 如图 5-24 所示的数码寄存器的初始状态 $Q_3Q_2Q_1Q_0=0000$，串行左移输入端 D_{SL}输入的数据为 1101，试列出在连续四个 CP 脉冲作用下，寄存器的状态表。

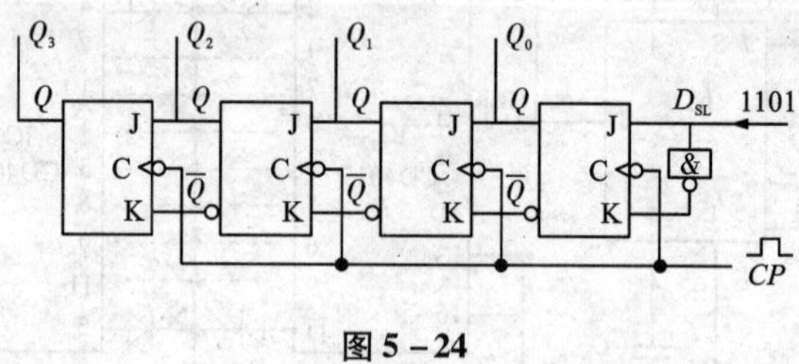

图 5-24

5-4 试分析如图 5-25(a)所示的计数器的工作原理，它是多少进制的计数器？若初始状态 $Q_1Q_0=00$，试列出在连续四个计数脉冲 CP 作用下，计数器的状态表，并画出 Q_1、Q_0的工作波形图。

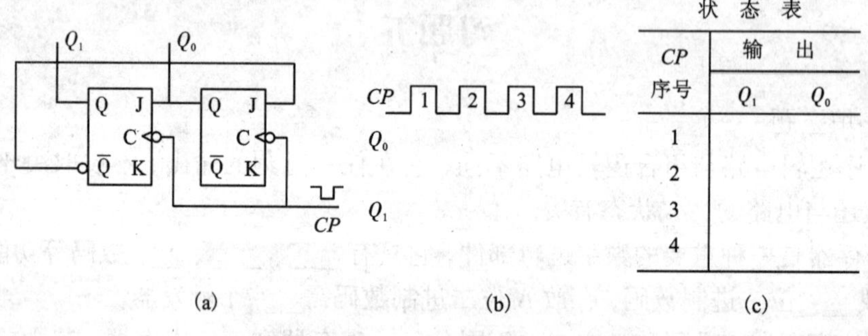

状 态 表

CP 序号	输出	
	Q_1	Q_0
1		
2		
3		
4		

图 5-25

5-5 试分析如图 5-26 所示电路的逻辑功能，它是哪种类型的计数器？引出在连续八个 CP 脉冲作用下，输出端 Q_2、Q_1、Q_0的状态表(设计数器原有状态为 000)。

5-6 试分析如图 5-27 所示电路的逻辑功能，画出在连续八个 CP 脉冲作用下，输出端 Q_3、Q_2、Q_1的状态表(设计数器原有状态为 000)。

5-7 根据图 5-20 所示简易数字秒表电路原理图回答相应问题，若 $R_1=10\ \text{k}\Omega$，$R_2=15\ \text{k}\Omega$，$C_1=0.01\ \mu\text{F}$，求 IC_1第 3 脚输出信号的频率为多少？若图中 R_{17}开路将出现什么

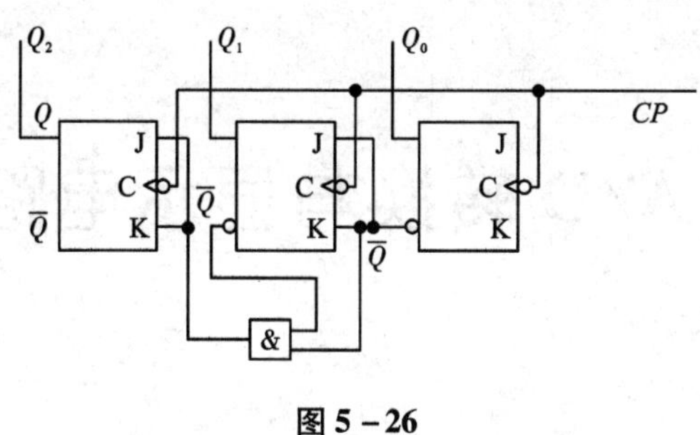

图 5－26

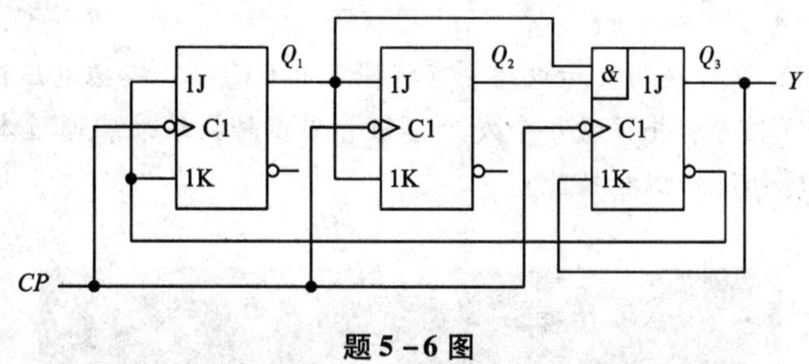

题 5－6 图

故障？若 IC_2 第 11 脚与 IC_4 第 7 脚之间电路开路，数码管将显示怎样的数字？显示频率是怎样的？

5－8　请查阅相关资料列出 CD4511 和 CD4518 功能表。

5－9　请通过网络查阅 3 片以上十进制计数器集成电路，画出引脚图，列出功能表。

5－10　请运用 CD4518 和适当逻辑门设计一个七进制加法计数器，画出相应电路。

项目6 A/D转换与显示电路的制作

6.1 项目描述

本项目介绍的A/D转换与显示电路，可将输入的0V~5V模拟电压信号转换为8位二进制表示的数字电压信号，并驱动8个发光二极管显示转换结果。通过本项目的学习与实践，可以让读者获得如下知识和技能：

图6-1 A/D转换与显示电路

1. 了解倒T型D/A转换电路组成与工作原理。
2. 了解A/D转换电路组成(低通滤波、采样、保持、转换、编码等)。
3. 学会使用A/D、D/A典型芯片。
4. 学会利用仿真软件Multisim 10对A/D、D/A转换器进行功能测试。
5. 会制作、调试A/D转换与显示电路。

6.2 知识准备

要完成以上要求的A/D转换与显示电路的制作，需要具备以下一些相关的知识和技能，下面进行阐述。

6.2.1 D/A 转换器

6.2.1.1 D/A 转换器的基本知识

D/A 转换器有多种类型，如权电阻 D/A 转换器、T 型电阻网络 D/A 转换器、倒 T 型电阻网络 D/A 转换器、权电流 D/A 转换器等。下面重点介绍倒 T 型电阻网络 D/A 转换器的工作原理。

6.2.1.2 倒 T 形电阻网络 D/A 转换器

1. 倒 T 形电阻网络 D/A 转换器

倒 T 形电阻网络 DAC 四位转换器的电路如图 6－2 所示，它主要由电阻解码网络、运算放大器、基准电源和模拟开关组成。

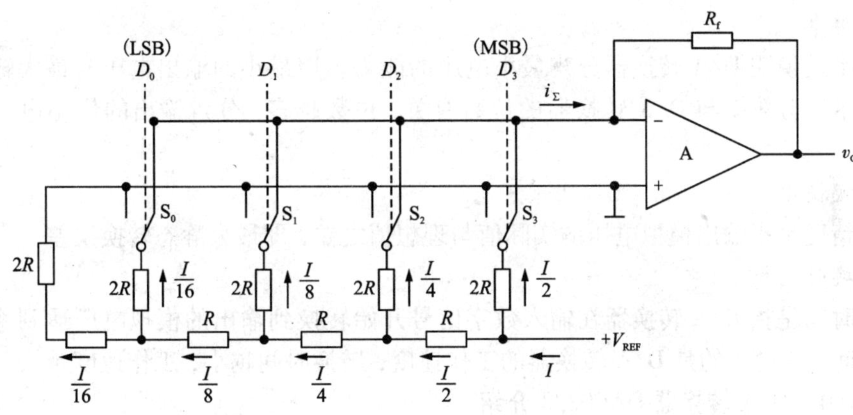

图 6－2 倒 T 型电阻网络数－模转换器

$D_3D_2D_1D_0$ 是输入的数码，D_3 是最高位，D_0 是最低位，S_3、S_2、S_1、S_0 是四个由 D_3、D_2、D_1、D_0 控制的电子模拟开关，运算放大器 A 接成反相比例运算电路，同相端接地。

2. 倒 T 形电阻网络 D/A 转换器工作原理

根据运算放大器线性运用的“虚地”的概念可知，无论模拟开关 S_i 处于何种位置，与 S_i 相连的 2R 电阻均将接“地”（地或虚地）。因此倒 T 型 DAC 任一节点对地的等效电阻为 R，如图 6－3 所示，所以从基准电压 V_{REF} 流出的电流 I 为

$$I=\frac{V_{REF}}{R}$$

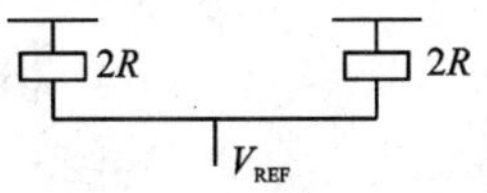

图 6－3 等效电阻图

电流每经过一个节点，就均分为两支相等的电流，并与开关的状态无关。故流过模拟开关 S_3、S_2、S_1、S_0 的电流分别是 $I/2$、$I/4$、$I/8$ 和 $I/16$。于是可得到流入反相器虚地的电流 i_Σ 为

$$i_\Sigma=(\frac{1}{2}D_3+\frac{1}{4}D_2+\frac{1}{8}D_1+\frac{1}{16}D_0)I$$

$$=\frac{1}{2^4}\cdot\frac{V_{REF}}{R}(2^3D_3+2^2D_2+2^1D_1+2^0D_0)$$

输出电压为

$$v_o=\frac{V_{REF}}{2^4}(2^3D_3+2^2D_2+2^1D_1+2^0D_0)$$

上式表明，对于在图6－2电路中输入的每一个二进制数，均能在其输出端得到与之成正比的模拟电压。

从图中可以看出，倒T形电阻网络DAC中各模拟开关的电流与开关的状态无关，避免了倒T形电阻网络DAC在开关状态切换时容易出现尖峰脉冲的缺点，并进一步提高了转换速度，因此，倒T形电阻网络DAC的应用十分广泛。

6.2.1.3 **D/A转换器的主要技术指标**

1. 分辨率

分辨率是说明D/A转换器分辨最小电压的能力。用最小的输出电压与最大输出电压的比值表示。分辨率与D/A转换器的位数有关，位数越多，分辨输出的最小电压的能力越强。

2. 转换精度

转换精度是指输出模拟电压的实际值与理想值之差，即最大静态转换误差。

3. 转换时间

转换时间是指D/A转换器在输入数字信号开始转换到输出的模拟电压达到稳定值所需要的时间，它说明的是D/A转换器的工作速度，转换时间越小，工作速度越快。

6.2.1.4 **D/A转换器DAC0832介绍**

DAC0830系列包括DAC0830、DAC0831和DAC0832，可直接与其他微处理器接口，其中DAC0832是用CMOS工艺制成的20只脚双列直插式单片电流输出型8位数/模转换器，其电路采用倒T型电阻网络，转换时间是1 μs，电源电压是5～15 V，其引脚如图6－4所示。其各脚功能见表6－1所示。

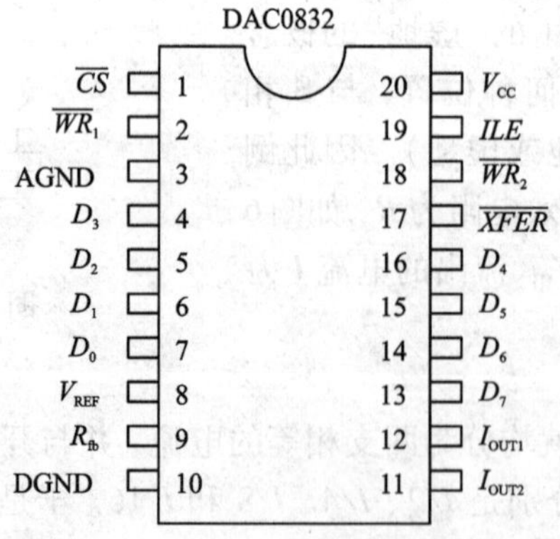

图6－4 D/A转换器DAC0832引脚图

表6－1　DAC0832 引脚功能

脚别	引脚名	作　用	脚别	引脚名	作　用
1	$\overline{CS}$	片选信号，低电平有效	11	I_{OUT1}	DAC 电流输出端
2	$\overline{WR}_1$	写信号 1，低电平有效	12	I_{OUT2}	DAC 电流输出端
3	AGND	模拟信号地	13	D_7	数字信号输入端
4	D_3	数字信号输入端	14	D_6	数字信号输入端
5	D_2	数字信号输入端	15	D_5	数字信号输入端
6	D_1	数字信号输入端	16	D_4	数字信号输入端
7	D_0	数字信号输入端	17	$\overline{XFER}$	传送控制信号，低电平有效
8	V_{REF}	基准电压	18	$\overline{WR}_2$	写信号 2，低电平有效
9	R_{fb}	集成在片内的外接运放的反馈电阻	19	$\overline{ILE}$	输入寄存器允许，高电平有效
10	DGND	数字信号地	20	V_{CC}	电源

用 DAC0832 及运算放大器 μA741 组成单极性应用电路。

按图6－5 连接实验电路，片选信号$\overline{CS}$(脚 1)、写信号$\overline{WR}_1$(脚 2)、写信号$\overline{WR}_2$(脚 18)、传送控制信号$\overline{XFER}$(脚 17)接地；基准电压 V_{REF}(脚 8)及输入寄存器允许 ILE(脚 19)接 +5V 电源；I_{OUT1}(脚 11)、I_{OUT2}(脚 12)接运算放大器 μA741 的反相输入端 2 及同相输入端 3，接集成运放的目的是把 DAC0832 输出的电流转换成电压输出；R_{fb}(脚 9)通过电阻(或不通过)接运算放大器输出端 6，$D_0 \sim D_7$ 是数据输入端，μA741 是集成运放放大器，构成单极性输出方式。

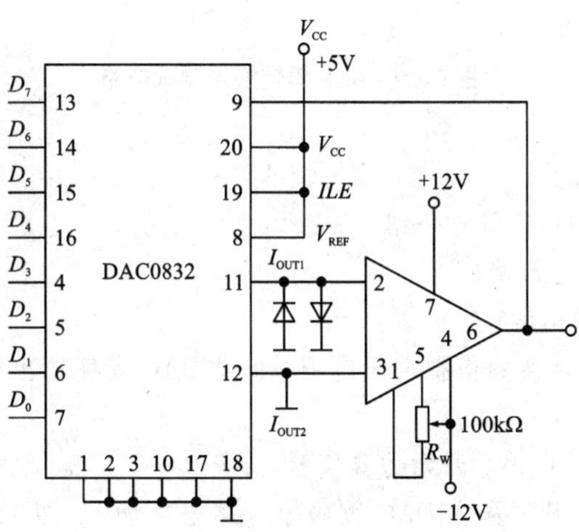

图6－5　DAC 典型应用电路

6.2.2 仿真：数－模转换器仿真实验

6.2.2.1 仿真实验目的

(1)通过仿真实验，熟悉数－模转换器的数字输入与模拟输出之间的关系。

(2)了解数－模转换器的应用。

6.2.2.2 元器件选取

(1)电源：Place 菜单→Component→Source→POWER_SOURCES，选取电源 DC_POWER 和 VCC，并分别设置电压为 10V、5V。

(2)接地：Place Source→POWER_SOURCES→GROUND，选取电路中的接地。

(3)电压表：Place Indicators→VOLTMETER，选取电压表并设置为直流挡。

(4)DAC 转换器：Place Mixed→ADC_DAC，选取 VDAC。

6.2.2.3 搭建测试电路

按照图 6－6 搭建测试电路。

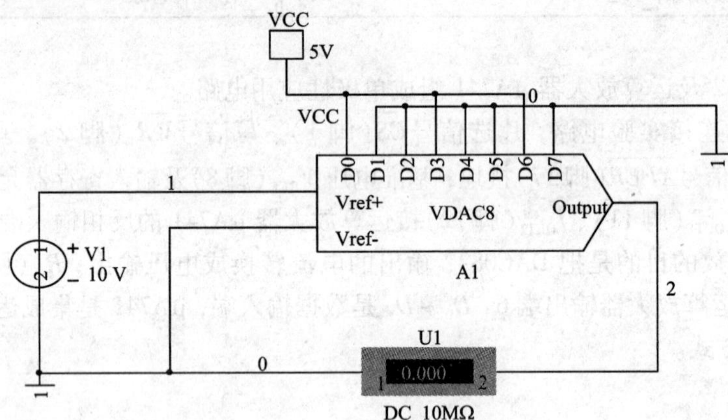

图 6－6 数－模转换器测试电路

6.2.2.4 仿真分析

1. 8 位电压输出型 DAC 引脚介绍

D0～D7：二进制码输入端；

Output：模拟电压输出端；

Vref+～Vref-：要转换的模拟电压范围，也是 DAC 满度输出电压。

2. 仿真实验

单击仿真开关，激活电路，开始仿真实验。

(1)设定满度输出电压：先在 DAC 数码输入端全部加 1，即 11111111，观察电压表显示的电压值，本例中满度电压为 10V。

(2)在输入端加二进制代码，从电压表上读数。

本例输入代码为 01001001。因为 DAC 输出的模拟量与输入的数字量之间的关系为：

$$u_o = -\frac{V_{REF}}{2^n}D_n$$

输出电压理论值：$\frac{10}{2^8}\times(01001001)_2=\frac{10}{256}\times73\text{V}=2.852\text{ V}$

仿真结果如图6－7所示。

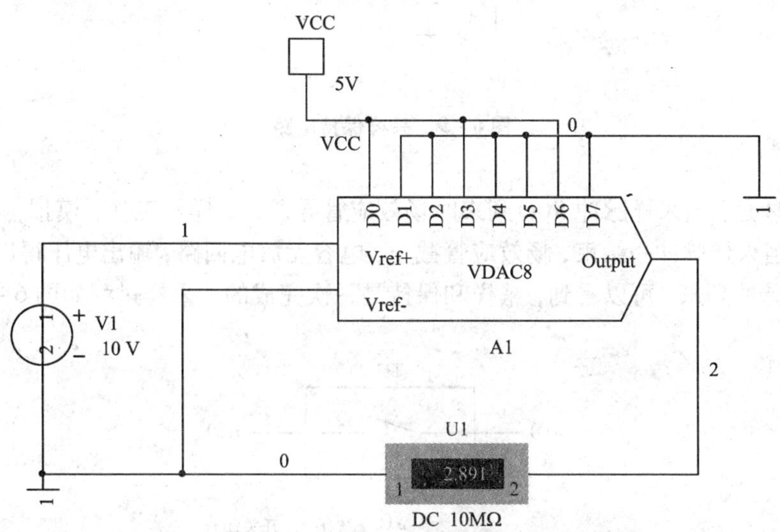

图6－7　数－模转换仿真结果图

从仿真结果图可以看到，仿真结果与理论计算几乎一致。

6.2.2.5　**思考与仿真验证**

若输入代码为10101010，请仿真验证数－模转换后的结果与理论计算结果是否一致。

6.2.3　A/D 转换器

A/D 转换器的功能是把模拟量转换成数字量。由于实现这种转换的工作原理和采用的工艺技术不同，因此生产出种类繁多的 A/D 转换器芯片。A/D 转换器按分辨率分为4位、6位、8位、10位、14位、16位和BCD码的31/2位，51/2位等。按照转换速度可分为超高速、次超高速、高速、中速、低速等。

6.2.3.1　**A/D 转换器的工作原理**

模数转换器 ADC 的功能是把模拟信号转换成数字信号，通常要经过采样、保持、量化、编码四个步骤来完成，它的转换过程如图6－8所示。

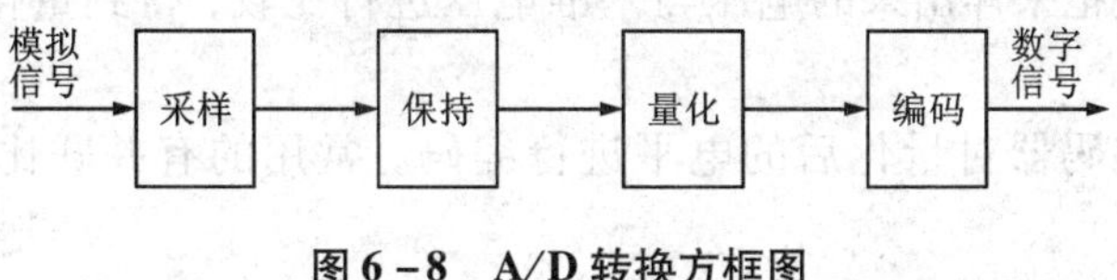

图6－8　A/D 转换方框图

(1)采样与保持。采样就是对连续变化的模拟信号定时进行测量，抽取样值，采样电路如图6－9所示，它是由N沟道增强型场效应管、电容和电压跟随器组成的。

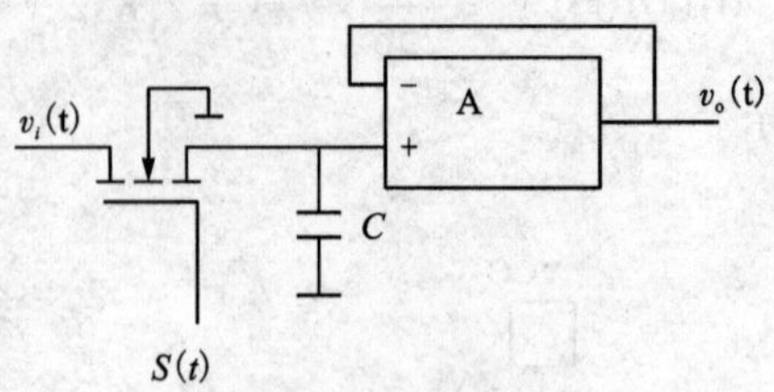

图 6－9　采样保持电路

采样原理是：当采样脉冲 $S(t)$ 到来时场效应管导通，采样器工作，模拟信号电压向电容 C 充电，当采样脉冲一结束，场效应管截止，电容无放电回路，输出电压得以保存，直到下一个采样脉冲到来，可以看到，采样和保持是一次完成的。采样过程如图 6－10 所示。

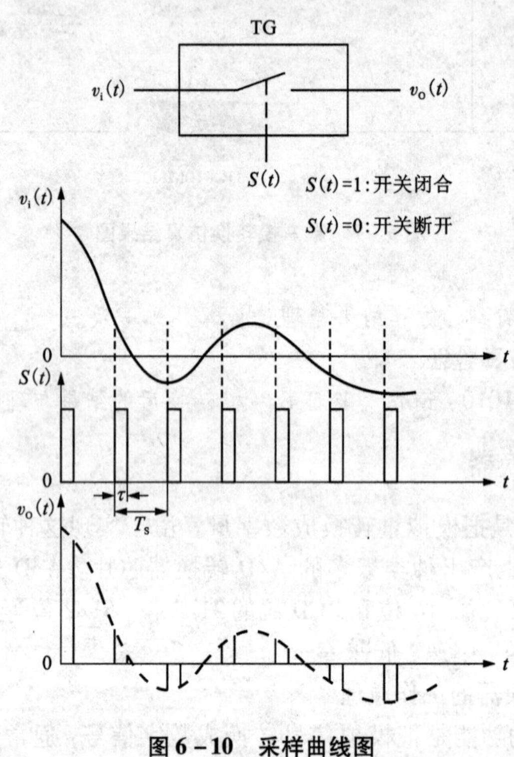

图 6－10　采样曲线图

(2)量化。就是把采样出来的电压与基准电压进行比较，得到量化电平，也就是输出高、低电平。

(3)编码。由编码器对量化后的电平进行编码。常用的有并联比较型和逐次比较型编码。

6.2.3.2　并联比较型 A/D 转换器的编码原理

3 位并行比较型 A/D 转换原理如图 6－11 所示，它由电阻分压器、电压比较器、寄存器及编码器组成，图中 8 个电阻将基准电压 V_{REF} 分成 8 个等级的电压，分别作为 7 个比较

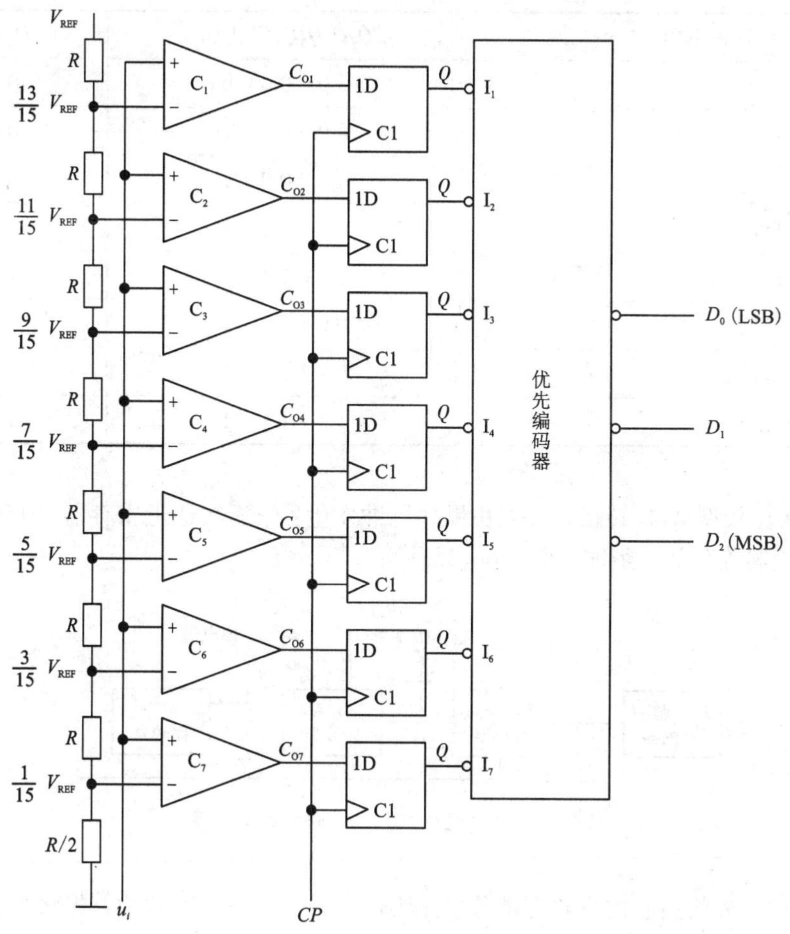

图6-11 并行比较型 A/D 转换器电路图

器 $C_1 \sim C_7$ 的参考电压。输入的模拟电压为 u_i，同时加在 $C_1 \sim C_7$ 这 7 个比较器上，与比较器上 7 个参考电压进行比较，决定 7 个比较器的输出 $C_{o1} \sim C_{o7}$ 是高电平还是低电平。例如，当 $0V \leqslant u_i < V_{REF}/15$ 时，$Q_7Q_6Q_5Q_4Q_3Q_2Q_1 = 0000000$，当 $13V_{REF}/15 \leqslant u_i < V_{REF}$ 时，$Q_7Q_6Q_5Q_4Q_3Q_2Q_1 = 1111111$。比较器的 7 个输出状态分别加到 7 个 D 触发器存储，然后在 CP 脉冲的作用下，输入到优先编码器中进行编码，得到 3 位数字编码 $D_2D_1D_0$，优先编码器优先级别最高级是 I_7，最低级是 I_1。输出关系如表 6-2 所示。

6.2.2.3 逐次比较型 A/D 转换器的编码原理

(1)在直接 A/D 转换器中，逐次比较型 A/D 转换器是采用较多的一种，其转换过程与用天平称物重相似。其过程是，从最重的砝码开始放，与被称的物体比较，如物体重于砝码，该砝码保留，否则移去，再加上第二个次重的砝码，照此进行，一直加到最小的一个砝码。将留下的砝码相加，就得物体的重量。值得注意的是每次加的砝码重量是上次所加砝码的一半。

表 6-2 输入电压与输出数码对应表

输入电压 u_i	$Q_7Q_6Q_5Q_4Q_3Q_2Q_1$	$D_2D_1D_0$
$(0\sim1/15)V_{REF}$	0000000	000
$(1/15\sim3/15)V_{REF}$	0000001	001
$(3/15\sim5/15)V_{REF}$	0000011	010
$(5/15\sim7/15)V_{REF}$	0000111	011
$(7/15\sim9/15)V_{REF}$	0001111	100
$(9/15\sim11/15)V_{REF}$	0011111	101
$(11/15\sim13/15)V_{REF}$	0111111	110
$(13/15\sim1)V_{REF}$	1111111	111

(2)逐次比较型 A/D 转换器一般由顺序脉冲发生器、逐次逼近寄存器、D/A 数模转换器、电压比较器等几部分组成，见图 6-12 所示。

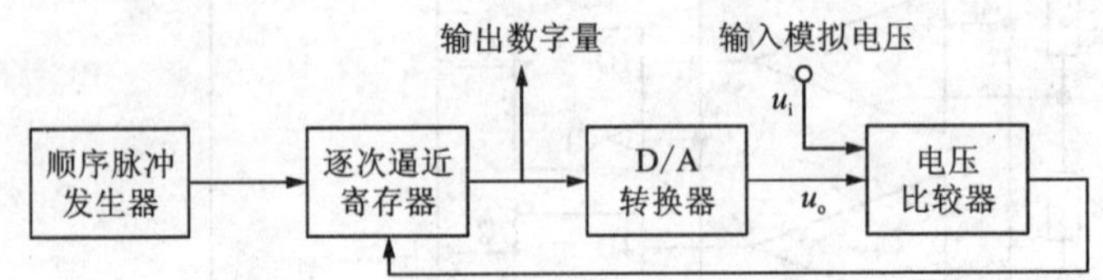

图 6-12 逐次比较型 A/D 转换器方框图

转换开始时先将所有的寄存器清零，开始转换时，顺序时钟脉冲首先将逐次逼近寄存器最高位置成 1 使寄存器输出数码是 100…0，这个数码被 D/A 转换器转换成相应的模拟电压 u_o，送到电压比较器中与输入的模拟电压 u_i 进行比较，若 $u_o > u_i$，说明数字过大，将最高位的数 1 清除；反之，把 1 保留。然后再按照同样的方式将次高位置成 1，并经过比较后确定这个 1 是否保留，这样逐位比较下去，直到最低位为止，比较完毕后，寄存器的状态就是要输出的数码。

6.2.3.4 模数转换器 ADC 的技术指标

1. 分辨率

分辨率是指模数转换器 ADC 对输入最小模拟量的分辨能力，通常用 ADC 输出的二进制的位数 N 来表示，它表明该转换器可以用 2^N 个二进制数对输入的模拟量进行量化。ADC 的位数越高，它的分辨率越高。

2. 转换速度

转换速度就是 ADC 从接收到转换控制信号开始，到输出端得到稳定的数字量为止所需要的时间，即完成一次转换所需要的时间。转换时间越短，转换速度越快。

3. 转换精度

转换精度表示 ADC 实际输出的数字量与理想的输出数字量之间的差别，常用相对误差的形式给出，ADC 的位数越多，转换精度越高。

6.2.3.5　A/D 转换器 ADC0804 介绍

1. 主要技术指标

ADC0804 是属于逐次比较型的 8 位 CMOS A/D 转换器，输入和输出都和 TTL 兼容，内部含有时钟电路，主要技术指标如下：

(1)高阻抗状态输出；

(2)分辨率：8 位(0～255)；

(3)存取时间：135 ms；

(4)转换时间：100 ms；

(5)总误差：-1～+1LSB；

(6)工作温度：ADC0804C 为 0℃～70℃；ADC0804L 为 -40℃～85℃；

(7)模拟输入电压范围：0～5V；

(8)参考电压：2.5V；

(9)工作电压：5V；

(10)输出为三态结构。

2. 各引脚功能介绍

图 6-13 所示为 ADC0804 的管脚排列图，各引脚名称和功能说明如下：

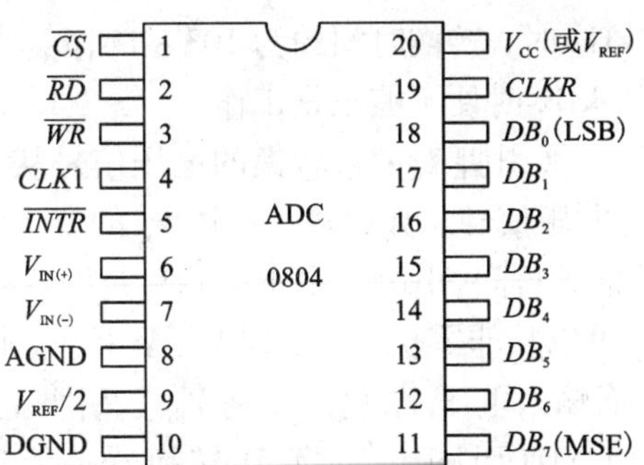

图 6-13　ADC0804 的管脚排列图

引脚名称及意义见表 6-3。下面具体进行说明：

- $\overline{CS}$、$\overline{RD}$、$\overline{WR}$(引脚 1、2、3)：是数字控制输入端，满足标准 TTL 逻辑电平。其中$\overline{CS}$和 WR 用来控制 A/D 转换的启动信号。$\overline{CS}$、$\overline{RD}$用来读 A/D 转换的结果，当它们同时为低电平时，输出数据锁存器 DB_0～DB_7各端上出现 8 位并行二进制数码。

- *CLKI*(引脚 4)和 *CLKR*(引脚 19)：ADC0801～0805 片内有时钟电路，只要在外部"*CLKI*"和"*CLKR*"两端外接一对电阻电容即可产生 A/D 转换所要求的时钟，其振荡频率为 $f_{CLK} \approx 1/1.1RC$。其典型应用参数为：$R = 10$ kΩ，$C = 150$pF，$f_{CLK} \approx 640$ kHz，转换速度为 100 μs。若采用外部时钟，则外部f_{CLK}可从 *CLKI* 端送入，此时不接 R、C。允许的时钟频率范围为 100 kHz～1460 kHz。

- $\overline{INTR}$(引脚 5)：$\overline{INTR}$是转换结束信号输出端，输出跳转为低电平表示本次转换已经完成，可作为微处理器的中断或查询信号。如果将$\overline{CS}$和$\overline{WR}$端与$\overline{INTR}$端相连，则 ADC0804 就处于自动循环转换状态。

表6－3 引脚名称及意义

脚别	代号	功 能	脚别	代号	功 能
1	$\overline{CS}$	片选信号，低电平有效	11	DB_7	数字信号输出
2	$\overline{RD}$	外部读数据控制信号	12	DB_6	数字信号输出
3	$\overline{WR}$	外部写数据控制信号	13	DB_5	数字信号输出
4	$CLKI$	时钟信号输入	14	DB_4	数字信号输出
5	$\overline{INTR}$	转换结束输出信号	15	DB_3	数字信号输出
6	$V_{IN(+)}$	同相输入	16	DB_2	数字信号输出
7	$V_{IN(-)}$	反相输入	17	DB_1	数字信号输出
8	AGND	模拟接地	18	DB_0	数字信号输出
9	$V_{REF}/2$	参考电源，取信号电压一半	19	$CLKR$	时钟脉冲输入
10	DGND	数字信号接地	20	V_{CC}	电源

$\overline{CS}=0$ 时，允许进行 A/D 转换。$\overline{WR}$由低跳高时 A/D 转换开始，8 位逐次比较需 $8\times8=64$ 个时钟周期，再加上控制逻辑操作，一次转换需要 66 ~ 73 个时钟周期。

在典型应用 $f_{CLK}=640$ kHz 时，转换时间约为 103 ~ 114μs。当 f_{CLK} 超过 640 kHz，转换精度下降，超过极限值 1460 kHz 时便不能正常工作。

- $V_{IN(+)}$（引脚6）和 $V_{IN(-)}$（引脚7）：被转换的电压信号从 $V_{IN(+)}$ 和 $V_{IN(-)}$ 输入，允许此信号是差动的或不共地的电压信号。如果输入电压 V_{IN} 的变化范围从 0 V 到 V_{max}，则芯片的 $V_{IN(-)}$ 端接地，输入电压加到 $V_{IN(+)}$ 引脚。由于该芯片允许差动输入，在共模输入电压允许的情况下，输入电压范围可以从非零伏开始，即 V_{min} 至 V_{max}。此时芯片的 $V_{IN(-)}$ 端应该接入等于 V_{min} 的恒值电压上，而输入电压 V_{IN} 仍然加到 $V_{IN(+)}$ 引脚上。
- AGND（引脚 8）和 DGND（引脚 10）：A/D 转换器一般都有这两个引脚。模拟地 AGND 和数字地 DGND 分别设置引入端，使数字电路的地电流不影响模拟信号回路，以防止寄生耦合造成的干扰。
- $V_{REF}/2$（引脚9）：参考电压 $V_{REF}/2$ 可以由外部电路供给，从"$V_{REF}/2$"端直接送入。$V_{REF}/2$ 端电压值应是输入电压范围的二分之一，所以输入电压的范围可以通过调整 $V_{REF}/2$ 引脚处的电压加以改变，转换器的零点无需调整。

6.2.4 模－数转换器仿真实验

6.2.4.1 仿真实验目的

（1）通过仿真实验，熟悉模－数转换器的数字输入与模拟输出之间的关系。

（2）了解模－数转换器的应用。

6.2.4.2 元器件选取

（1）电源 VCC：Place 菜单→Component →Source→POWER_SOURCES→DC_POWER，选取电源 VCC。

（2）时钟脉冲：Place Source→SIGNAL VOLTAGE，选取 5V、1kHz 的时钟脉冲 CLOCK_

VOLTAGE。

(3)接地：Place Source→POWER_SOURCES→GROUND，选取电路中的接地。

(4)电位器：Place Basic→POTENTIOMETER，选取电阻值为 1kΩ 的电位器。

(5)电压表：Place Indicators→VOLTMETER，选取电压表并设置为直流挡。

(6)DAC 转换器：Place Mixed→ADC_DAC，选取 ADC。

(7)开关：Place Elector_Mechanical→SUPPLEMENTARY_CONTACTS，选取 SPDT_SB 单刀双掷开关。在电路窗口中双击开关，弹出【开关】属性对话框，在 Key for Switch 中设置开关的控制键为 A。

(8)逻辑探头：Place Indicators→PROBE_RED，选取逻辑探头。

6.2.4.3　搭建仿真电路

按照图 6 - 14 搭建仿真电路。

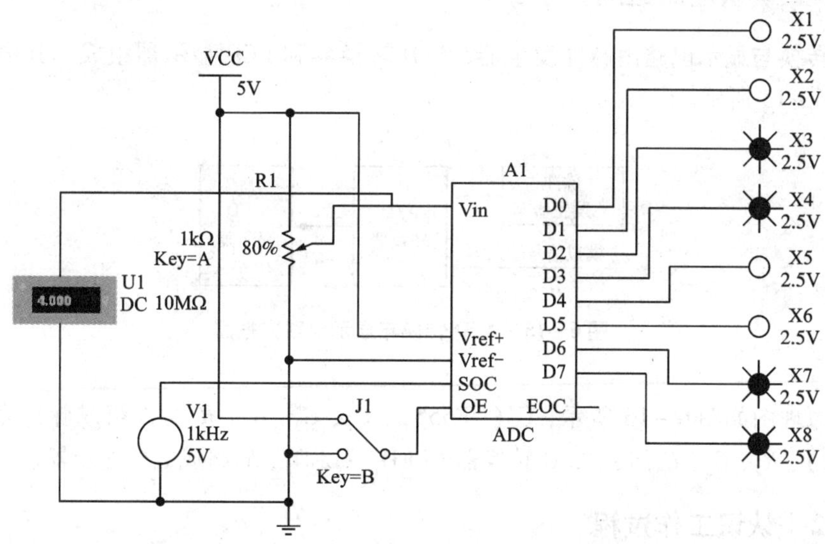

图 6 - 14　模 - 数转换器测试电路

6.2.4.4　仿真分析

1. 8 位 ADC 引脚介绍

Vin：输入模拟电压；

Vref +：参考电压，与 Vref - 之差是满度电压；

Vref -：参考电压；

SOC：时钟脉冲端；

OE：转换使能端；

D0 ~ D7：二进制数码，排列顺序为 D7 ~ D0；

EOC：转换结束信号，高电平表明转换结束。

2. 仿真实验

单击仿真开关，激活电路，即可观测图 6 - 14 所示逻辑探头的工作情况。

仿真图中逻辑探头亮表示 1，逻辑探头灭表示 0，则转换的二进制码为 11001100。

ADC 输出数量与模拟量之间的关系为：$(D_n)_2 = \frac{V_{in} \times (2^n - 1)}{V_{REF}}$

验算：调节电位器，使输入模拟电压为 4 V，则当满度电压为 5 V 时，转换后的输出数字电压 x 满足关系式 $4/5 = x/255$，所以 $x = 204$，转换为二进制为 11001100。即计算结果与仿真结果一致。

6.2.4.5 **思考与仿真验证**

若改变电位器 R_1 的值，使输入模拟电压为 3V，请仿真验证模－数转换后的结果与计算结果是否一致。

6.3 任务实现

6.3.1 认识电路组成

A/D 转换与显示电路由脉冲发生器、A/D 转换器和 LED 显示器组成。其电路组成方框图如图 6－15 所示。

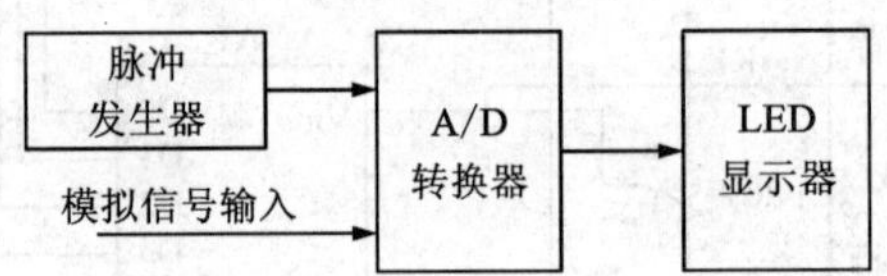

图 6－15 A/D 转换与显示电路方框图

电路原理图如图 6－16 所示，U_1(NE555)、C_1、C_2、R_1、R_2 器件组成脉冲发生器，U_2(ADC0804)、R_3、C_3、C_4 组成 A/D 转换器，LED_1 ~ LED_8、R_4 组成数码显示器。

6.3.2 认识工作过程

1. 采样脉冲产生

U_1(NE555)及外围电路组成多谐振荡器，频率和周期由 R_1、R_2、C_1 确定，高电平的脉冲宽度是低电平的一倍，周期 $T = 9.87\ \mu s$，f 约为 100 Hz，它输出的矩形脉冲作为 ADC0804 的采样脉冲。

2. A/D 转换及数码显示

ADC0804 是用 CMOS 集成工艺制成的逐次比较型模数转换芯片。分辨率 8 位，转换时间 100 μs，输入电压范围为 0 ~ 5V。

$\overline{CS}$、$\overline{RD}$、$\overline{WR}$(引脚 1、2、3)是数字控制输入端，当它们同为低电平时，启动 A/D 转换并从 DB_0 ~ DB_7 输出二进制数码。CLKIN(引脚 4)和 CLOUT(引脚 19)接上电容和电阻就可以产生振荡，$R_3 = 10\ k\Omega$，$C_3 = 150\ pF$，频率为 $f = 640\ kHz$，转换速度为 100 μs。矩形脉冲由 555 集成块产生，加至集成块的 3 脚，作为采样脉冲。被采样的模拟电压从同相端 IN + 输入，反相端 IN－接地。经内电路编码，从 DB_0 ~ DB_7 输出二进制数码，用 8 个发光二极管显示二进制编码的高低电平。

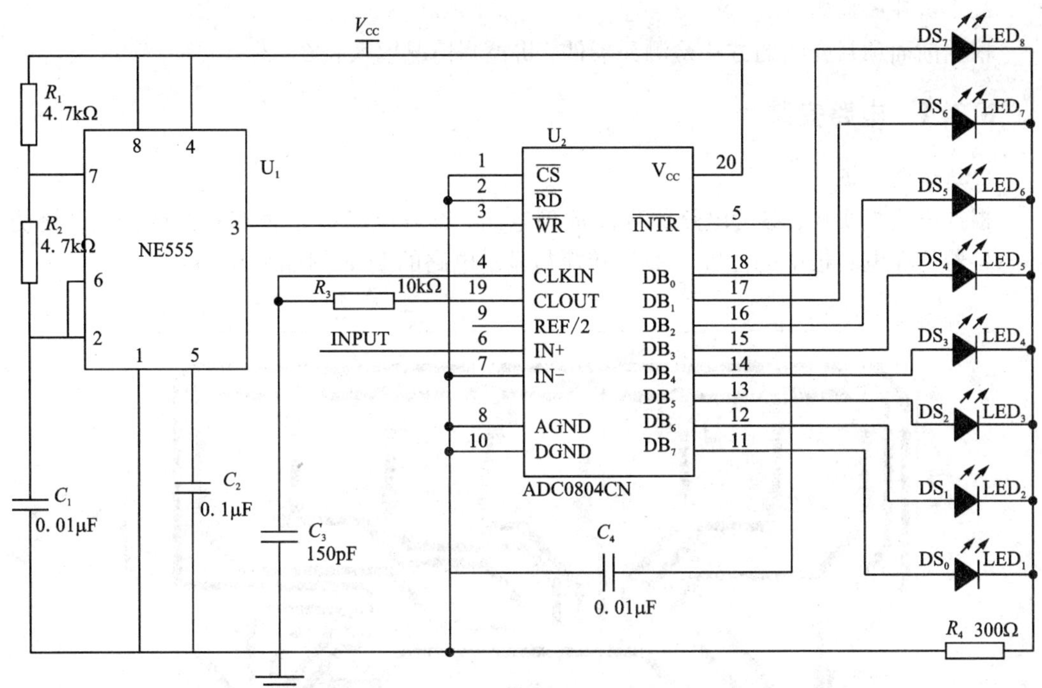

图 6－16　A/D 转换与显示电路原理图

6.3.3　元器件的选用与检测

1. 元器件的选用

R_1～R_4选用金属膜电阻器或碳膜电阻器；C_1、C_2、C_3、C_4选用瓷片电容；U_1选用 NE555 时基集成电路；U_2选用 ADC0804 逐次比较型模数转换集成电路；LED_1～LED_8选用5 mm 发光二极管。元器件清单见表6－4。

表 6－4　A/D 转换与显示电路元器件清单

序号	元件型号	参数	标号	数量	质量检测
1	电阻器	4.7 kΩ	R_1、R_2	2	实测：
2		10 kΩ	R_3	1	实测：
3		300 Ω	R_4	1	实测：
4	瓷片电容	0.01 μF	C_1、C_4	2	实测：
5		0.1 μF	C_2	1	实测：
6		150 pF	C_3	1	实测：
7	集成电路	NE555	U_1	1	引脚图：
8		ADC0804	U_2	1	引脚图：
9	发光二极管	5 mm	LED_1～LED_8	8	正负极性：　　　　实测结果：

2. 元器件的检测

根据前面项目介绍的方法检测元器件，将检测情况填入表 6－3。

6.3.4　电路安装

1. 识读电路板

根据电路板实物，参考电路原理图清理电路，查看电路板是否有短路或开路的地方，熟悉各器件在电路板中的位置。A/D 转换与显示电路的 PCB 图如图 6－17 所示。

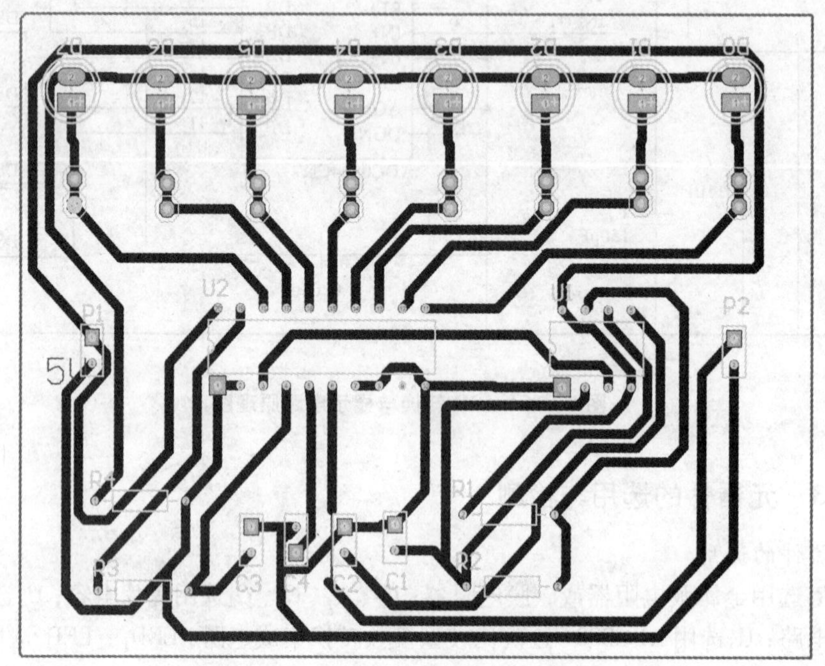

图 6－17　A/D 转换与显示电路 PCB 图

2. 安装原则

先小件后大件的顺序安装，即按电阻器、瓷片电容器、电解电容器、集成电路的顺序安装焊接。

3. 元器件安装

参照项目 1 插件元器件安装的方法进行安装。

6.3.5　电路的调试与检测

1. 电路调试

(1) 安装结束，检查焊点质量（重点检查是否有错焊、漏焊、虚假焊、短路），检查器件安装是否正确（重点检查电解电容、三极管和集成电路），方可通电。

(2) 通电观察电路是否有异常现象（声响、冒烟），如有应立即停止通电，找明原因。

2. 电路检测

(1) 用示波器测出 U_1NE555 的 3 脚和 6 脚波形，完成表 6－5。

表 6－5　NE555 波形检测

U_1	波形	周期	幅值
3 脚			
6 脚			

(2)给 U_2(ADC0804)第 6 脚输入 0～5V 之间的电压，观察 LED_1～LED_8 发光情况，完成表 6－6。

表 6－6　ADC0804 输出记录表

6 脚电压	LED_1	LED_2	LED_3	LED_4	LED_5	LED_6	LED_7	LED_8
0V	灭	灭	灭	灭	灭	灭	灭	灭

6.4　考评评价

A/D 转换与显示电路的制作评价标准见表 6－7。

表 6－7　A/D 转换与显示电路的制作评价标准

考核项目	评分点	分值	评分标准	得分
A/D 转换与显示电路的制作	电路识图	5	能正确理解电路的工作原理，否则，视情况扣 1～5 分	
	电路板制作	30	按电路原理图制作出电路板，要求设计合理，美观，每错一处扣 1 分，扣完为止	
	元件质量判定	15	正确识别元件，每错一处扣 1 分，扣完为止	
	电路焊接	20	元器件引脚成型符合要求，元器件装配到位；装配高度、装配形式符合要求；外壳及紧固件装配到位，不松动，不压线。不符合要求每处扣 1 分	
	电路调试	15	正确使用仪器仪表；写出数据测试和分析报告。不能正确使用仪器仪表测量每次扣 3 分，数据测试错误每次扣 2 分，分析报告不完整或错误视情况扣 1～5 分，扣完为止	
	电路检修	15	通电工作正常，如有故障、进行排除，不能排除	
小计		100	视情况扣 1～15 分	

续表 6－7

考核项目	评分点	分值	评分标准	得分
职业素养与操作考核	学习态度	20	不参与团队讨论；不完成团队布置的任务；抄袭作业或作品；发现一次扣 2 分，扣完为止	
	学习纪律	20	每缺课 1 次扣 5 分；每迟到 1 次扣 2 分；上课玩手机、玩游戏、睡觉，发现一次扣 2 分，扣完为止	
	团队精神	20	不服从团队的安排；与团队成员间发生与学习无关的争吵；发现团队成员做得不好或不到位或不会的地方不指出、不帮助；团队或团队成员弄虚作假，每发现一次，此项计 0 分；其他项，每发现一次扣 2.5 分。扣完为止	
	操作规范	20	操作过程不符合安全操作规程；仪器设备的使用不符合相关操作规程；工具摆放不规范；物料、器件摆放不规范；工作台位台面不清洁、不按规定要求摆放物品；任务完成后不整理、清理工作台；任务完成后不按要求清扫场地内卫生；发现一项扣 2 分，扣完为止。如出现触电、火灾、人身伤害、设备损坏等安全事故，此项记 0 分	
	行为举止	20	着装不符合规定要求；随地乱吐、乱涂、乱扔垃圾(食品袋、废纸、纸巾、饮料瓶)等；在非吸烟区吸烟；语言不文明，讲坏话；每项扣 1～5 分，扣完为止	
小计		100		

说明：①本项目的项目考核、职业素养及操作规范考核按 10% 比例折算计入总分；

②理论考核根据全学期训练项目对应的理论知识在期末进行考核，本项目占理论试卷的 10%，理论成绩按 5% 折算计入总分。

6.5 拓展提高

课题 请通过网络或者查阅集成电路手册，熟悉各类 A/D、D/A 转换器的引脚排列及各引脚功能。

习题六

6－1 填空

(1) ADC 转换器按照转换速度可分为______，______，______，______等。

(2) DAC 转换器有______，______，______，______等多种类型。

6－2 倒 T 形电阻网络数－模转换器如图 6－2 所示，若位数改为 12 位，$V_{REF}=10$ V，在输入如下的数字信号时，试求输出电压 $V_O=?$

(1) $D=000000000000$；

(2) $D=100010000001$；

(3) $D = 111111111111$。

6－3　试简述逐次比较型 ADC 的工作原理。

6－4　A/D 转换器的分辨率和转换精度与什么有关?

6－5　某 D/A 转换器要求 10 位二进制数能代表 0～50 V，试问此二进制数的最低位代表多少伏?

6－6　分辨率是 8 位的 ADC 转换器可以分辨的最小模拟电压是多少?

附录 1 Multisim 10 使用简介

Multisim 10 是美国国家仪器公司(NI, National Instruments)推出的以 Windows 为基础的仿真软件，利用它可以设计、测试和演示各种电子电路，包括电工学、模拟电路、数字电路、射频电路及微控制器和接口电路等。Multisim 10 用软件的方法虚拟电子与电工元器件，虚拟电子与电工仪器和仪表，实现了"软件即元器件"、"软件即仪器"。为适应不同的应用场合，Multisim 推出了增强专业版(Power Professional)、专业版(Professional)、个人版(Personal)、教育版(Education)、学生版(Student)和演示版(Demo)等多个版本，用户可以根据自己的需要加以选择。

一、Multisim 10 基本界面介绍

Multisim 10 以图形界面为主，采用菜单、工具栏和热键相结合的方式，具有一般 Windows 应用软件的界面风格，用户可以根据自己的习惯和熟悉程度自如使用。

1. Multisim 10 的基本工作界面

Multisim 10 的基本工作界面如附图 1 - 1 所示。

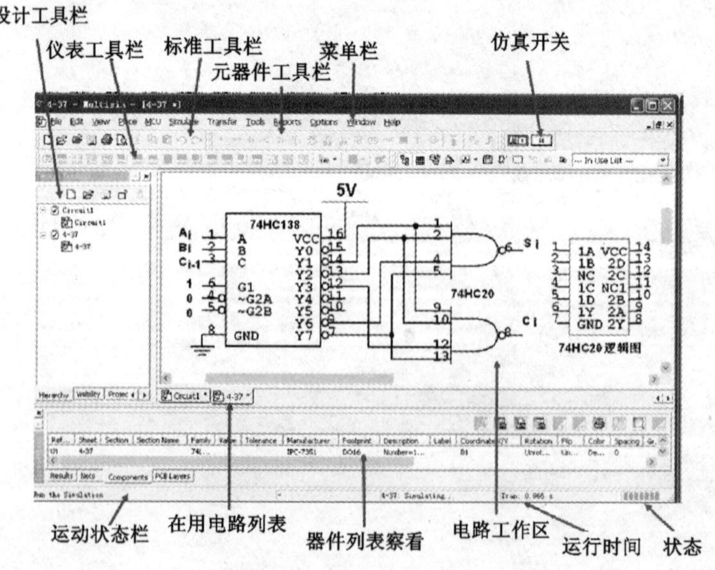

附图 1 - 1 Multisim10 的基本工作界面

从附图 1 - 1 可以看出，Multisim 的基本工作界面如同一个实际的电子实验台。屏幕中

央区域最大的窗口就是电路工作区，在电路工作区上可将各种电子元器件和测试仪器仪表连接成实验电路。电路工作窗口上方是菜单栏、工具栏。

2. 认识菜单栏

Multisim 10 有 12 个主菜单，基本包括了该仿真软件的所有功能，如附图 1-2 所示。

File　Edit　View　Place　MCU　Simulate　Transfer　Tools　Reports　Options　Window　Help

附图 1-2　Multisim 10 主菜单栏

菜单栏从左至右为：File（文件）、Edit（编辑）、View（视图）、Place（放置）、MCU（微控制器）、Simulate（仿真）、Transfer（文件转换）、Tools（工具）、Reports（报表）、Options（选项）、Window（窗口）和 Help（帮助）。

（1）File（文件）菜单

File（文件）菜单提供 19 个文件操作命令，如打开、保存和打印等，File 菜单中的命令及功能如下：

- New：建立一个新文件。
- Open：打开一个已存在的文件。
- Close：关闭当前电路工作区内的文件。
- Close All：关闭电路工作区内的所有文件。
- Save：存盘。
- Save as：将文件另存为。
- Save All：将电路工作区内所有的文件存盘。
- New Project：建立新的项目。
- Open Project：打开原有的项目。
- Save Project：保存当前的项目。
- Close Project：关闭当前的项目。
- Version Control：版本控制。
- Print：打印电路工作区内的电原理图。
- Print Preview：打印预览。
- Print Options：打印选项。
- Recent Files：最近打开过的文件。
- Recent Projects：最近打开过的项目。
- Exit：退出。

（2）Edit（编辑）菜单

Edit（编辑）菜单在电路绘制过程中，提供对电路和元件进行剪切、粘贴、旋转等操作命令，共 21 个命令，Edit 菜单中的命令及功能如下：

- Undo：取消前一次操作。
- Redo：恢复前一次操作。
- Cut：剪切。

- Copy：复制。
- Paste：粘贴。
- Delete：删除所选择的元器件。
- Select All：全选。
- Delete Multi - Page：删除多页面。
- Paste as Subcircuit：粘贴为子电路。
- Find：查找电原理图中的元件。
- Graphic Annotation：图形注释。
- Order：顺序选择。
- Assign to Layer：图层赋值。
- Layer Settings：图层设置。
- Orientation：旋转方向选择。
- Title Block Position：工程图明细表位置。
- Edit Symbol/Title Block：编辑符号/工程明细表。
- Font：字体设置。
- Comment：注释。
- Forms/Questions：格式/问题。
- Properties：属性编辑。

(3) View(窗口显示)菜单

View(窗口显示)菜单提供19个用于控制仿真界面上显示的内容的操作命令，View菜单中的命令及功能如下：

- Full Screen：全屏。
- Parent Sheet：层次。
- Zoom In：放大电原理图。
- Zoom Out：缩小电原理图。
- Zoom Area：放大面积。
- Zoom Fit to Page：放大到适合页面。
- Zoom to magnification：按比例缩放。
- Zoom Selection：放大选择。
- Show Grid：显示或者关闭栅格。
- Show Border：显示或者关闭边界。
- Show Page Border：显示或者关闭页边界。
- Ruler Bars：显示或者关闭标尺栏。
- Statusbar：显示或者关闭状态栏。
- Design Toolbox：显示或者关闭设计工具箱。
- Spreadsheet View：显示或者关闭电子数据表，扩展显示窗口。
- Circuit Description Box：显示或者关闭电路描述工具箱。
- Toolbar：显示或者关闭工具箱。
- Show Comment/Probe：显示或关闭注释/探针

- Grapher：显示或关闭图形编辑器。

(4) Place(放置)菜单

Place(放置)菜单提供在电路工作窗口内放置元件、连接点、总线和文字等 17 个命令，Place 菜单中的命令及功能如下：

- Component：放置元件。
- Junction：放置节点。
- Wire：放置导线。
- Bus：放置总线。
- Connectors：放置输入/输出端口连接器。
- New Hierarchical Block：放置层次模块。
- Replace Hierarchical Block：替换层次模块。
- Hierarchical Block form File：来自文件的层次模块。
- New Subcircuit：创建子电路。
- Replace by Subcircuit：子电路替换。
- Multi - Page：设置多页。
- Merge Bus：合并总线。
- Bus Vector Connect：总线矢量连接。
- Comment：注释。
- Text：放置文字。
- Grapher：放置图形。
- Title Block：放置工程标题栏。

(5) MCU(微控制器)菜单

MCU(微控制器)菜单提供在电路工作窗口内 MCU 的调试操作命令，MCU 菜单中的命令及功能如下：

- No MCU Component Found：没有创建 MCU 器件。
- Debug View Format：调试格式。
- Show Line Numbers：显示线路数目。
- Pause：暂停。
- Step into：进入。
- Step over：跨过。
- Step out：离开。
- Run to cursor：运行到指针。
- Toggle breakpoint：设置断点。
- Remove all breakpoint：移出所有的断点。

(6) Simulate(仿真)菜单

Simulate(仿真)菜单提供 18 个电路仿真设置与操作命令，Simulate 菜单中的命令及功能如下：

- Run：开始仿真。
- Pause：暂停仿真。

- Stop：停止仿真。
- Instruments：选择仪器仪表。
- Interactive Simulation Settings...：交互式仿真设置。
- Digital Simulation Settings...：数字仿真设置。
- Analyses：选择仿真分析法。
- Postprocess：启动后处理器。
- Simulation Error Log/Audit Trail：仿真误差记录/查询索引。
- XSpice Command Line Interface：XSpice 命令界面。
- Load Simulation Setting：导入仿真设置。
- Save Simulation Setting：保存仿真设置。
- Auto Fault Option：自动故障选择。
- VHDL Simulation：VHDL 仿真。
- Dynamic Probe Properties：动态探针属性。
- Reverse Probe Direction：反向探针方向。
- Clear Instrument Data：清除仪器数据。
- Use Tolerances：使用公差。

(7)Transfer(文件输出)菜单

Transfer(文件输出)菜单提供 8 个传输命令，Transfer 菜单中的命令及功能如下：

- Transfer to Ultiboard 10：将电路图传送给 Ultiboard 10。
- Transfer to Ultiboard 9 or earlier：将电路图传送给 Ultiboard 9 或者其他早期版本。
- Export to PCB Layout：输出 PCB 设计图。
- Forward Annotate to Ultiboard 10：创建 Ultiboard 10 注释文件。
- Forward Annotate to Ultiboard 9 or earlier：创建 Ultiboard 9 或者其他早期版本注释文件。
- Backannotate from Ultiboard：修改 Ultiboard 注释文件。
- Highlight Selection in Ultiboard：加亮所选择的 Ultiboard。
- Export Netlist：输出网表。

(8)Tools(工具)菜单

Tools(工具)菜单提供 17 个元件和电路编辑或管理命令，Tools 菜单中的命令及功能如下：

- Component Wizard：元件编辑器。
- Database：数据库。
- Variant Manager：变量管理器。
- Set Active Variant：设置动态变量。
- Circuit Wizards：电路编辑器。
- Rename/Renumber Components：元件重新命名/编号。
- Replace Components...：元件替换。
- Update Circuit Components...：更新电路元件。
- Update HB/SC Symbols：更新 HB/SC 符号。

- Electrical Rules Check：电气规则检验。
- Clear ERC Markers：清除 ERC 标志。
- Toggle NC Marker：设置 NC 标志。
- Symbol Editor...：符号编辑器。
- Title Block Editor...：工程图明细表比较器。
- Description Box Editor...：描述箱比较器。
- Edit Labels...：编辑标签。
- Capture Screen Area：抓图范围。

(9) Reports(报告)菜单

Reports(报告)菜单提供材料清单等6个报告命令，Reports 菜单中的命令及功能如下：

- Bill of Report：材料清单。
- Component Detail Report：元件详细报告。
- Netlist Report：网络表报告。
- Cross Reference Report：参照表报告。
- Schematic Statistics：统计报告。
- Spare Gates Report：剩余门电路报告。

(10) Options(选项)菜单

Options(选项)菜单提供5个电路界面和电路某些功能的设定命令，Options 菜单中的命令及功能如下：

- Global Preferences...：全部参数设置。
- Sheet Properties：工作台界面设置。
- Customize User Interface...：用户界面设置。

(11) Windows(窗口)菜单

Windows(窗口)菜单提供9个窗口操作命令，Windows 菜单中的命令及功能如下：

- New Window：建立新窗口。
- Close：关闭窗口。
- Close All：关闭所有窗口。
- Cascade：窗口层叠。
- Tile Horizontal：窗口水平平铺。
- Tile Vertical：窗口垂直平铺。
- Windows...：窗口选择。

(12) Help(帮助)菜单

Help(帮助)菜单为用户提供在线技术帮助和使用指导，Help 菜单中的命令及功能如下：

- Multisim Help：主题目录。
- Components Reference：元件索引。
- Release Notes：版本注释。
- Check For Updates...：更新校验。
- File Information...：文件信息。
- Patents...：专利权。

- About Multisim：有关 Multisim 的说明。

3. 认识工具栏

Multisim10 提供了多种工具栏，用户可以通过 View 菜单中的选项方便地将工具栏打开或关闭。通过工具栏，用户可以方便直接地使用软件的各项功能。

(1)标准工具栏、视图工具栏和系统工具栏

标准工具栏从左到右依次是：新建、打开、打开范例、存盘、打印、打印预览、剪切、复制、粘贴、撤销、恢复。如附图 1－3 所示。

附图 1－3　标准工具栏

附图 1－4　视图工具栏

视图工具栏从左到右依次是全屏、放大、缩小、放大到适合所选区域、放大到适合页面。如附图 1－4 所示。

系统工具栏从左到右依次是显示/隐藏设计工具栏、显示/隐藏电路元件属性视窗工具栏、元件库管理、显示面包板、创建元件、图形/分析列表、后处理、电气规则检查、捕捉窗口区域选择、Ultiboard 后标注、Ultiboard 前标注、在用器件与分析法列表。如附图 1－5 所示。

附图 1－5　系统工具栏

(2)元器件工具栏

元器件工具栏提供了用户在仿真中所用到的所有元件，如附图 1－6 所示。图中每个按钮对应一种元件库，从左到右依次是电源/信号源库、基本器件库、二极管库、晶体管库、模拟集成电路库、TTL 数字集成电路库、CMOS 数字集成电路库、杂项数字元件库、数模混合集成电路库、指示器件库、电源器件库、其他杂项元器件库、键盘/显示器件库、射频元器件库、机电类器件库、微控制器件库、放置分层模块和放置总线。

附图 1－6　元器件工具栏

(3)仪表工具栏

仪表工具栏提供了用户在仿真中所用到的仪器仪表，如附图 1－7 所示。图中每个按钮对应一种仪表，从左到右依次是数字万用表、失真分析仪、函数信号源、瓦特表、双踪示波器、频率计、安捷伦信号源、四踪示波器、扫频仪、I－V 特性分析仪、字信号发生器、逻辑转换仪、逻辑分析仪、安捷伦示波器、安捷伦万用表、频谱分析仪、网络分析仪、泰克示波器、电流检测探针、LabVIEW 采样仪器、实时测量探针。

附图 1-7 仪表工具栏

(4)设计工具栏

设计工具栏如附图 1-8 所示，利用该工具栏可以把有关电路设计的原理图、PCB 图、相关文件、电路的各种统计报告进行分类管理，还可以观察分层电路的层次结构。

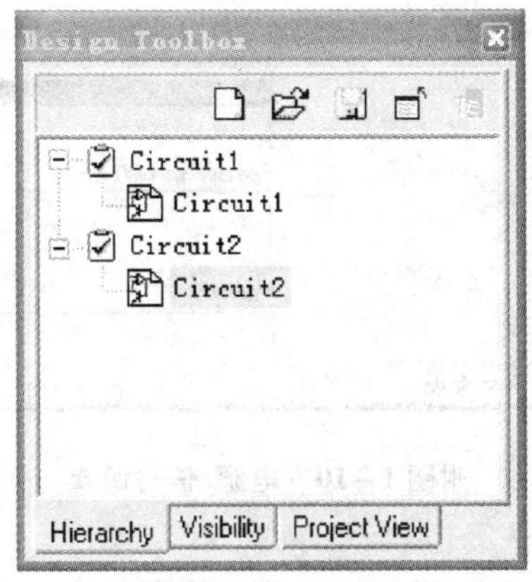

附图 1-8 设计工具栏

二、Multisim 的元器件库

Multisim10 提供了丰富的元器件库，用鼠标左键单击元器件库栏的某一个图标即可打开该元器件库。元器件库中的各个图标所表示的元器件含义如附图 1-9 所示。

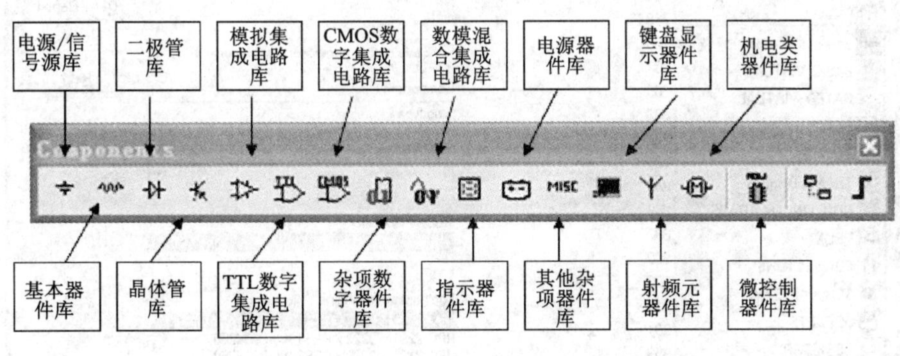

附图 1-9 元器件工具栏及各按钮图标的含义

1. 电源/信号源库

电源/信号源库包含有接地端、直流电压源(电池)、正弦交流电压源、方波(时钟)电压源、压控方波电压源等多种电源与信号源。电源/信号源库如附图 1-10 所示。

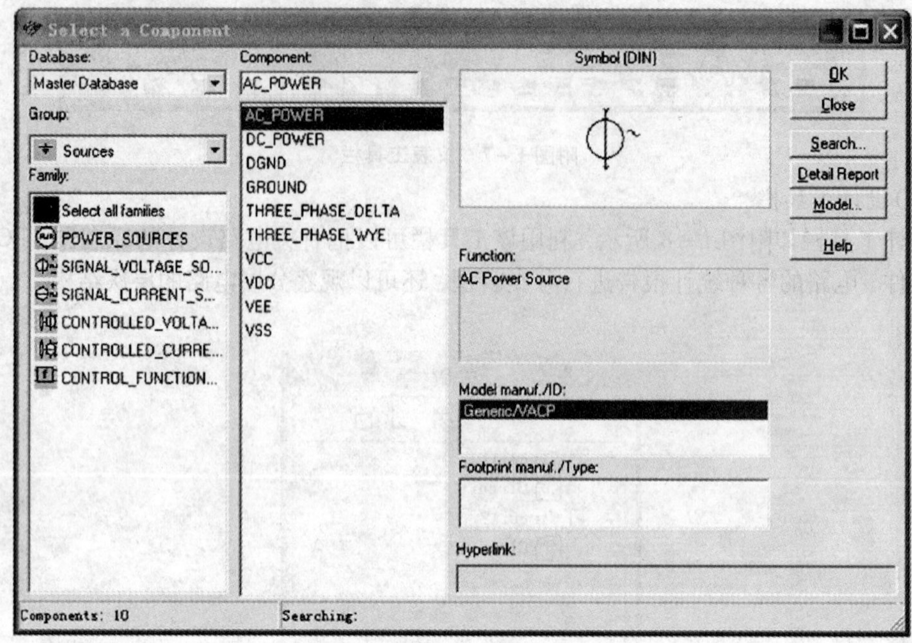

附图 1-10 电源/信号源库

2. 基本器件库

基本器件库包含有电阻、电容等多种元件。基本器件库中的虚拟元器件的参数是可以任意设置的，非虚拟元器件的参数是固定的，但是可以选择的。基本器件库如附图 1-11 所示。

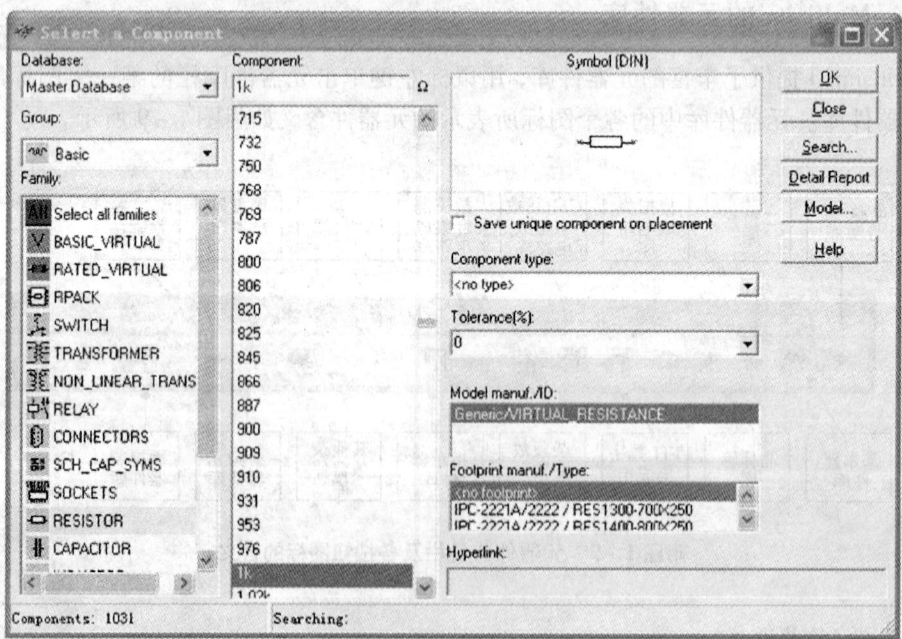

附图 1-11 基本器件库

3. 二极管库

二极管库包含有二极管、可控硅等多种器件。二极管库中的虚拟器件的参数是可以任意设置的，非虚拟元器件的参数是固定的，但是是可以选择的。二极管库如附图 1－12 所示。

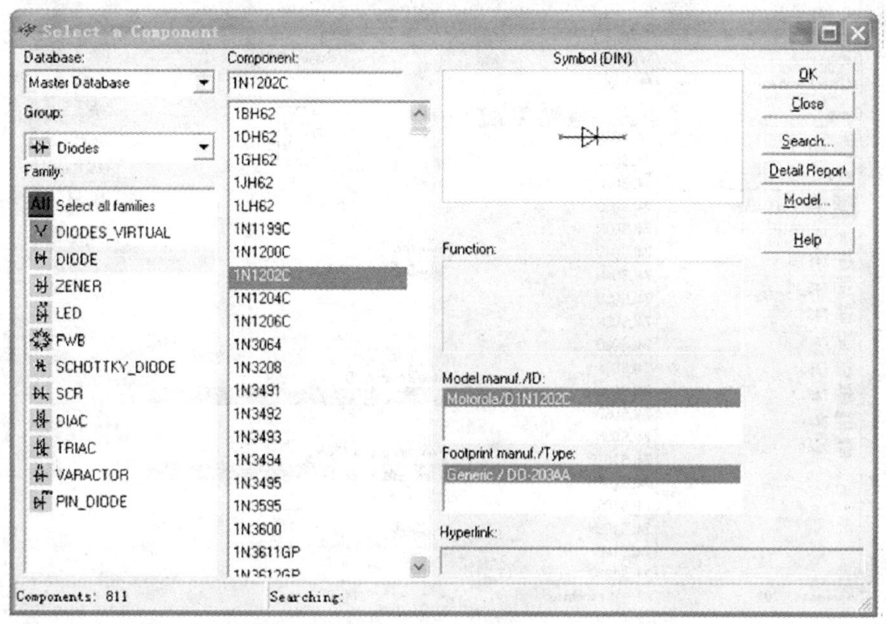

附图 1－12　二极管库

4. 晶体管库

晶体管库包含有晶体管、FET 等多种器件。晶体管库中的虚拟器件的参数是可以任意设置的，非虚拟元器件的参数是固定的，但是是可以选择的。晶体管库如附图 1－13 所示。

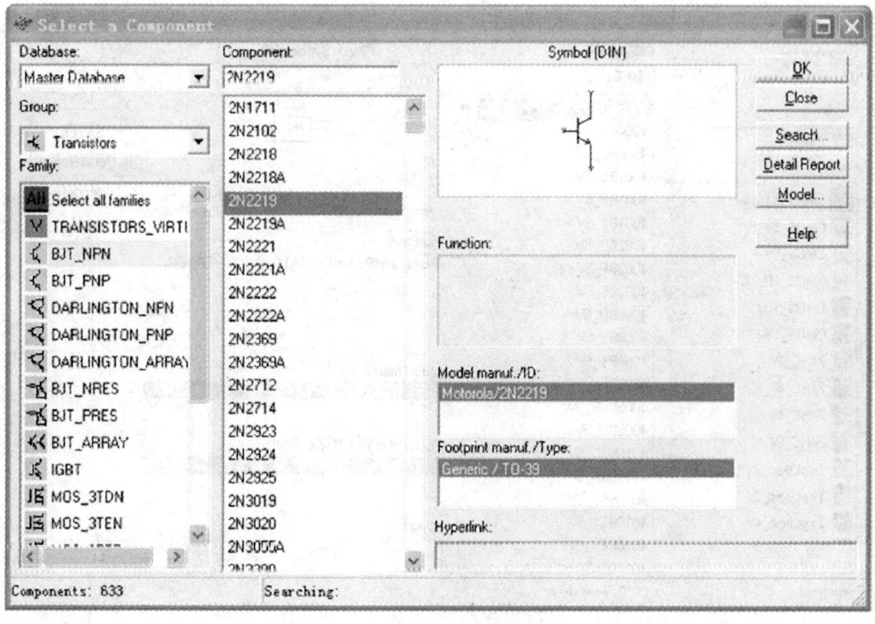

附图 1－13　晶体管库

5. TTL 数字集成电路库

TTL 数字集成电路库包含有 74××系列和 74LS××系列等 74 系列数字电路器件。TTL 数字集成电路库如附图 1-14 所示。

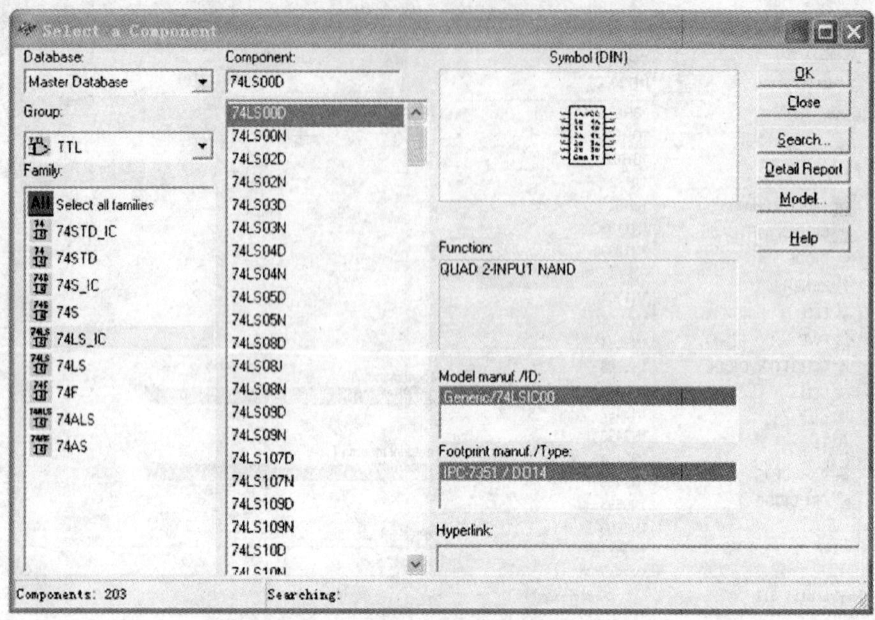

附图 1-14 TTL 数字集成电路库

6. CMOS 数字集成电路库

CMOS 数字集成电路库包含有 40××系列和 74HC××系列多种 CMOS 数字集成电路系列器件。CMOS 数字集成电路库如附图 1-15 所示。

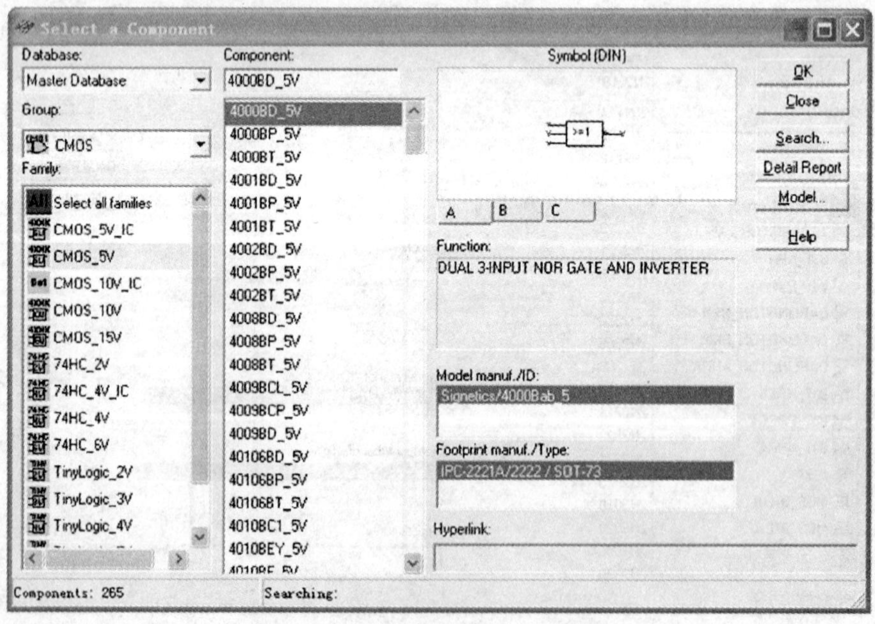

附图 1-15 CMOS 数字集成电路库

7. 数模混合集成电路库

数模混合集成电路库包含有 ADC/DAC、555 定时器等多种数模混合集成电路器件。数模混合集成电路库如附图 1－16 所示。

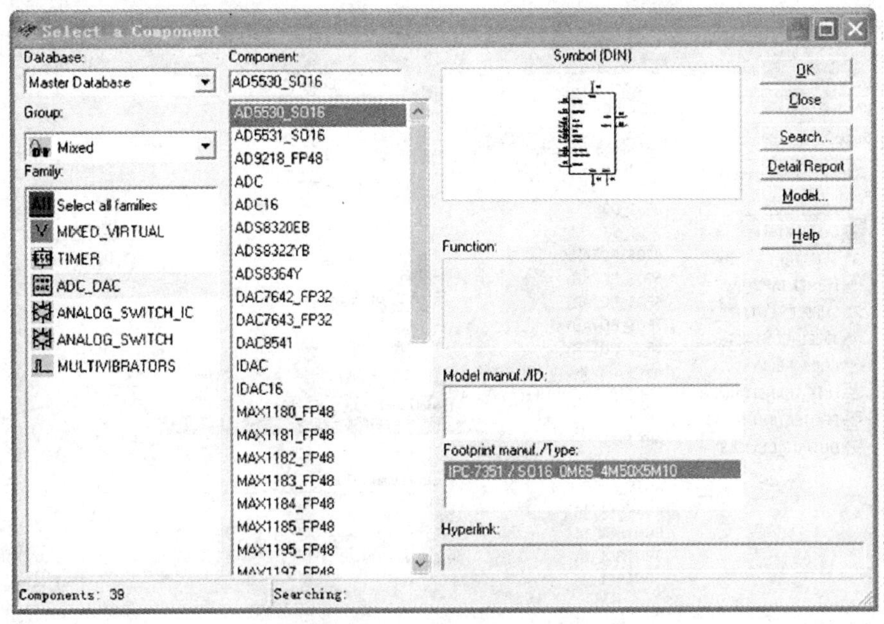

附图 1－16　数模混合集成电路库

8. 指示器件库

指示器件库包含有电压表、电流表、七段数码管等多种器件。指示器件库如附图 1－17所示。

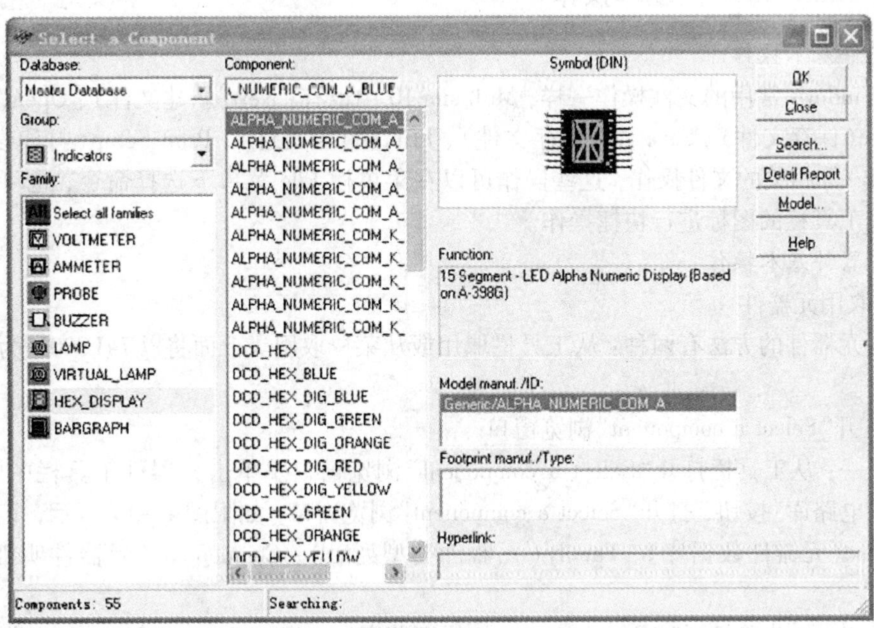

附图 1－17　指示器件库

9. 机电类器件库

机电类器件库包含有开关、继电器等多种机电类器件。机电类器件库如附图 1 - 18 所示。

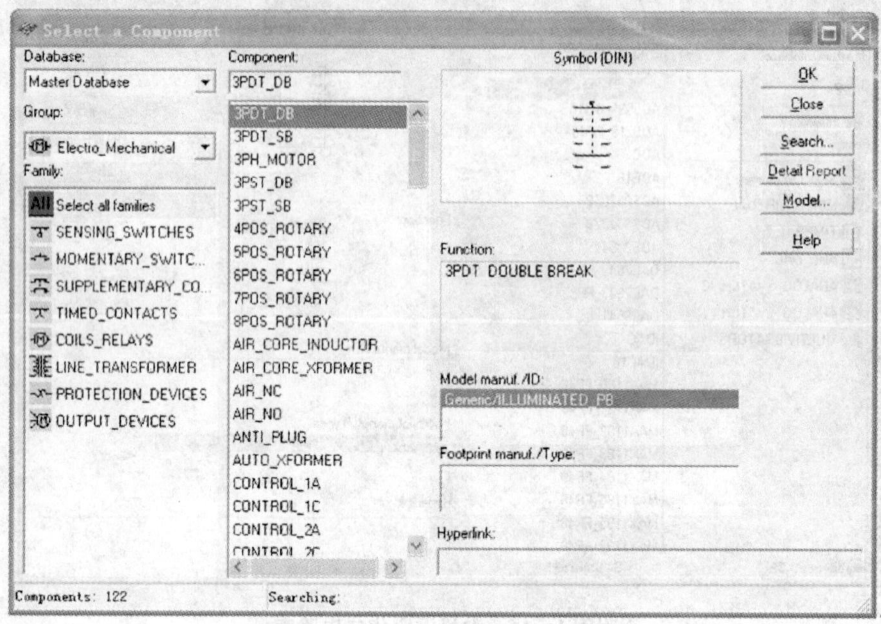

附图 1 - 18 机电类器件库

三、Multisim 10 的基本操作

1. 文件基本操作

与 Windows 常用的文件操作一样，Multisim 10 中也有：New（新建文件）、Open（打开文件）、Save（保存文件）、Save As（另存文件）、Print（打印文件）、Print Setup（打印设置）和 Exit（退出）等相关的文件操作，这些操作可以在菜单栏 File 菜单下选择命令，也可以应用快捷键或工具栏的图标进行快捷操作。

2. 元器件基本操作

（1）取用元器件

取用元器件的方法有两种：从工具栏取用或从菜单取用。下面将以 74LS00D 为例说明两种方法。

A. 打开“Select a component”浏览窗口

方法一：从工具栏打开“Select a component”浏览窗口。单击元器件工具栏中的“TTL 数字集成电路库”按钮，打开“Select a component”浏览窗口，如附图 1 - 19 所示，其中包含有 Database（元器件数据库）、Family（元器件类型列表）、Component（元器件明细表）等内容。

方法二：从菜单打开“Select a component”浏览窗口。通过 Place / Component 菜单命令打开“Select a component”浏览窗口。该窗口与附图 1 - 19 一样。

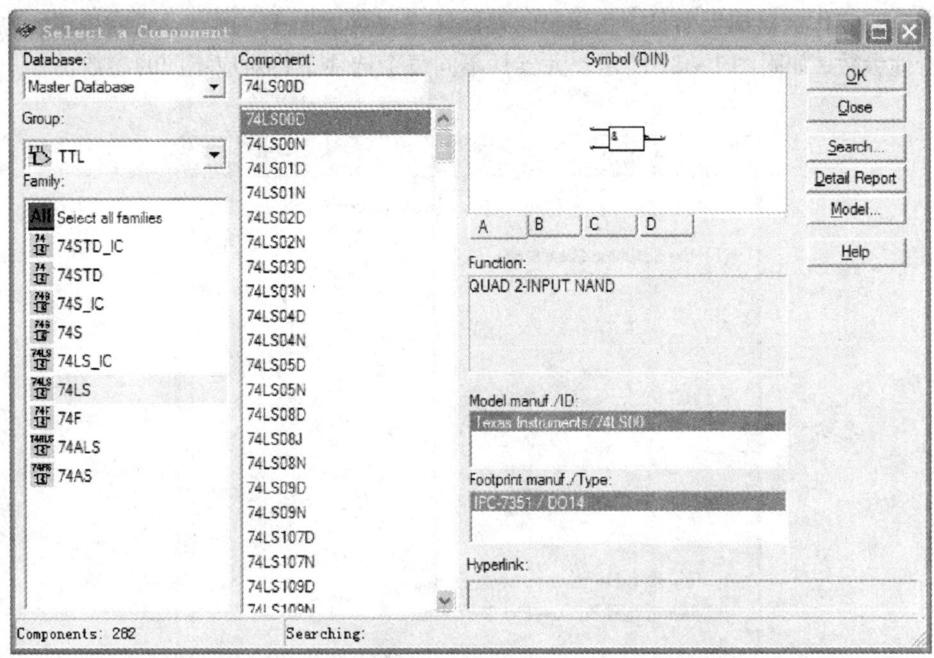

附图 1－19　元件选择窗口

B. 选择相应的元器件

在 Family 列表中选择 74LS，在 Component 列表中选择 74LS00D，单击 OK 按钮就可以选中 74LS00D。74LS00D 是四二输入与非门，在 Symbol(逻辑符号)显示区下方的 A、B、C、D 分别代表其中的一个与非门，如附图 1－19 所示，用鼠标选中其中的一个放置在电路图编辑窗口中即可。

(2)选定元器件

鼠标点击元器件，可选定该元器件。

(3)元器件常用的编辑操作

元器件常用的编辑操作有复制、剪切、粘贴、90 Clockwise(顺时针旋转 90°)、90 CounterCW(逆时针旋转 90°)、Flip Horizontal(水平翻转)、Flip Vertical(垂直翻转)、Component Properties(元件属性)等，这些操作可以在菜单栏 Edit 子菜单下选择命令，也可以应用快捷键进行快捷操作。元器件的旋转与翻转操作如图 1－20 所示。

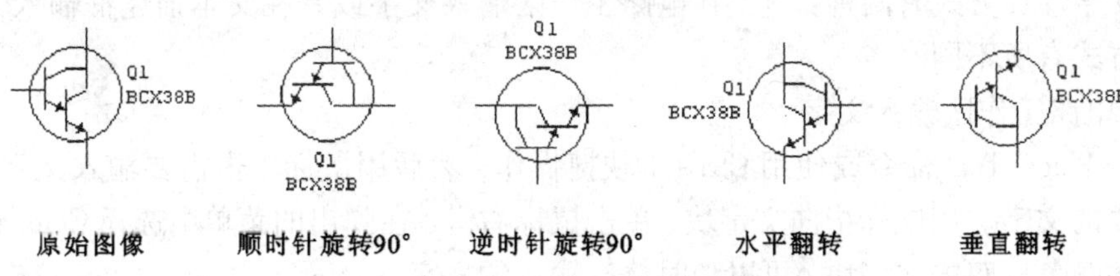

附图 1－20　元器件的旋转与翻转操作

(4)元器件特性参数

在电路工作区双击元器件，在弹出的元器件特性对话框中，可以设置或编辑元器件的各种特性参数，如附图 1－21 所示。元器件不同每个选项下将对应不同的参数。

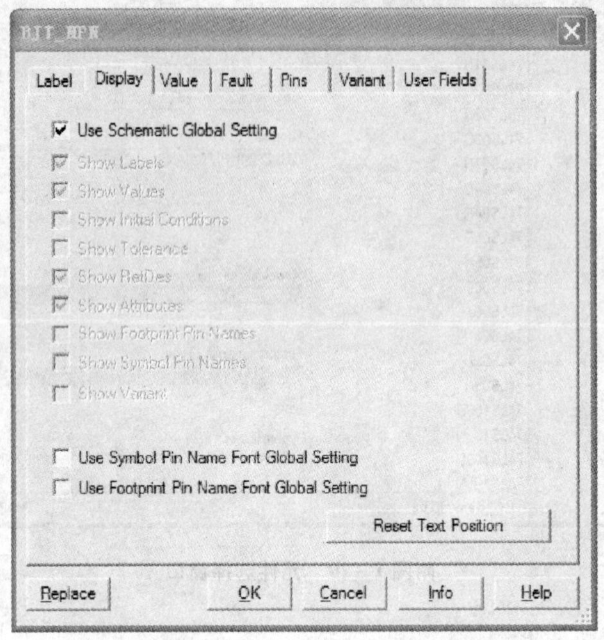

附图 1－21　NPN 三极管特性参数

例如：NPN 三极管的选项为：

Label——标识　　Display——显示

Value——数值　　Pins——管脚

(5)将元器件连接成电路

Multisim 10 元器件引脚连接线是自动产生的，当鼠标箭头在器件引脚(或某一节点)的上方附近时，会自动出现一个小十字节点标记，按动鼠标左键连接线就产生了，将引线拖至另外一个引脚处出现同样一个小十字节点标记时，再次按动鼠标左键就可以连接上了。如果要得到折线，就必须在连接线直角处拖动引线产生折线。注意：在 Multisim 中连线的起点和终点不能悬空。

3. 文本基本编辑

对文字注释方式有两种：直接在电路工作区输入文字或者在文本描述框输入文字，两种操作方式有所不同。

(1)电路工作区输入文字

单击 Place/Text 命令或使用 Ctrl + T 快捷操作，然后用鼠标单击需要输入文字的位置，输入需要的文字。用鼠标指向文字块，单击鼠标右键，在弹出的菜单中选择 Color 命令，选择需要的颜色。双击文字块，可以随时修改输入的文字。

(2)文本描述框输入文字

利用文本描述框输入文字不占用电路窗口，可以对电路的功能、实用说明等进行详细的说明，可以根据需要修改文字的大小和字体。单击 Tools/ Description Box Editor 命令，打开电路文本描述框，如附图 1－22 所示，在其中输入需要说明的文字，可以保存和打印输入的文本。

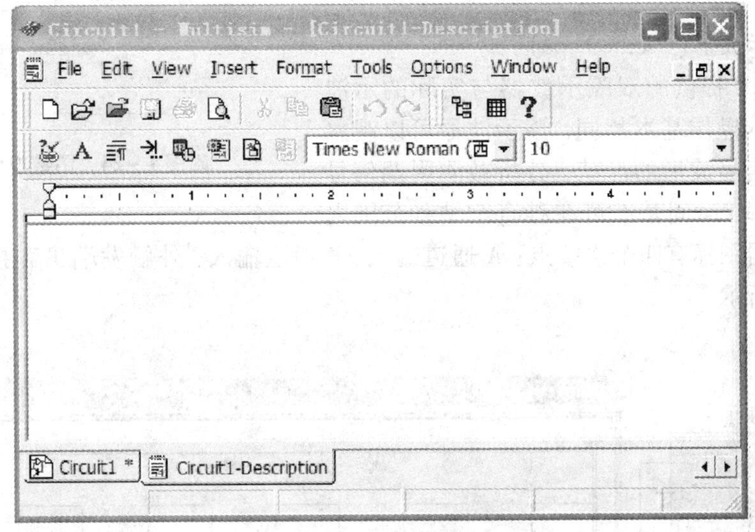

附图 1－22　电路文本描述框

四、Multisim 10 仪器仪表使用

1. 数字万用表(Multimeter)

Multisim 10 提供的万用表外观和操作与实际的万用表相似，可以测电流(A)、电压(V)、电阻(Ω)和分贝值(dB)，测直流或交流信号。万用表有正极和负极两个引线端。如附图 1－23 所示。

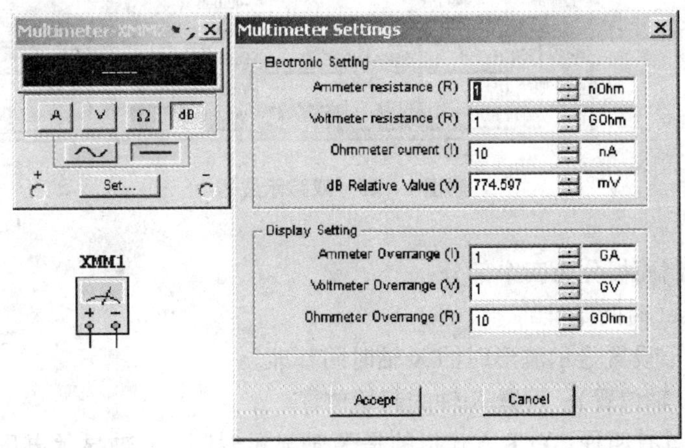

附图 1－23　数字万用表

2. 函数发生器(Function Generator)

Multisim10 提供的函数发生器可以产生正弦波、三角波和矩形波，信号频率可在 1Hz 到 999MHz 范围内调整。信号的幅值以及占空比等参数也可以根据需要进行调节。信号发生器有三个引线端口：负极、正极和公共端。如附图 1 - 24 所示。

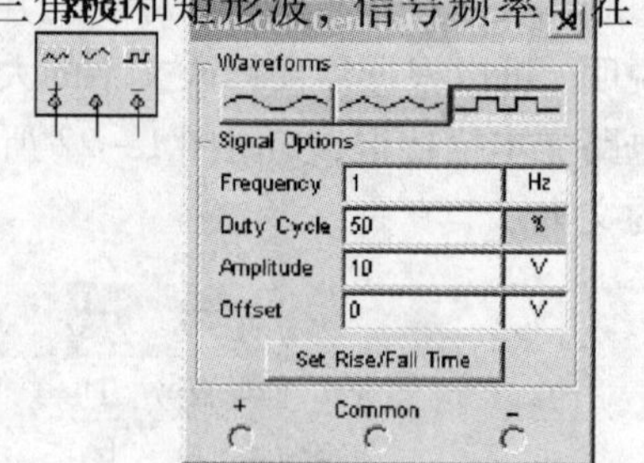

附图 1 - 24 函数发生器

3. 双踪示波器(Oscilloscope)

Multisim10 提供的双踪示波器与实际的示波器外观和基本操作基本相同，该示波器可以观察一路或两路信号波形的形状，分析被测周期信号的幅值和频率，时间基准可在秒直至纳秒范围内调节。示波器图标有四个连接点：A 通道输入、B 通道输入、外触发端 T 和接地端 G。如附图 1 - 25 所示。

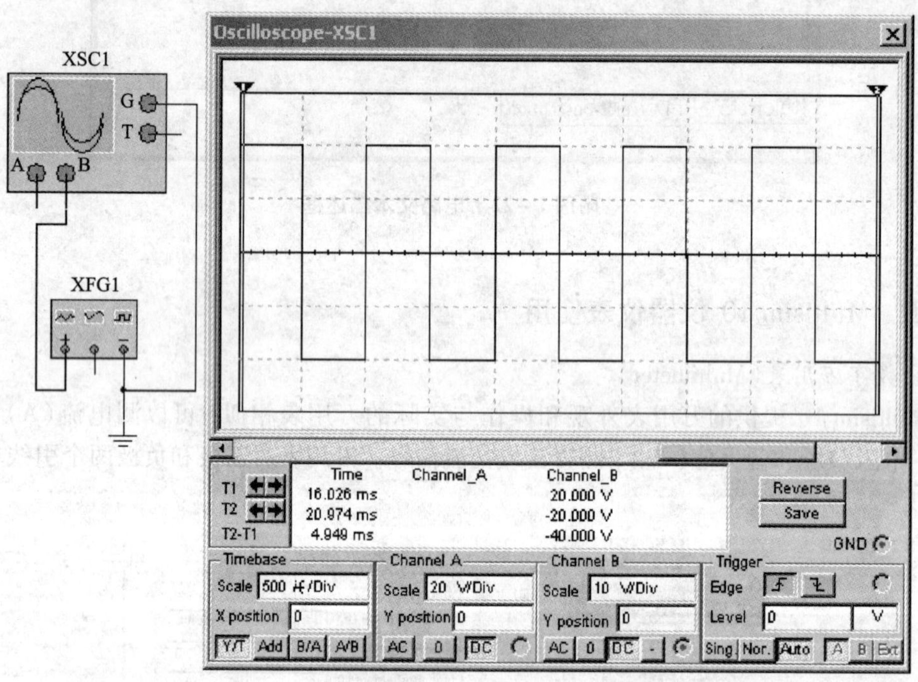

附图 1 - 25 双踪示波器

示波器的控制面板分为四个部分：

(1) Time base(时间基准)

Scale(量程)：设置显示波形时的 X 轴时间基准。

X position(X 轴位置)：设置 X 轴的起始位置。

显示方式设置有四种：Y/T 方式指的是 X 轴显示时间，Y 轴显示电压值；Add 方式指的是 X 轴显示时间，Y 轴显示 A 通道和 B 通道电压之和；A/B 或 B/A 方式指的是 X 轴和

Y 轴都显示电压值。

(2) Channel A(通道 A)

Scale(量程)：通道 A 的 Y 轴电压刻度设置。

Y position(Y 轴位置)：设置 Y 轴的起始点位置，起始点为 0 表明 Y 轴和 X 轴重合，起始点为正值表明 Y 轴原点位置向上移，否则向下移。

触发耦合方式：AC(交流耦合)、0(0 耦合)或 DC(直流耦合)，交流耦合只显示交流分量；直流耦合显示直流和交流之和；0 耦合，在 Y 轴设置的原点处显示一条直线。

(3) Channel B(通道 B)

通道 B 的 Y 轴量程、起始点、耦合方式等项内容的设置与通道 A 相同。

(4) Tigger(触发)

触发方式主要用来设置 X 轴的触发信号、触发电平及边沿等。

Edge(边沿)：设置被测信号开始的边沿，设置先显示上升沿或下降沿。

Level(电平)：设置触发信号的电平，使触发信号在某一电平时启动扫描。

触发信号选择：Auto(自动)、通道 A 和通道 B 表明用相应的通道信号作为触发信号；Ext 为外触发；Sing 为单脉冲触发；Nor 为一般脉冲触发。

4. 四踪示波器(4 Channel Oscilloscope)

四通道示波器与双通道示波器的使用方法和参数调整方式完全一样，只是多了一个通道控制器旋钮，当旋钮拨到某个通道位置，才能对该通道的 Y 轴进行调整。如附图 1 - 26 所示。

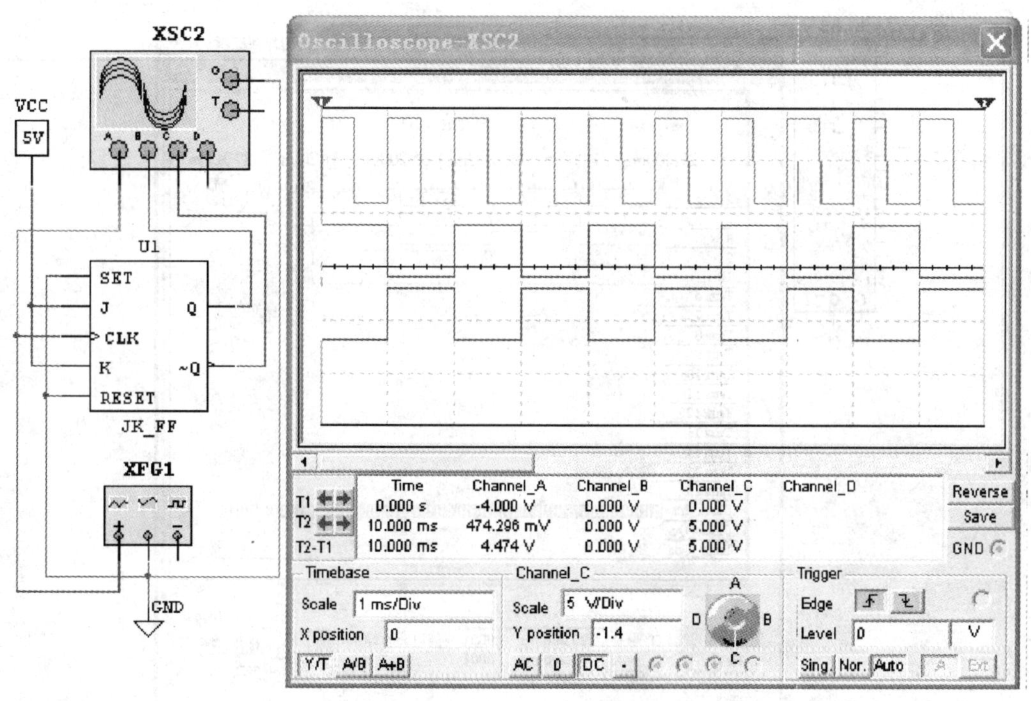

附图 1 - 26　四踪示波器

5. 频率计(Frequency Counter)

频率计主要用来测量信号的频率、周期、相位，脉冲信号的上升沿和下降沿，频率计的图标、面板以及使用如附图 1 - 27 所示。使用过程中应注意根据输入信号的幅值调整频率计的 Sensitivity(灵敏度)和 Trigger Level(触发电平)。

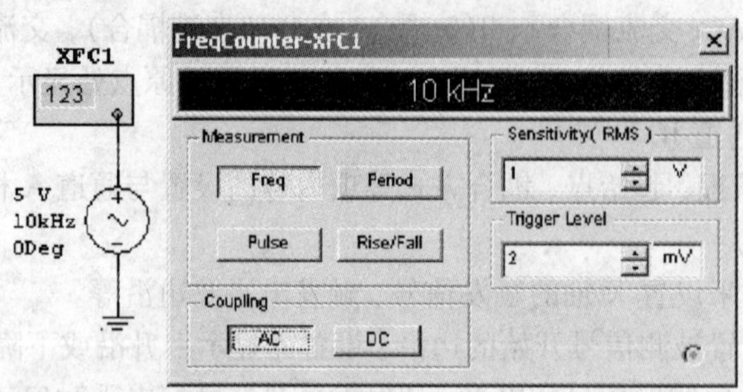

附图 1 - 27 频率计

6. 逻辑分析仪(Logic Analyzer)

Multisim 10 提供了 16 路的逻辑分析仪，用来数字信号的高速采集和时序分析。逻辑分析仪的图标、面板以及使用如附图 1 - 28 所示。逻辑分析仪的连接端口有：16 路信号输入端、外接时钟端 C、时钟限制 Q 以及触发限制 T。

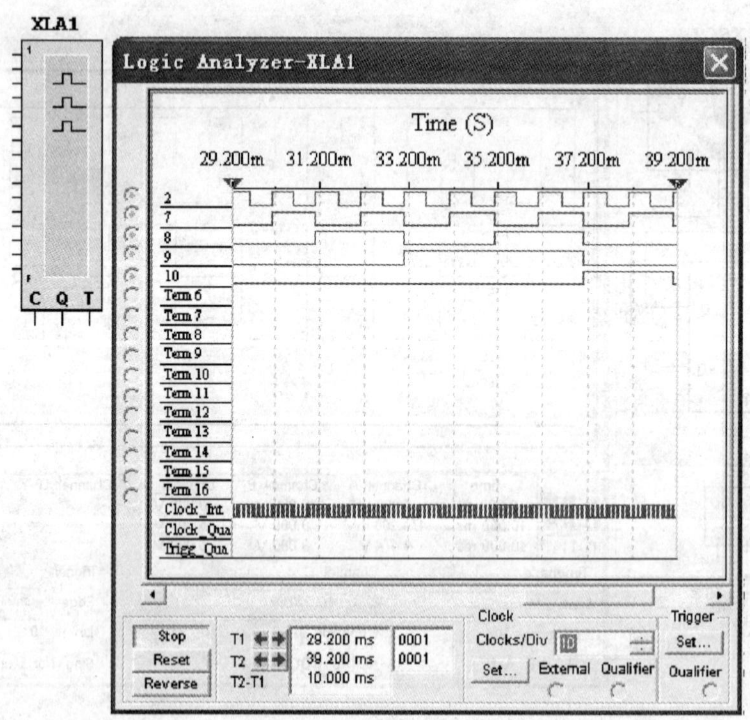

附图 1 - 28 逻辑分析仪

面板分上下两个部分，上半部分是显示窗口，下半部分是逻辑分析仪的控制窗口，控制信号有：Stop(停止)、Reset(复位)、Reverse(反相显示)、Clock(时钟)设置和 Trigger(触发)设置。

单击"set..."按钮，打开 Clock setup(时钟设置)对话框，如附图 1-29 所示。

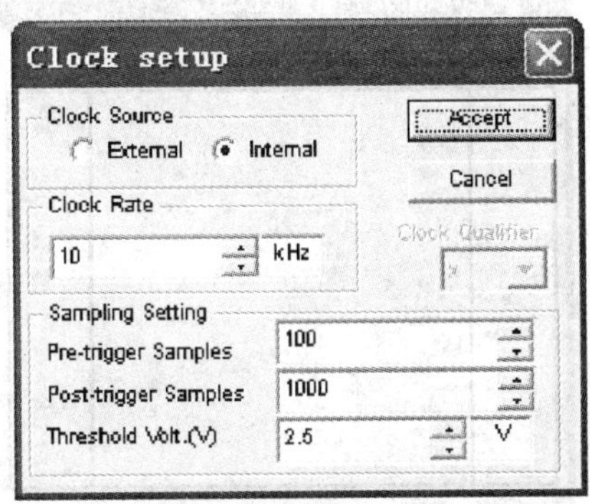

附图 1-29　时钟设置对话框

- Clock Source(时钟源)：选择外触发或内触发；
- Clock Rate(时钟频率)：1Hz ~ 100 MHz 范围内选择；
- Sampling Setting(取样点设置)：Pre-trigger samples (触发前取样点)、Post-trigger samples(触发后取样点)和 Threshold Voltage(开启电压)设置。

点击 Trigger 下的 Set(设置)按钮时，出现 Trigger Settings(触发设置)对话框，如附图 1-30所示。Trigger Clock Edge(触发边沿)：Positive(上升沿)、Negative(下降沿)、Both (双向触发)。Trigger patterns(触发模式)：由 A、B、C 定义触发模式，在 Trigger Combinations(触发组合)下有 21 种触发组合可以选择。

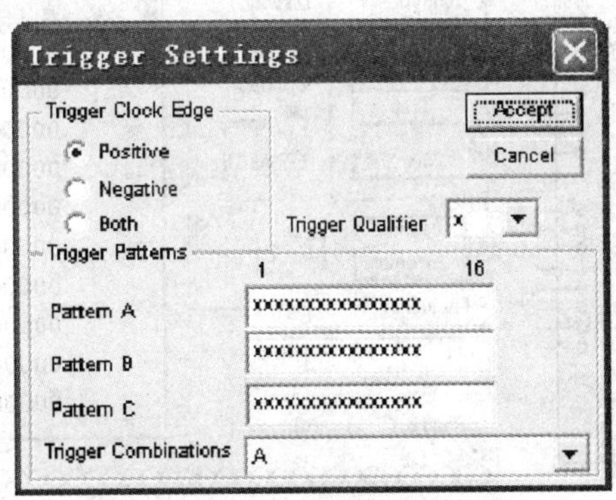

附图 1-30　触发设置对话框

7. 逻辑转换器(Logic Converter)

Multisim 10 提供了一种虚拟仪器：逻辑转换器。实际中没有这种仪器，逻辑转换器可以在逻辑电路、真值表和逻辑表达式之间进行转换。有 8 路信号输入端，1 路信号输出端。

6 种转换功能依次是：逻辑电路转换为真值表、真值表转换为逻辑表达式、真值表转换为最简逻辑表达式、逻辑表达式转换为真值表、逻辑表达式转换为逻辑电路、逻辑表达式转换为与非门电路。如附图 1-31 所示。

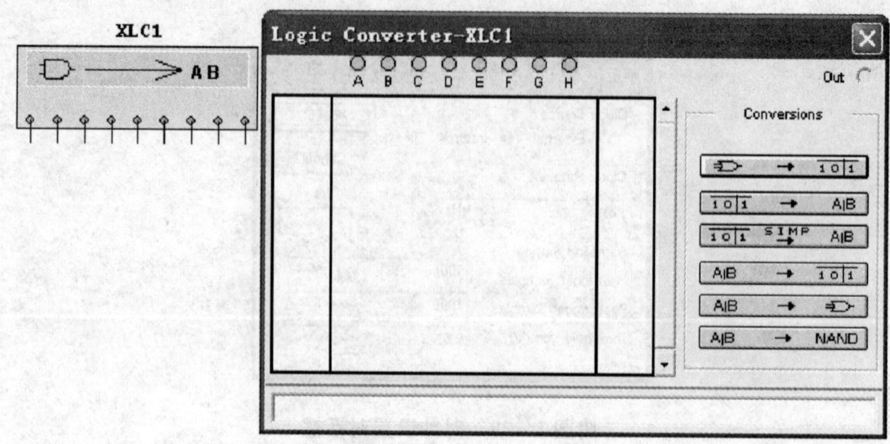

附图 1-31　逻辑转换器

8. 字信号发生器(Word Generator)

字信号发生器是一个通用的数字激励源编辑器，可以多种方式产生 32 位的字符串，在数字电路的测试中应用非常灵活。左侧是控制面板，右侧是字信号发生器的字符窗口。控制面板分为 Controls(控制方式)、Display(显示方式)、Trigger(触发)、Frequency(频率)等几个部分。如附图 1-32 所示。

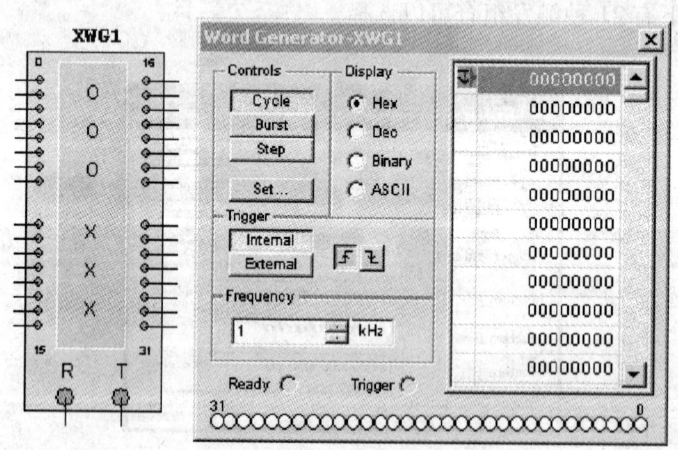

附图 1-32　字信号发生器

附录 2　部分常用集成电路的外引线排列图

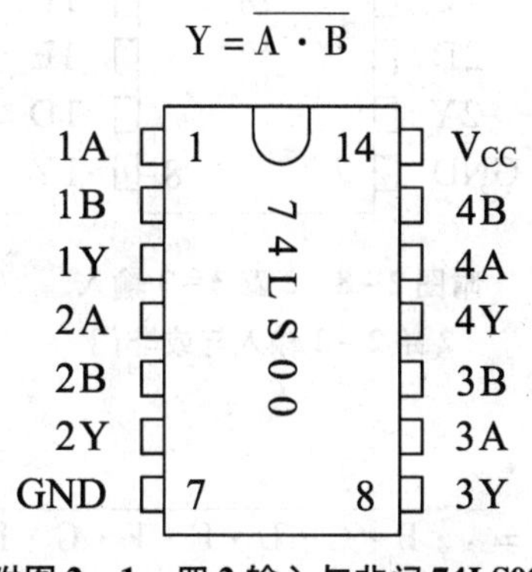

附图 2-1　四 2 输入与非门 74LS00

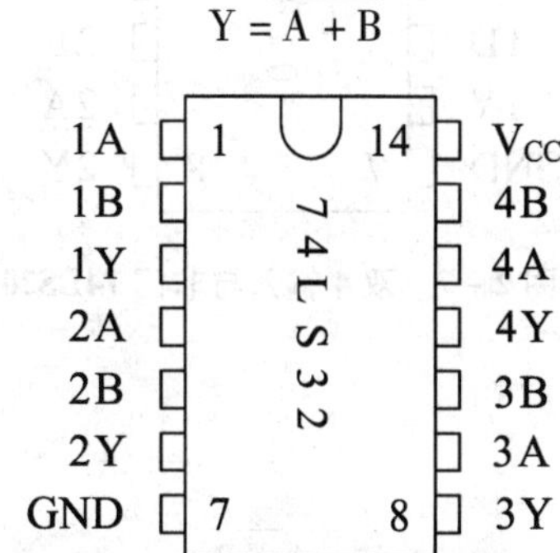

附图 2-2　四 2 输入与非门 74LS32

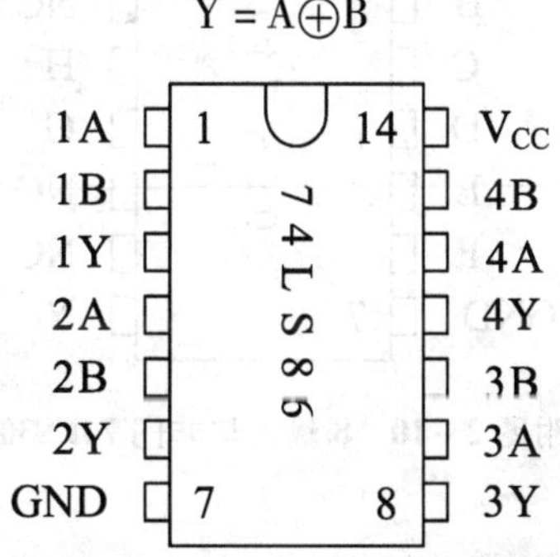

附图 2-3　四 2 输入异或门 74LS86

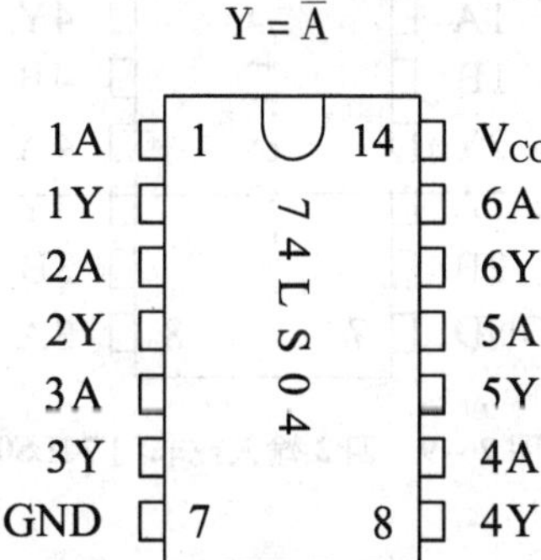

附图 2-4　六反向器 74LS04

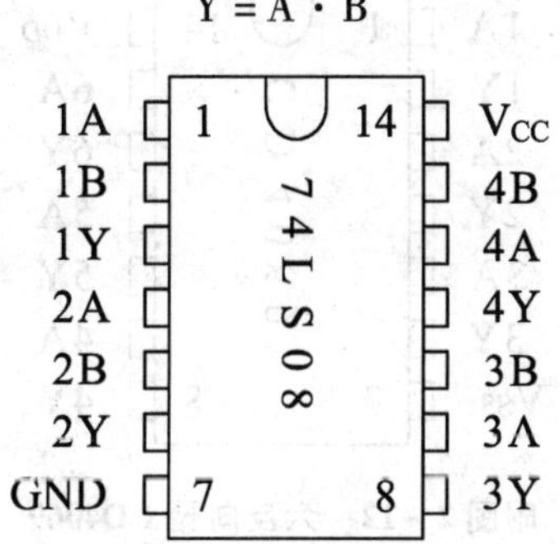

附图 2-5　四 2 输入与门 74LS08

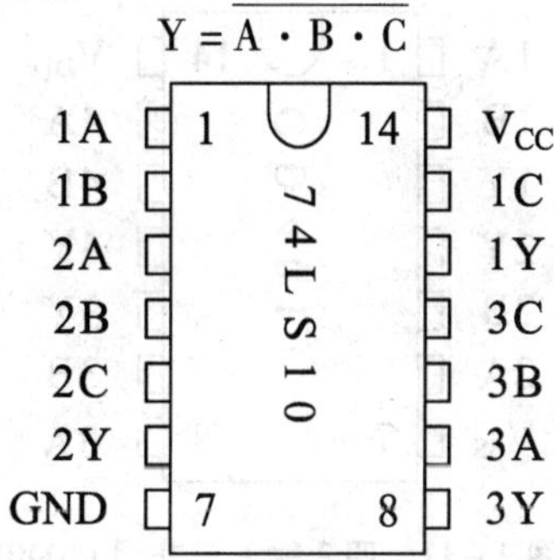

附图 2-6　三 3 输入与非门 74LS10

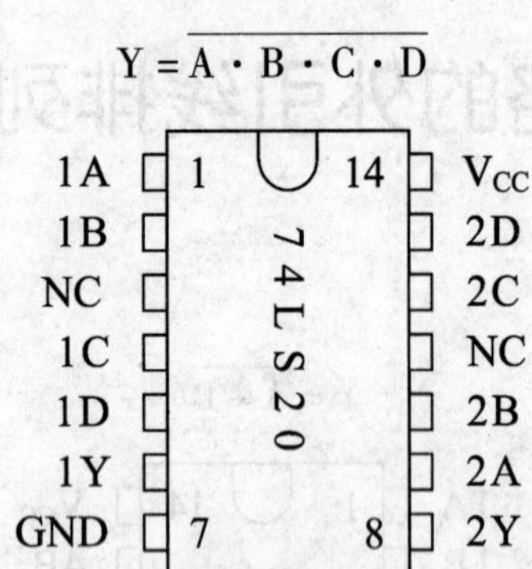

附图 2－7　双 4 输入与非门 74LS20

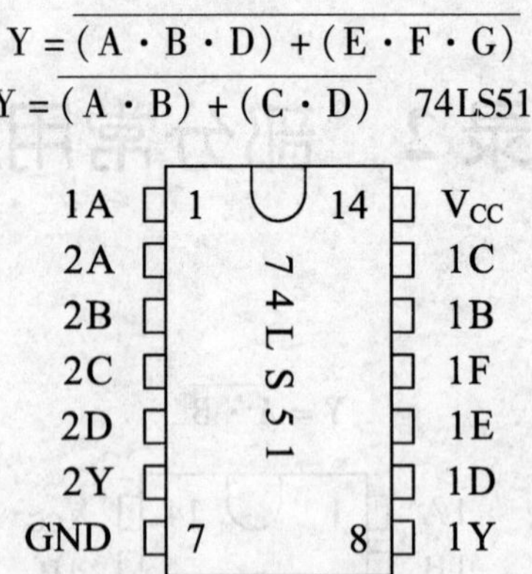

附图 2－8　2 路 3－3 输入、2 路 2－2 输入与或非门

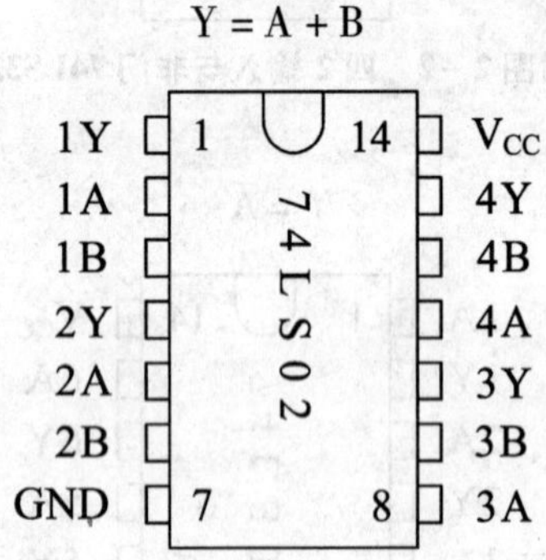

附图 2－9　四 2 输入或非门 74LS02

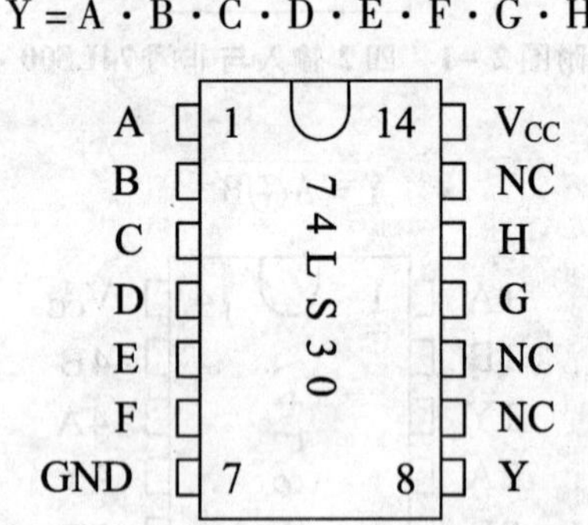

附图 2－10　8 输入与非门 74LS30

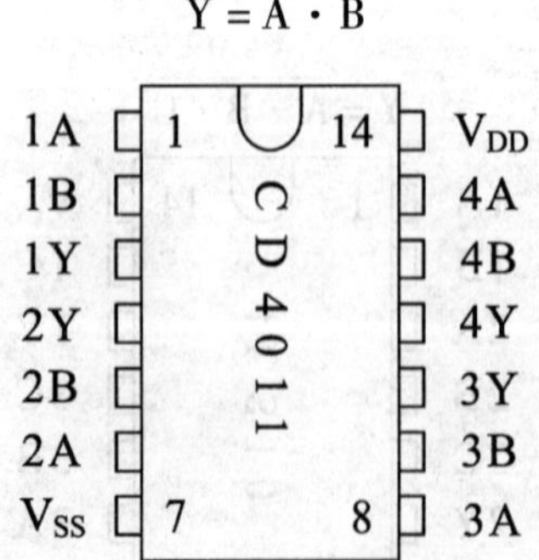

附图 2－11　四 2 输入与非门 CD4011

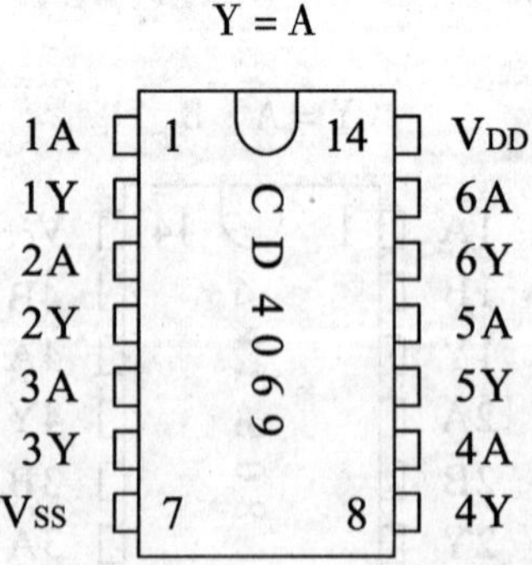

附图 2－12　六反向器 CD4069

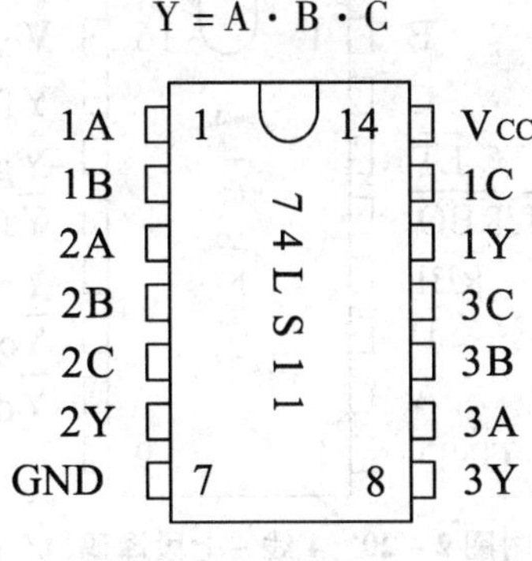

附图 2 - 13　三 3 输入与门 74LS11

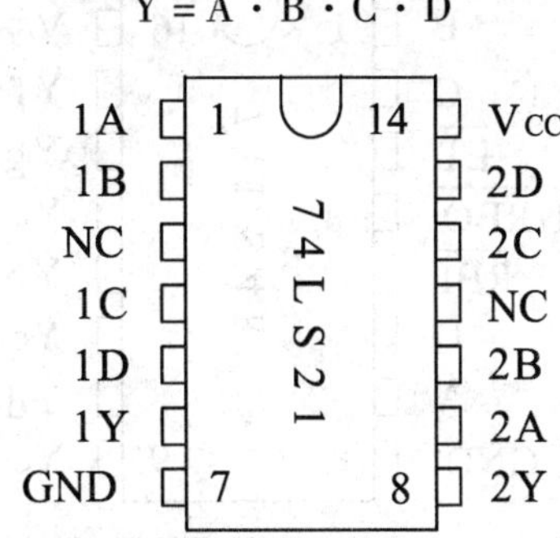

附图 2 - 14　双 4 输入与门 74LS21

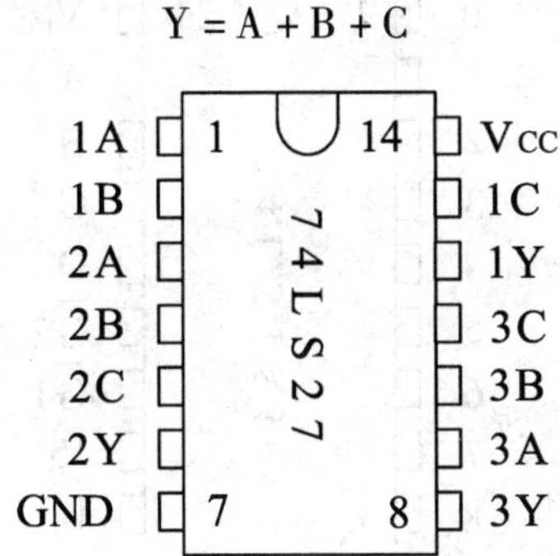

附图 2 - 15　三 3 输入或非门 74LS27

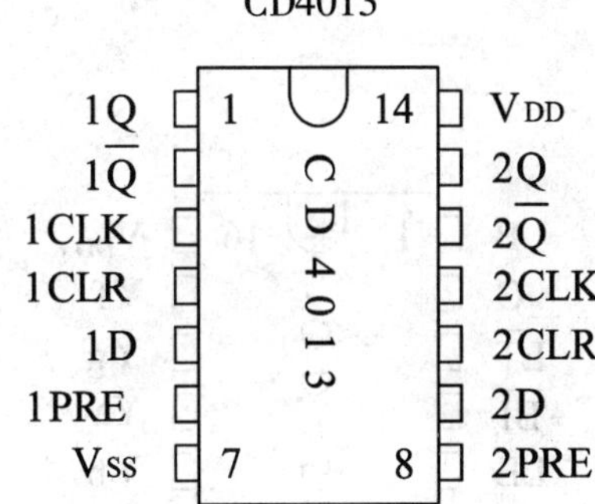

附图 2 - 16　双上升沿 D 型触发器 CD4013

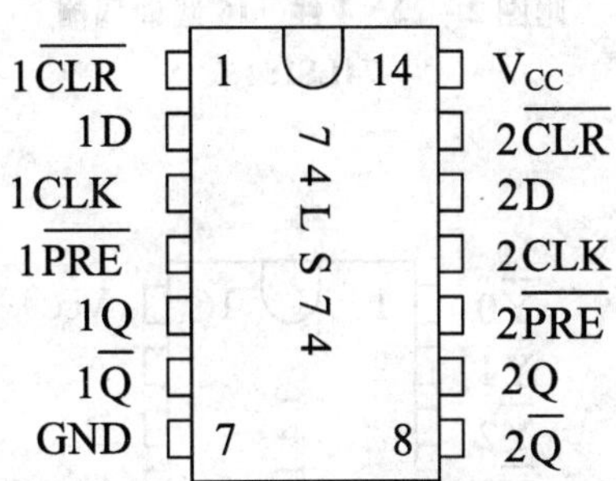

附图 2 - 17　双上升沿 D 型触发器 74LS74

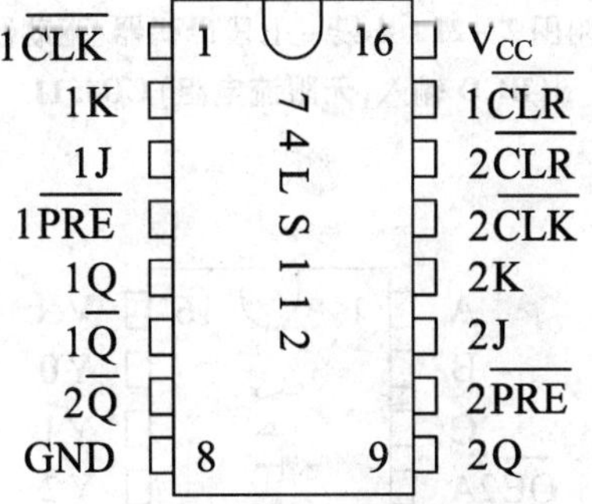

附图 2 - 18　双下降沿 JK 型触发器 74LS112

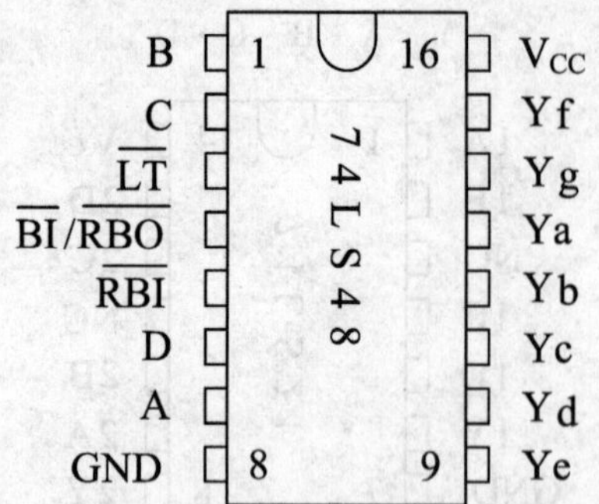

附图 2-19 4 线-七段译码器/驱动器（BCD 输入，有限流电阻）74LS48

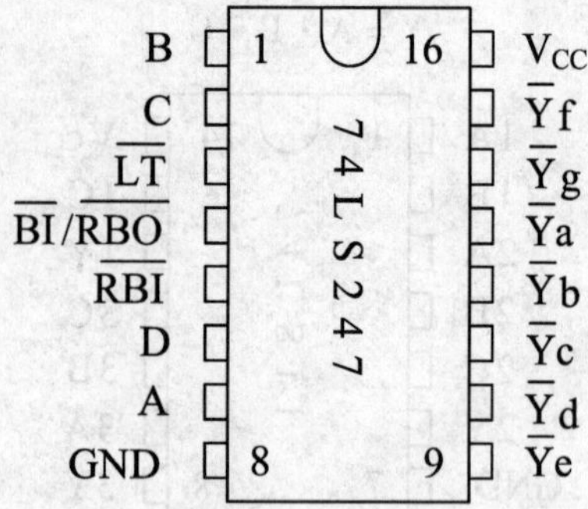

附图 2-20 4 线-七段译码器/驱动器（OC）74LS247

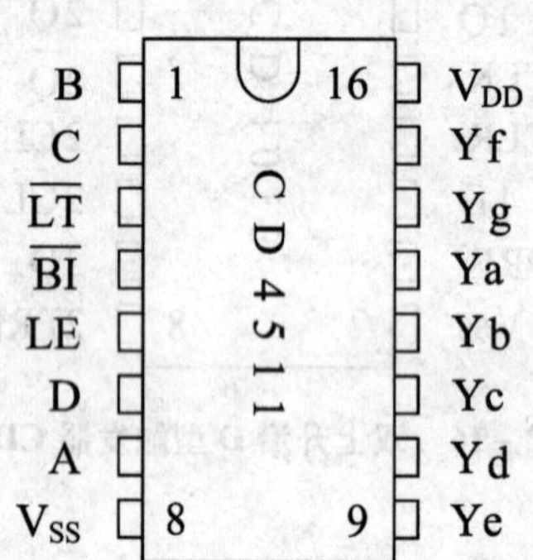

附图 2-21 4 线-七段译码器/驱动器（BCD 输入，无限流电阻）CD4511

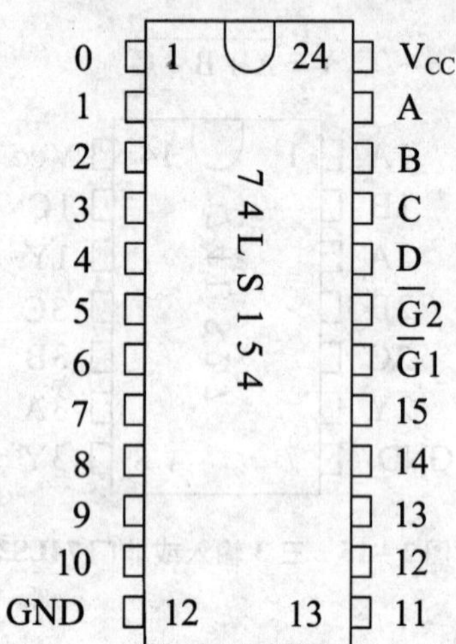

附图 2-22 4 线-16 线译码器 74LS154

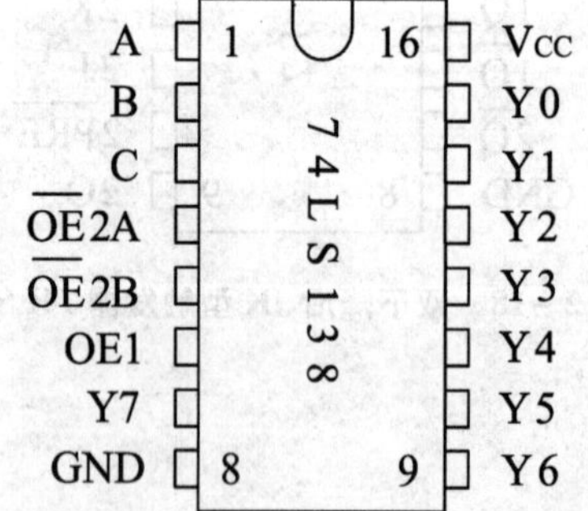

附图 2-23 3 线-8 线译码器 74LS138

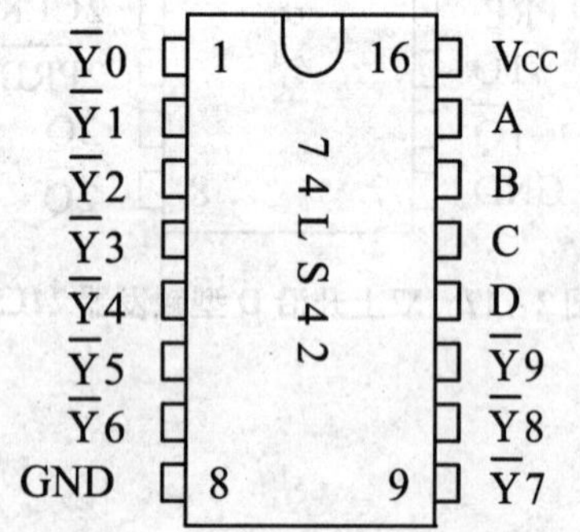

附图 2-24 4 线-10 线译码器 74LS42

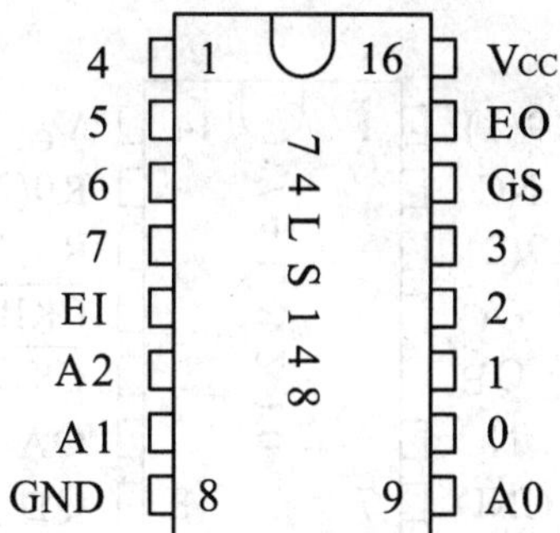

附图 2－25　8 线－3 线优先编码器 74LS148

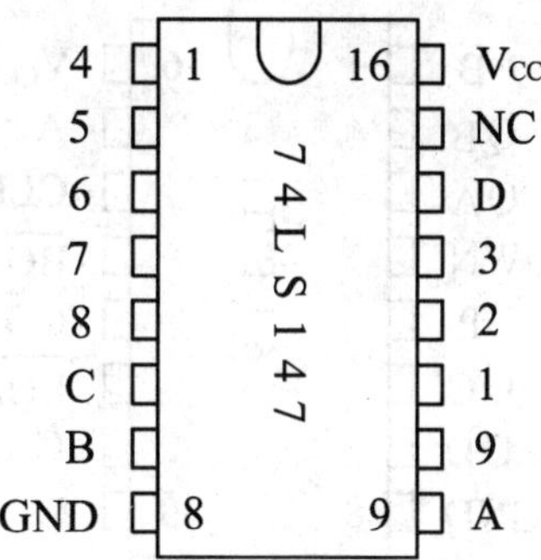

附图 2－26　10 线－4 线优先编码器 74LS147

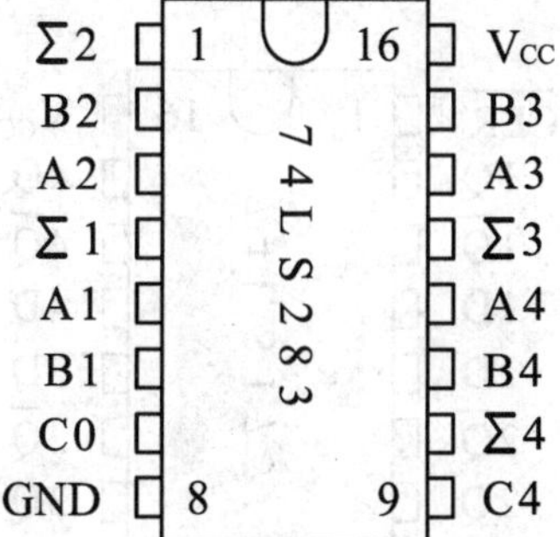

附图 2－27　4 位二进制全加器 74LS283

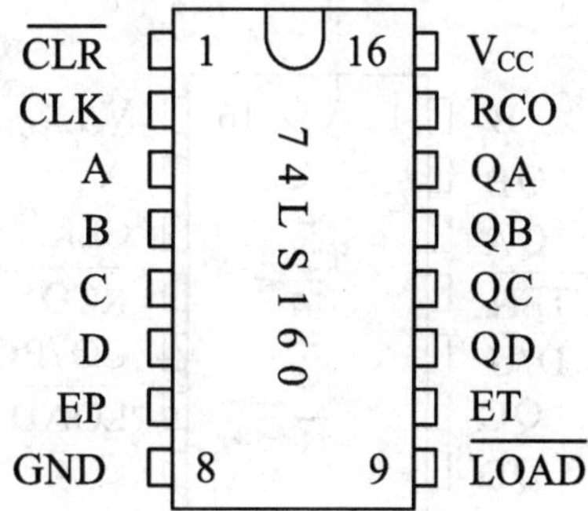

附图 2－28　四位十进制同步计数器（异步清零）74LS160

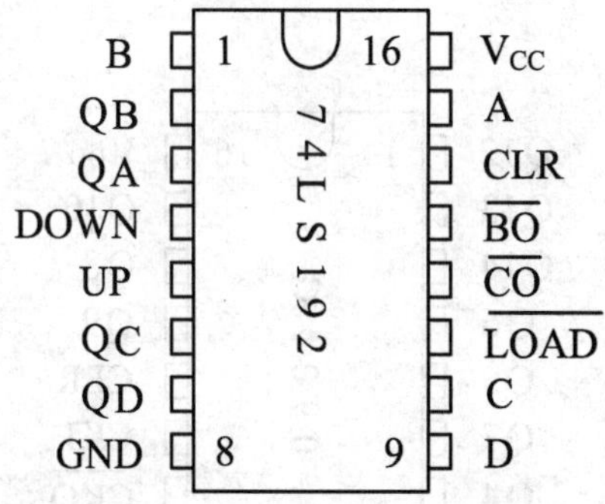

附图 2－29　十进制同步加/减计数器（双时钟）74LS192、CD40192

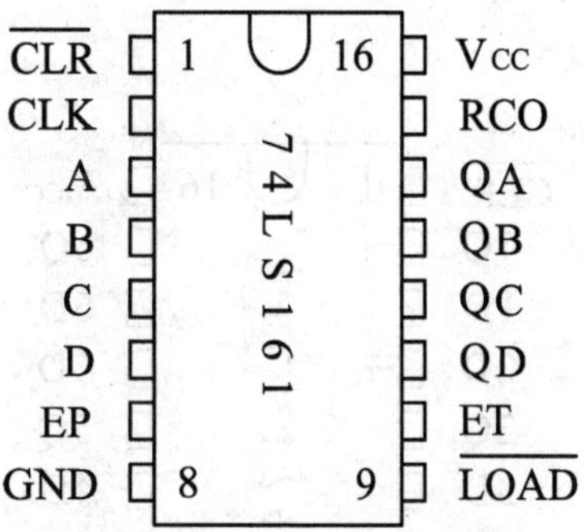

附图 2－30　四位二进制同步计数器 74LS161

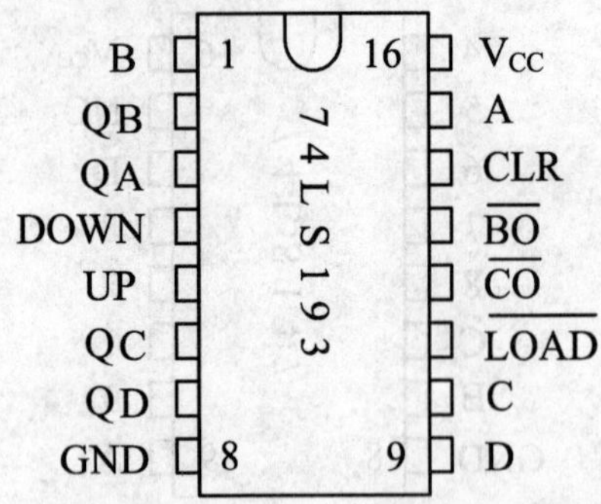

附图 2－31 4 位二进制同步加/减计数器（双时钟）74LS193、CD40193

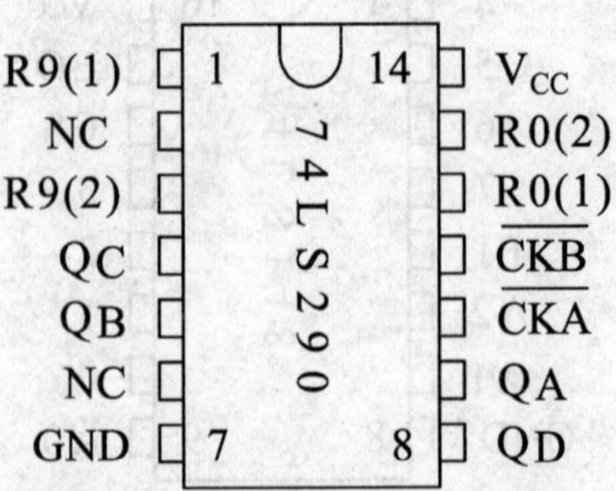

附图 2－32 十进制计数器 74LS290

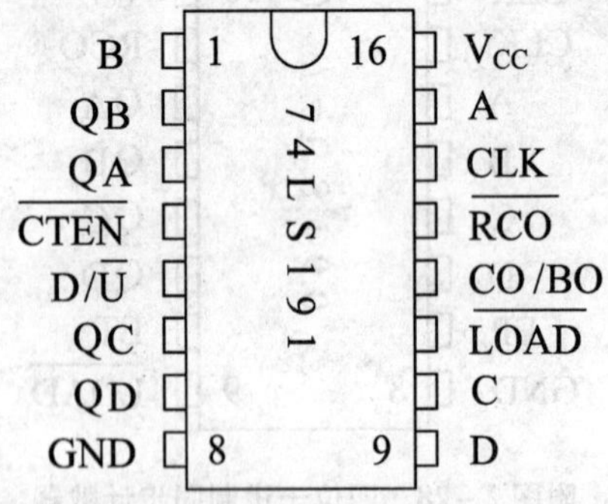

附图 2－33 四位二进制同步加/减计数器 74LS191

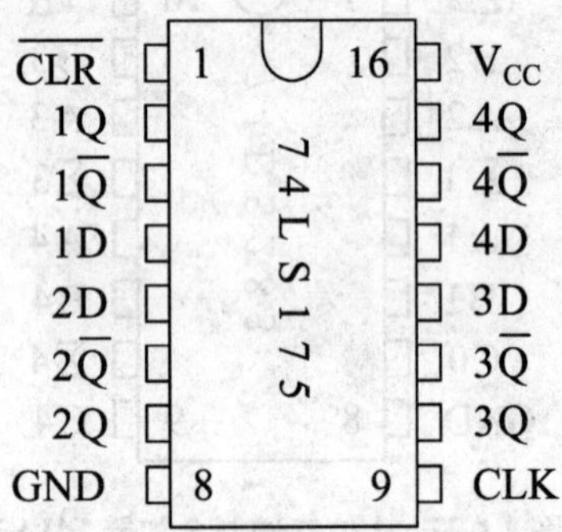

附图 2－34 4 上升沿 D 型触发器 74LS175

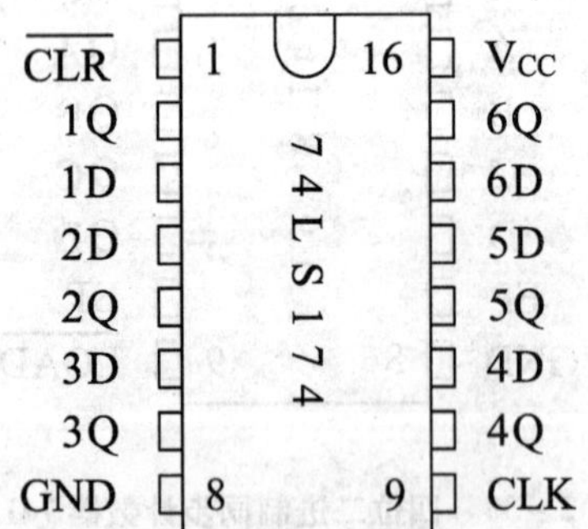

附图 2－35 6D 触发器（有清除端）74LS174

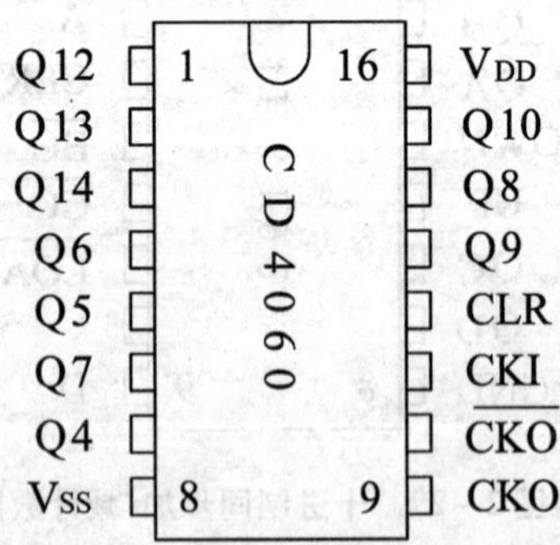

附图 2－36 14 位同步二进制计数/分频，振荡器 CD4060

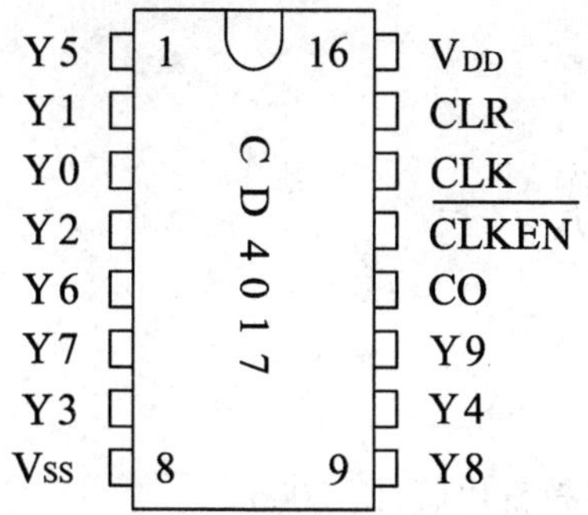

附图 2－37 十进制计数/分频器 CD4017

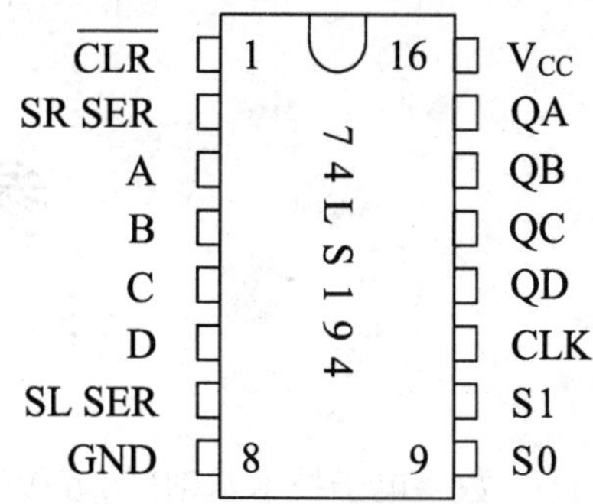

附图 2－38 4 位双向通用移位寄存器 74LS194

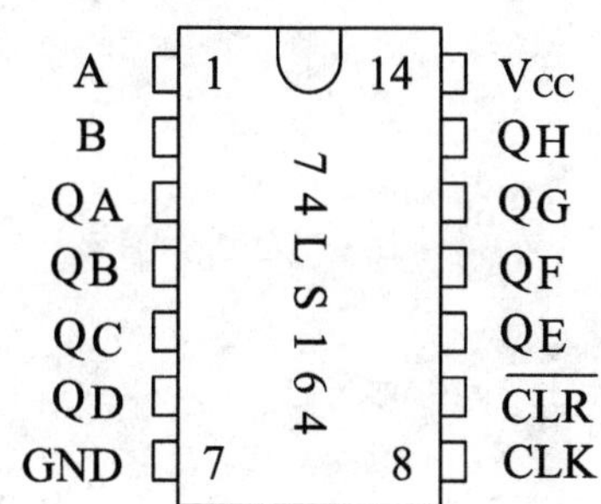

附图 2－39 8 位移位寄存器 74LS164

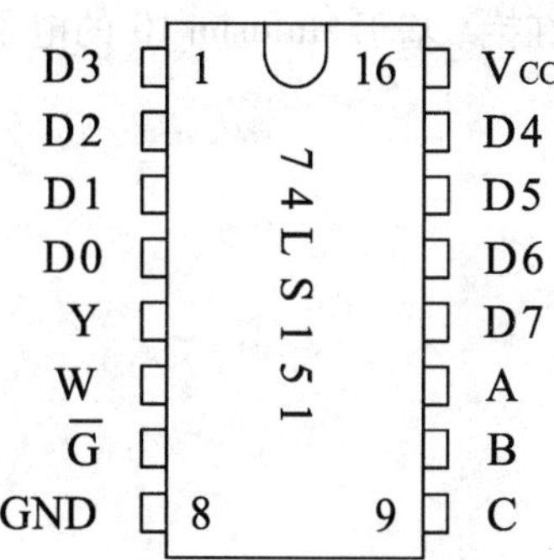

附图 2－40 8 选 1 数据选择器（原，反码输出）74LS151

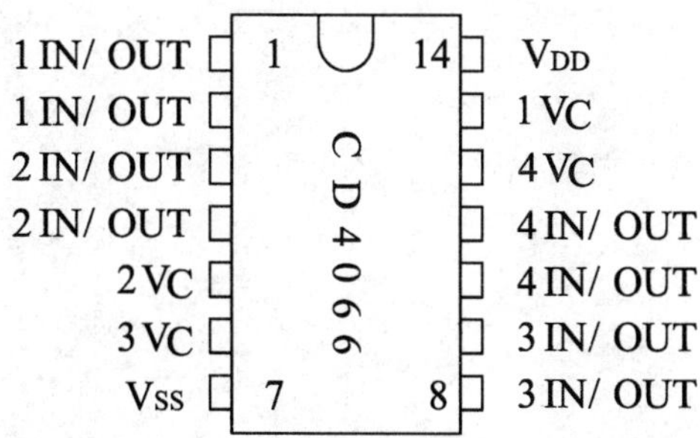

附图 2－41 4 双向模拟开关 CD4066

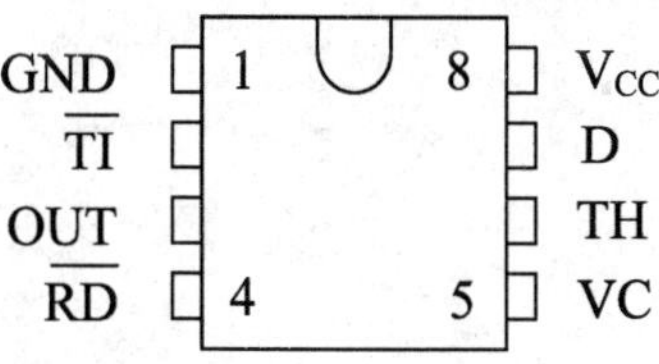

附图 2－42 555 时基电路

参考文献

[1] 阎石. 数字电子技术基础(第五版). 北京: 高等教育出版社, 2006
[2] 朱向阳, 罗国强. 实用数字电子技术项目教程. 北京: 科学出版社, 2009
[3] 李秀玲. 电子技术基础项目教程. 北京: 机械工业出版社, 2008
[4] 张龙兴. 电子技术基础(第2版). 北京: 高等教育出版社, 2006
[5] 卢红艳. 基于Multisim 10的电子电路设计、仿真与应用. 北京: 人民邮电出版社, 2009